大道

书系·教育

孙杰远　主编

杨茂庆　著

儿童价值观教育的国际比较

广西师范大学出版社

·桂林·

图书在版编目（CIP）数据

儿童价值观教育的国际比较／杨茂庆著. -- 桂林：
广西师范大学出版社，2025. 1. --（大道书系／孙杰远
主编）. -- ISBN 978-7-5598-7595-2

Ⅰ. B821-4

中国国家版本馆 CIP 数据核字第 20240YH296 号

儿童价值观教育的国际比较
ERTONG JIAZHIGUAN JIAOYU DE GUOJI BIJIAO

出 品 人：刘广汉
责任编辑：韦　莹
装帧设计：李婷婷

广西师范大学出版社出版发行

（广西桂林市五里店路 9 号　　　　邮政编码：541004
网址：http://www.bbtpress.com　　　　　　　　　　）

出版人：黄轩庄

全国新华书店经销

销售热线：021-65200318　021-31260822-898

山东临沂新华印刷物流集团有限责任公司印刷

（临沂高新技术产业开发区新华路 1 号 邮政编码：276017）

开本：690 mm×960 mm　　　1/16

印张：20.5　　　　　　　字数：242 千

2025 年 1 月第 1 版　　　2025 年 1 月第 1 次印刷

定价：78.00 元

总序：时代转型中的教育应对

张诗亚

"大道之行也，天下为公"。广西师范大学教育学部与广西师范大学出版社合作推出"大道书系"。很显然，其所追求的无疑是"天下为公"。

在该书系中，其"大道"的核心内容主要围绕教育和心理两大领域展开。我们现在面临的是一个前所未有的大变局时代，社会、教育，还有我们的心理都面临着巨大的挑战。如今的人工智能技术突飞猛进，ChatGPT、Gemini、Sora等不断涌现。这让我们不禁开始思考，学生学习与教师教学是不是还能像以前那样安之若素，只注重知识的传授与接收；老师和学生的心理有哪些新变化，心理学应该注意哪些新问题，又该怎样去应对这些新问题？

教育学与心理学均需要重新审视其存在的意义，思考其是否还具有继续存在的合法性，以及在不断变化的时代背景下，是否能够继续推动教育的发展，并深入探讨如何应对新时代变化的教育和心理问题。这个课题不仅关乎广西师范大学教育学部和广西师范大学出版社，更是所有从事教育学和心理学研究的人必须面对的问题。在这个关键时刻，我们需要重新审视传统，从中寻找进一步发展的资源。

于是，我们回顾并梳理传统。在"大道书系"中，便有探索中国少数民族儿童与国际儿童价值观形成的比较的作品。在新形势下，儿童大量接触网络、多媒体及人工智能，他们的价值观发生了哪些新变化？这个课题不仅关乎中国的儿童,也关乎世界各国的儿童。从这一角度出发,探讨儿童价值观在新形势下的形成,具有更为重要的价值。

广西是一个多元文化交融的地区,孕育了丰富的民歌传统。在这片土地上,民歌作为传统文化的重要组成部分,既面临时代的挑战,也迎来新的发展机遇。面对这些挑战与机遇,我们不仅要深入研究民歌的历史和传统价值,更要审视其在新形势下的育人功能。

学校和课堂在新形势下都发生了很多变化,这些变化涉及学校与社会、教师与学生、书本知识与生活实践,其核心在于共生教育。面对共生教育,怎样去构筑师生关系,探寻互动双赢的局面,而不是一味地灌输教育? 这个问题在新媒体、AI涌入教育之中时尤为突出。所以以共生教育的视角来看待这个新问题,去思索去解决这个新问题的途径是十分重要的。

教育是一个多维度体系,涉及学校的实践、社会的实践,以及多个学科的理论层面。因此,需要从教育基本理论、教学论、教育技术、比较教育等方面出发,探寻这些新变化和新挑战。广西师范大学把整个教科院的老师都动员起来,认真思考这些新问题、新挑战,力图寻求新路径去解决这些问题,以推进教育学以及心理学的发展。

教育学、心理学也从不同的层面探索这些问题。例如,微观层面的学习心理、教学心理对学生、老师会产生很多新影响,带来很多新挑战;宏观层面的教育社会学则从相对广阔的视野研究社会变化对人的心理以及社会心理产生的影响和必要的应对措施等。

在人工智能等新技术大量涌现之际,我们需要思考如何应对变化,以促进教育的良性发展。这既是广西师范大学老师的事情,也是全国老师学生共同的责任,也是世界上相关研究者责无旁贷的使命。

这个努力不可能一蹴而就，毕竟新时代带来的是新问题，需要我们在较长时期内认真思考、应对挑战、解决问题。我相信广西师范大学能够坚持下去，立足实际，关注新技术对教育体系的影响，并结合实际情况探索新的发展路径。我相信，无论是在实践上还是理论上，他们都将有所建树。

前　言

　　价值观是一个人对世界的根本观点、态度和看法，指导并影响着个人的行为，广义上是满足人类文化需要的基本范畴。价值观教育是价值观形成的重要路径，也是国家把握价值观命脉的关键。随着经济全球化深入发展，教育全球化突破了人们生活的界限，不断更新着人们的价值观念。儿童作为未成熟的个体，其所处阶段是价值观培育的重要时期。在全球重视价值观教育的背景下，如何使儿童在激烈的社会思潮碰撞中凝聚本国价值共识，不被错误的价值观念裹挟，是每个国家在人才培养方面的重要任务。价值观教育是传递价值观的主要手段，同时具有引导儿童形成正确价值观，形成并强化社会主导价值观的重要功能。自20世纪80年代起，价值观教育思潮席卷全球，西方发达国家为了维护传统价值观并树立符合时代要求的价值观，率先在学校实施有目的、有计划的价值观教育。当前，重视价值观教育是多元文化时代各国教育发展的共同趋势，实现价值观教育与中小学教育深度融合是当下思想教育发展亟待破解的难题。

　　为了总结进入全球化时代以来世界各国儿童价值观教育的基本经验，分析世界各国在儿童价值观教育方面存在的现实挑战，探讨儿童价值观教育的发展趋势，本书从国际比较的视野出发，综合运用文献研究法、比较研究法和历史研究法,根据国际标准和经济指标,以发达国家(澳大利亚、加拿大、法国、新加坡、日本和新西兰)和发展中国家(土耳其、印度、印度尼西亚)等九个国家为研究对象,坚持客观求实、合理借鉴的原则,研究各国儿童价值观教育。本书主要包括三个方面的内容:一是儿童价值观教育的国际背景和共同愿景,侧重于从政策体系、社会发展、多元文化和教育变革等方面分析世界各国儿童价值观教育的现实背景,并基于这一时代背景探讨世界各国儿童价值观教育的共同愿景,即培养个性自由与全面发展的公民、培养维护民族团结和国家统一的公民、培养积极参与全球事务的卓越公民;二是世界各国儿童价值观教育的发展脉络、基本内涵、显著特征和实践路径,并辅之以大量案例分析予以进一步说明;三是世界各国儿童价值观教育的基本经验、现实问题和发展趋势,总结九个国家儿童价值观教育取得的有益经验,即重视道德教育、注重显隐教育并行、依托价值观教育实践活动、强调家校社协同涵养儿童价值观,并着重分析了世界各国儿童价值观教育面临的现实挑战,诸如不同价值观取向冲突、价值观教育选择上无所适从、价值观教育方法上亟须创新,儿童价值观教育协同机制失调,出现教育目标偏航、主体差异明显、措施难以落地等问题。展望未来,未来的儿童价值观教育应以合理的教育目标为导向,我们应以儿童所在阶段的生理和心理特点为培育基础,注重价值观教育的全程育人与全科育人,利用数字技术支持儿童价值观教育,强调家庭、学校和社会的协同共育,注重开展体验式价值观教育,努力向"培养全面发展的个体、维护民族团结和国家统一的公民、积极参与全球事务的卓越公民"的理想愿景迈进。

本书是国家社会科学基金"十三五"规划 2018 年度教育学一般课题"少数民族儿童价值观形成的文化归因与培育研究"(项目编号:BMA180036)的研究

成果之一。全书共十一章：第一章"儿童价值观教育的国际背景与共同愿景"，第二章"澳大利亚儿童价值观教育研究"，第三章"加拿大儿童价值观教育研究"，第四章"法国儿童价值观教育研究"，第五章"土耳其儿童价值观教育研究"，第六章"新加坡儿童价值观教育研究"，第七章"印度儿童价值观教育研究"，第八章"日本儿童价值观教育研究"，第九章"印度尼西亚儿童价值观教育研究"，第十章"新西兰儿童价值观教育研究"，第十一章"儿童价值观教育的经验、问题与趋势"。

习近平总书记指出，"不同文明之间平等交流、互学互鉴，将为人类破解时代难题、实现共同发展提供强大的精神指引"。本书通过完整、深入地探讨各国儿童价值观教育的发展脉络、内涵与特征，联系各国独特的思想文化和社会制度，探究儿童价值观教育的实现路径并揭示其特征，以期更深刻地认识他国儿童价值观教育，进而吸收其有益成果，在互动交融中进一步优化我国中小学价值观教育，争取做到"互学互鉴、取长补短、为我所用"。在未来的研究中，一是将通过案例分析法进一步分析各国价值观教育的内在异质性，深入了解各国价值观教育的微观动态；二是关注发展中国家的价值观教育，为梳理发达国家与发展中国家价值观教育的异同点奠定基础。由于本人水平有限，本书难免存在不足之处，敬请各位专家、学者批评与指教。

杨茂庆

2023 年 7 月

于广西师范大学

目　录

第一章　儿童价值观教育的国际背景与共同愿景

　　全球化时代，各国文化交流日益频繁，全球治理等理念的产生迫切需要具备正确价值判断能力的人才，加强儿童价值观教育已成为世界各国教育改革的共同趋势，许多国家为了让公民认同社会价值观，树立与社会价值观相一致的价值观，试图以学校作为主阵地进行价值观教育，并将儿童价值观教育视为教育改革的重要内容之一。儿童处于身心尚未完全成熟、认知有待发展的成长关键期，对儿童进行价值观教育不仅助推儿童成长与发展，帮助其端正认知进而适应社会，推动其完成个体个性化向个体社会化的转变，而且正向引领社会价值观，对传递国家价值观、培育符合国家与社会发展需求的人才具有关键作用。在新的时代背景下，从政策体系、社会发展、多元文化、教育变革等方面厘清儿童价值观教育的国际背景，可为共同实现未来儿童价值观教育的美好愿景奠定坚实基础。

第一节　政策体系对儿童价值观教育的支持

　　政策体系体现着价值观教育前进的方向，在如今世界与社会不断变化的时代，价值观教育已成为一种重要的意识形态教育。从联合国到世界主要发达国家再到各发展中国家，都将价值观教育放在重要的战略地位，通过倡议、政策和法律法规对儿童价值观教育提供支持。

一、强调儿童价值观教育的重要价值

价值观教育是价值观形成的重要路径,也是国家把握价值观命脉的关键。当前全球各国普遍重视价值观教育对形成社会群体同一性和一致性的关键作用,相继推行价值观教育,并通过政策文本和指导性文件强调价值观教育的功能与意义。

自 20 世纪 90 年代以来,联合国在重要政策决议中不断着重表述教育对价值观培养的独特作用。2014 年,全球全民教育会议达成的《马斯喀特协定》(Muscat Agreement)提倡"通过教育让所有学习者都获得建设可持续和平社会所需的知识、技能、价值观和态度"。[①] 在面向 2030 年教育议程及行动框架《仁川宣言》(Incheon Declaration)中再次提出"教育要培养公民应对当地和全球挑战的技能、价值观和态度"。[②]

加强中小学价值观教育已成为世界各国教育改革的共同趋势,除联合国外,全球众多国家也都在政策文本上强调了价值观教育的重要性。法国自 18 世纪末开始学校价值观教育,2015 年创建的《公民与道德教学大纲》提出,国家应建立从小学至高中的新型公民教育体系,增强公民仪式感以及归属感[③];澳大利亚政府在 1999 年出台的《阿德莱德宣言》(The Adelaide Declaration)和

---

① UNESCO, "2014 GEM Final Statement: The Muscat Agreement", https://unesdoc. unesco. org/ark:/48223/pf0000228122?posInSet = 1&queryId = 2ae95bb6-fa75-4ee7-aaaa-357e086f7c4d,访问日期: 2023 年 6 月 30 日。

② UNESCO, "Incheon Declaration: Education 2030: Towards Inclusive and Equitable Quality Education and Lifelong Learning for All", https://unesdoc. unesco. org/ark:/48223/pf0000233137,访问日期: 2023 年 6 月 30 日。

③ MINISTÈRE DE L'ÉDUCATION NATIONALE ET DE LA JEUNESSE, "L'enseignement moral et civique (EMC) au Bulletin officiel spécial du 25 juin 2015", https://www. education. gouv. fr/l-enseignement-moral-et-civique-emc-au-bulletin-officiel-special-du-25-juin-2015-5747,访问日期: 2023 年 6 月 21 日。

2008 年《墨尔本宣言》(Melbourne Declaration)都强调了价值观教育的重要性。在《墨尔本宣言》的基础上,澳大利亚政府部长一致认为,教育应继续促进卓越和公平,使所有澳大利亚人成为有自信和创造力的个人、成功的学习者以及积极和知情的社区成员,并商定了《爱丽斯泉教育宣言》[the Alice Springs (Mparntwe) Education Declaration],将学生置于教育的中心,强调满足所有学习者个人需求的重要性,并概述教育在支持年轻人的福祉、心理健康和复原力方面的作用①;美国为了加强国民的归属感和认同感,自独立以来便十分重视对国民进行价值观教育。基于"公民的性格(品格)中蕴含着国家的福祉""对公益事业来说,没有什么比在智慧和美德上培养青年更重要的了"的认识,美国国会于 1994 年批准"品格教育伙伴关系方案"(Partnerships in Character Education Program),认为"品格教育是一个学习过程,使学校社区的学生和成年人能够理解、关心并践行如尊重、正义、公民美德和公民意识,以及对自己和他人的责任等价值观"。2001 年《不让一个孩子掉队法》(the No Child Left Behind Act of 2001)更新并再次强调了品格教育的重要性。《2002—2007 年战略计划》(Strategic Plan 2002—2007)指出,教育部与全国各地的教育机构和学区合作,领导和支持品格教育的发展,致力于培养儿童的坚强品格和公民意识②;日本政府 2006 年推出的《新教育基本法》(『新しい教育基本法』),明确指出新时代应该"以完善人格为目标、培养作为国家和社会建设者的身心健康的国民",培育与自身、与他人、与集体、与自然相关的

① Australian Government Department of Education, "The Alice Springs (Mparntwe) Education Declaration", https://www.education.gov.au/alice-springs-mparntwe-education-declaration,访问日期:2023 年 6 月 30 日。

② U.S. Department of Education, "Character Education... Our Shared Responsibility", https://www2.ed.gov/admins/lead/character/brochure.html,访问日期:2023 年 6 月 30 日。

价值观。① 日本教育审议会于 2014 年对各中小学执行的《小学学习指导要领 特别科目道德篇解说》(『小学校学習指導要領解説 特別の教科 道徳編』)和《中学学习指导要领 特别科目道德篇解说》(『中学校学習指導要領解説 特別の教科 道徳編』)中的内容进行调整和补充,将集体主义教育前置,并要求全体教员深入学习价值观,并且拟计划未来日本中小学的德育教师须持专门的德育教员许可证书上岗;新加坡为了帮助学生在这个瞬息万变的世界中茁壮成长,确定了一套价值观,构建了 21 世纪能力和学生成果框架,向学生传递尊重、责任、坚毅、诚信、关怀、和谐六个价值观,为儿童价值观教育指明方向。②

二、明确儿童价值观教育的重要内容

价值观教育作为一种教育实践,旨在向儿童传递共同的价值准则,其首要任务是向儿童传授价值观教育的内容。世界各国政府及国际组织在一系列政策文件中明确了儿童价值观教育的主要内容,以回应在学校、家庭和社会中应该推广何种价值观的基本问题,进而为本国价值观教育的具体实践提供价值指引。

国际组织或机构在政策文件中基于全球视角对各成员国的儿童价值观教育内容及其核心原则进行了总体指导。1989 年,联合国《儿童权利公约》(Convention on the Rights of the Child)对儿童价值观教育内容做出如下要求,"教育儿童的目的应是最充分地发展儿童的个性、才智和身心能力;培养儿童

---

① Ministry of Education, "Culture, Sports,Science and Technology-Japan",教育基本法(昭和二十二年法律第二十五号)の全部を改正する,https://www.mext.go.jp/b_menu/kihon/about/mext_00003.html,访问日期:2023 年 6 月 21 日。

② Ministry of Education Singapore, "21st Century Competencies", https://www.moe.gov.sg/education-in-sg/21st-century-competencies,访问日期:2023 年 6 月 30 日。

对人权和基本自由以及《联合国宪章》(UN Charter)所载各项原则的尊重;培养儿童对父母、儿童自身的文化认同,对儿童所居住国家的民族价值观、其原籍国及不同于本国的文明的尊重;培养儿童本着各国人民、族裔、民族和宗教群体以及原为土著居民的人之间的谅解、和平、宽容、男女平等和友好的精神,在自由社会过有责任感的生活;培养对自然环境的尊重。"①此后,儿童价值观教育的具体内容也在部分文件中得到进一步拓展。2002 年,联合国教科文组织发布关于《2004—2005 年计划与预算草案》(the Draft Programme and Budget for 2004—2005)的初步建议中提到"将人权、和平、民主参与、宽容、非暴力、文化间对话和国际理解的价值观贯穿于国家教育制度中"②。2010 年颁布《2012—2013 年计划与预算草案》(the Draft Programme and Budget for 2012—2013)强调"将宣传和平文化的价值观纳入教育体系,以尊重文化和生物多样性、尊重不同信仰等价值观为基础,在全球、地区和国家等层面倡导并促进和平、宽容、相互尊重、人权和国际理解教育"③。

为有目的地帮助儿童获得价值观及相应的规范、态度和技能,世界不同国家在政策文件中详细规定了价值观教育的具体内容。2001 年,南非基础教育部(Department of Basic Education)颁布《价值观、教育和民主宣言》(Manifesto On Values, Education and Democracy),明确价值观教育应向年轻人传递"民主、社会

---

① United Nations, "Convention on the Rights of the Child", https://www.unicef.org/child-rights-convention/convention-text#,访问日期: 2023 年 6 月 14 日。
② UNESCO, "Preliminary Proposals by the Director-General for the Draft Programme and Budget for 2004—2005", https://unesdoc.unesco.org/ark:/48223/pf0000127123,访问日期: 2023 年 6 月 14 日。
③ UNESCO, "Preliminary Proposals by the Director-General Concerning the Draft Programme and Budget for 2012—2013", https://unesdoc.unesco.org/ark:/48223/pf0000189250,访问日期: 2023 年 6 月 14 日。

正义与平等、教育平等、反种族主义和性别歧视、人性尊严、开放社会、责任、法治、尊重和调解"十大价值观。① 2005 年,澳大利亚颁布《澳大利亚的中小学价值观教育国家框架》(National Framework for Values Education in Australian Schools),规定九大价值观教育内容包括"有同理心、追求卓越、公平与公正、自由、诚实、正直、尊重、有责任感、理解与包容"②。2007 年,新西兰在《新西兰国家课程》(the New Zealand Curriculum)中确定了八大价值观内容,鼓励学生模仿和探索"卓越,创新、探究和好奇心,多样性,平等,社区和参与,生态可持续性,诚实,尊重"。③ 2014 年,英国教育部正式出台了《推进英国基本价值观培育作为学校"精神、道德、社会、文化"发展的重要部分》(Promoting Fundamental British Values as Part of SMSC in Schools)的指导意见,指出学校应该提倡的英国基本价值观包括"民主、法治、个人自由,以及对不同信仰和信仰者的相互尊重和宽容"④。2021 年,新加坡发布新修订的《品格与公民教育大纲》(Character and Citizenship Education Syllabus Primary)提出,学校教育旨在发展学生的个人品格优势,培养他们共同的社会和国家价值观,即"尊重、责任、韧性、诚信、关怀与和谐",并使他们具备公民价值观,如"欣赏多样性、

---

① Department of Basic Education, "Manifesto On Values, Education and Democracy", https://www. education. gov. za/LinkClick. aspx?fileticket = tYzHKQLJLJE% 3d&tabid = 129&portalid = 0&mid = 425,访问日期: 2023 年 6 月 14 日。

② Department of Education, "National Framework for Values Education in Australian Schools", http:// www. curriculum. edu. au/values/val_national_framework_for_values_education, 8757. html,访问日期: 2023 年 6 月 14 日。

③ Ministry of Education, "The New Zealand Curriculum", https://nzcurriculum. tki. org. nz/The-New-Zealand-Curriculum,访问日期: 2023 年 6 月 15 日。

④ Department of Education, "Promoting Fundamental British Values as Part of SMSC in Schools", https:// assets. publishing. service. gov. uk/government/uploads/system/uploads/ attachment_data/file/380595/SMSC_Guidance_Maintained_Schools. pdf,访问日期: 2023 年 6 月 14 日。

文化敏感性、对他人的同理心、尊重他人的观点，以及对共同利益的承诺"①。上述政策文件主要从国家层面制定了本国儿童价值观教育的基本内容。此外，部分国家不同地区及州政府机构也在遵循国家共同价值准则的基础上，与当地学校或社区合作制定各自的价值观教育内容。作为联邦制国家，加拿大各省及地区的儿童价值观教育呈多样化形态，其共同目的在于贯彻多元、自由、民主、平等的国家价值观原则，培养符合国家要求的合格公民。2005年，艾伯塔省（Alberta）在《问题的核心：艾伯塔省学校的品格与公民教育》（The Heart of the Matter：Character and Citizenship Education in Alberta Schools）文件中提出，学校教育旨在引导学生尊重加拿大的文化多样性和共同价值观，通过传递"尊重、责任、公平、诚实、关爱、忠诚和对民主理想的承诺"等价值观培养学生的良好品格。② 新斯科舍省（Nova Scotia）的《教育法》（Education Act）强调，教师应鼓励每个学生采取关心他人尊严和福利的态度，并培养"尊重宗教、道德、真理、正义、爱国、人道、平等、勤奋、节制和所有其他美德"③。澳大利亚其他州及地区政府在遵循儿童价值观教育国家框架的前提下，依据各自的法律制度或政策自主制定本地区的价值观教育内容。例如，新南威尔士州（New South Wales）的学校、家庭和社区向来承担着传递社会共同价值观的责任，2004年发布的《新南威尔士州公立学校的价值观》（Values in NSW Public

---

① Ministry of Education, "Character and Citizenship Education（CCE）Syllabus Primary", https：// www. moe. gov. sg/-/media/files/syllabus/2021-primary-character-and-citizenship-education. pdf, 访问日期：2023 年 6 月 15 日。

② Alberta Ministry of Education, "The Heart of the Matter：Character and Citizenship Education in Alberta Schools", https：// open. alberta. ca/dataset/7ce67821-e0f4-4ff6-b1af-5b4b60aa1273/ resource/f4e3fe98-b92a-41bd-b689-e2b342e8929f/download/2005-heart-matter-character-citizens-ship-education-alberta-schools. pdf, 访问日期：2023 年 6 月 14 日。

③ Nova Scotia Department of Education, "Education Act", https：//www. canlii. org/en/ns/laws/stat/ sns-1995-96-c-1/78356/, 访问日期：2023 年 6 月 15 日。

Schools）文件确定了以"真诚、卓越、尊重、责任、合作、参与、关爱、公正、民主"为价值观,代表着澳大利亚致力于实现公平和卓越以及促进一个充满爱心、文明和公正的社会的愿景。①

三、实施儿童价值观教育的重要举措

价值观教育政策往往反映着一个国家所倡导的思想和价值导向,政策并非只是生硬的文件,更是集体和社会价值观的外在表征。价值观教育通过调节人的思想意识,一定程度上引导人的行为意识和价值选择②,培养人们具有正确的价值观是个人幸福的基础和成才的前提,也是新时期教育改革与发展的需要。③ 价值观教育的最终落脚点在于其不可代替的实践功能,因此,构建民族国家价值观,颁布相应政策并予以实施和推进,这是具有重要意义的。

早在 1982 年,加拿大政府颁布的新《宪法法案》（Constitution Act）中强调所有加拿大人应认同价值观原则——多元、自由、民主、平等,为加拿大中小学价值观教育指明方向,提供根本遵循④,充分肯定儿童价值观教育的积极作用,强调其对学生成长和社会持续发展的重要意义。1991 年,新加坡政府经国会批准发表《共同价值观白皮书》（White Paper on Shared Values）,从国家高度确立其作为长期教育国策的重要地位,大力推进价值观教育的实施和落实。2005 年,澳大利亚发布《澳大利亚儿童价值观教育国家框架》,

---

① NSW Department of Education, "Values in NSW Public Schools", https://education. nsw. gov. au/policy-library/policies/pd-2005-0131,访问日期: 2023 年 6 月 15 日。
② 黄颖娜:《论价值观教育与青年健康心理人格的塑造》,博士学位论文,清华大学,2015 年。
③ 雷鸣:《中美两国核心价值观教育比较研究》,博士学位论文,东南大学,2015 年。
④ Government of Canada, "The Constitution Act,1867 to 1982", https://www. laws-lois. justice. gc. ca/PDF/CONST_RPT. pdf,访问日期: 2023 年 6 月 30 日。

将价值观纳入学校政策及其各领域教学,通过政府主导将价值观教育工作持续推进,并出台价值观教育计划、扶植价值观教育项目、提供价值观教育资金,极大程度推动了国家价值观教育实践。同年,印度也颁布了《2005年国家课程框架》(National Curriculum Framework 2005),将价值观教育明确列为基础教育阶段的课程内容,并贯穿于各科目课程中。① 2006 年,日本修订《新教育基本法》提出教育发展的总目标为"培养一个身心健全,具有组成一个和平民主的国家和社会所必需素质的人"②。此次基本法的修订为日本价值观教育的基本走向和教育目标作出系统规划,为日本价值观教育在实践层面的贯彻落实奠定了基础。2014 年,英国教育部颁布《关于强化对未能积极推进英国价值观培育相关学校监管力度的咨询意见》(Consultation on Strengthening Powers to Intervene in Schools which are Failing to Actively Promote British Values),强调要对未能在英国基本价值观培育方面积极履责的学校进行有效干预和监管。③ 该政策立足于价值观教育的基本视角,以儿童为保护对象,对学校做出"必须为学生有效参与英国现代生活做好准备"的具体要求,其根本要旨即国家价值观培育工作不能仅仅停留在政策的颁布,更要重视政策的执行。

---

① "National Council of Educational Research & Training. National Curriculum Framework 2005", https://www. academia. edu/39160639/NATIONAL_CURRICULUM_FRAMEWORK_2005,访问日期:2023 年 6 月 30 日。

② Ministry of Education, "Culture, Sports,Science and Technology-Japan",教育基本法(昭和二十二年法律第二十五号)の全部を改正する,https://www. mext. go. jp/b_menu/kihon/about/mext_00003. html,访问日期:2023 年 6 月 21 日。

③ Department for Education, "Consultation on Promoting British Values in School", https://www. gov. uk/government/news/consultation-on-promoting-british-values-in-school,访问日期:2023 年 6 月 30 日。

第二节　社会发展对儿童价值观教育的挑战

儿童作为社会阅历较浅和身心发育未完全成熟的个体,其价值观具有不稳定的特点,易受到社会变革中产生的积极或消极因素的影响。一方面,社会发展影响着儿童意识形态的建构,在全球化的时代背景下,经济全球化、政治多极化、文化多样性和数字化技术促使儿童接触到更加多元化的价值理念;另一方面,社会变革对儿童的价值观培育提出了新的挑战,诸如文化霸权主义、物质主义、价值冲突和信息茧房等弊病在某种程度上加大了儿童价值观教育的难度。

一、经济全球化加剧各国价值观边界摩擦

价值观是一种以社会生活为基础的社会意识,社会意识是对社会生活的反映,社会生活丰富程度越高,则价值观念会越加多样化,经济全球化的出现恰好为人们提供了一个开放的环境,国与国之间价值观念的交流更为频繁。[①] 经济全球化对发展中国家来说是一把双刃剑,在打破地缘、政治和经济的隔离封锁状态,密切各国交流合作的同时,也给了西方发达资本主义国家凭借经济优势对发展中国家民众意识形态渗透的可乘之机。在世界范围内,美国拥有强大的经济实力和先进的媒体技术,通过利用、掌控,甚至垄断国际话语权,宣扬以"民主、自由、人权"等"全人类共同价值",试图将其政治观念、思想意识和文化知识等内容推入发展中国家儿童的视野,不断打破经济全球化背景下国与国之间

---

① 贺善侃:《经济全球化背景下的价值认同与冲突》,《毛泽东邓小平理论研究》2003 年第 5 期。

的界限。① 西方社会的"普世价值"论调凭借其所谓的正当性和优越性在国际话语市场甚嚣尘上,以"强制认同"和"引诱认同"手段将非西方国家纳入其价值体系,尤其是严重挤压着发展中国家价值体系在国际话语体系的生存空间。印度学者拉瓦尔(Rawal M.)认为经济全球化在创造机会的同时,不能忽视它在一定程度上引起了物质主义思潮的泛滥,它创造了一种肮脏的诱惑和对金钱的欲望的文化。② 由物质主义延伸而来的"金钱至上"和"拜金主义"价值观正在冲破国与国之间的价值边界,其影响力在全球范围内逐渐增强。儿童如果过早接触"金钱至上"和"拜金主义"等较为世俗的价值理念,容易发展成为现实与功利的下一代,这对整个社会持续健康发展是不利的。

二、政治多极化加速各国价值观教育崛起

随着政治多极化的发展,综合国力间的竞争会愈演愈烈,文化软实力作为综合国力的组成部分正逐渐引起各国重视,尤其是价值观作为文化软实力的组成部分,确立本国主流价值观对强化儿童价值认同,提升国家文化软实力具有重要意义。但是儿童在认同本国价值观的过程中容易弱化对他国价值观理解,甚至出现忽视和敌视其他国家价值观的问题。在政治多极化时代背景下,部分国家和组织纷纷提出合乎自身未来发展的价值观,这在某种程度上也出现反文化霸权主义的倾向。21 世纪以来,欧美西方国家为了获取更大的政治经济利益,构建了一套以西方社会为标尺的"普世价值",并积极推广至世界范围内。这虽然强化了西方国家儿童对本国价值观的认同和坚守,

---

① 赵丽涛:《全球化背景下社会主义核心价值观的对外传播》,《中国特色社会主义研究》2014 年第 3 期。

② Rawal, M., "Globalization Challenges and Human Values in Education", in *Asian Resonance*, Vol. 2, No. 3(2013), pp. 250-252.

但是也激化了与非西方国家价值观之间的摩擦。政治多极化背后往往隐藏着深层次价值冲突,随着第三世界国家经济的崛起,其在国际政治上地位的提高也逐渐打破欧美西方国家所构建的国际政治体系,以美国为首的一超多强国际政治局面逐渐开始崩解,政治多极化的趋势愈发显著。[①] 多极化的国际政治格局促使许多国家政府开始重视本国价值观教育,并强调价值观的相对独立性,因此不仅第三世界国家反抗欧美推广的"普世价值"教育,西方国家联盟内部也开始重新审视本国价值观。政治多极化要求每个国家都参与到世界发展中来,国与国在此过程中关于意识形态的交流也越来越频繁,各国儿童在广泛接触其他文明价值理念的同时,其本国的价值认同和价值理解也获得了积极的强化。

三、文化多样性影响价值观教育走向

文化多样性肇始于经济全球化,国家之间在经济上的互通有无为文化多样性的发展提供了契机。相比于以军事战争为手段进行暴力的、显性的国与国之间的对抗,文化是以温和的、隐形的渗透来改变人的深层次思想和价值观念。价值观是文化的内核,任何一种文化模式都内含着特定的价值观。新加坡是一个以多种族、多文化为基本国情的移民国家,这种多种族和多文化的存在不利于形成普遍的认同意识,会造成每个民族狭隘地排斥其他民族的文化信仰,当地学校在开展价值观教育时也常常陷入困境。为改变这种困境,新加坡政府通过确立国家至上的多元文化价值观,不仅实现了文化的共荣,而且凝聚了民众的思想。[②] 文化多样性在丰富儿童价值观教育内容和教

---

① 田永静、颜吾佴:《世界多极化对大学生理想信念的影响及教育引导分析》,《湖南社会科学》2016 年第 3 期。
② 冯博:《新加坡共同价值观培育研究》,博士学位论文,东北师范大学,2019 年。

育体验的同时,也因为引进多种价值文化动摇了儿童价值认同,在当前整个世界范围内,价值观之间的冲突往往与文化多样性的发展有着密切的联系,文化多样性程度过高的环境不利于儿童理解并且掌握主流价值观的确切内涵。受到外来文化产品中各种异质价值观的隐性渗透,尤其被美国所宣扬的"优越"价值观所吸引,加拿大儿童对本国的"文化标准"和"共享价值观"等传统价值观逐渐动摇。[①] 政府如果没有及时掌控文化多样性在本国范围内的发展,那么儿童价值观的塑造极易出现问题,因为文化多样性意在实现全世界文化的求同存异和相互借鉴,以此促进人类文明繁荣进步。但是,对主权国家来说,需要时刻警惕文化多样性在塑造儿童价值观过程中可能起到的消极影响。战后的日本在政治经济体制上与西方资本主义世界接轨并受其控制,但在社会生活中依然深受传统封建思想的影响,极端的利己主义与极端的集团主义反复冲击着日本儿童的价值观教育,两种对立思想的博弈结果使日本儿童的价值观既无法保持其独立状态,又无法全面西化。以色列政府自建国起就致力于建设一种能融东西方文化于一体的新型国民文化,以此培养儿童对国家的认同感。[②] 在这一价值观念指导下,以色列儿童不仅学会了尊重与理解他国价值观,而且养成了本国儿童民族观念和民主意识。

四、数字化技术改变价值观传递方式

数字化技术的发展正在儿童成长中扮演着越来越重要的角色,课堂作为儿童价值观教育的主要场所,正逐渐以计算机、网络和智能手机等为主要教育载体。数字化技术虽然为人与人之间的交流提供了便利,但网络世界终究

---

① 刘晨、康秀云:《困境与出路:加拿大核心价值观培育的战略路径》,《思想政治教育研究》2018 年第 1 期。
② 谭德礼:《以色列青少年道德教育及其启示》,《中国青年社会科学》2016 年第 3 期。

是鲜有教师和家长引导的虚拟世界,儿童容易被错误的思想误导而滑向罪恶的深渊。一方面,数字化技术提高了价值观教育的便捷程度。相较于儿童以往在固定时间、固定地点接受价值观教育的传统授课模式,数字化技术的进步使价值观教育渗透进儿童生活的方方面面,摆脱了时间和空间的限制,价值观教育的开展方式更加多样。例如澳大利亚新南威尔士州在数字化教育改革框架下施行了一项重要措施:为每个学校建立视频联网,教室可直接连接部分重要的学习资源中心,帮助儿童最大限度地共享教育资源,儿童在此过程中增长了见识并形成正确的价值判断。① 数字化技术的进步在拓展学习空间和扩大沟通范围等方面为儿童接受价值观教育提供了新的解法。

另一方面,数字化技术给价值观教育带来诸多难题。首先,数字化技术为良莠不齐且价值取向多元的信息提供入口。美国的照片墙(Instagram)虽然起到了开阔眼界、丰富见闻的作用,但是海量信息如果被别有用心之人用来捏造事实、断章取义,那么各国儿童在接受价值观教育过程中可能会面临更严峻的挑战。其次,数字化技术是信息茧房产生的重要推手。② 正如凯斯·桑斯坦(Cass R. Sunstein)认为公众面对海量信息,只会以自身兴趣为导向来获取信息,在不知不觉中陷入"茧房"陷阱。加之身处互联网信息时代,核心国家的信息技术发展速度相对较快,为了在"让自己的声音被听到"(Make themselves heard)的竞争中占优势地位,核心国家隐形的文化入侵正在显现。③ 儿童在茧房效应下偏狭地开展信息收集和知识学习,进而导致其价

---

① 原绍锋:《澳大利亚:数字化教育改革进行时》,《中小学信息技术教育》2010 年第 7 期。
② 刘强、赵茜:《算法中选择的同化与异化——国外回音室效应研究 20 年述评与展望》,《新闻界》2021 年第 6 期。
③ 弗兰克·卢斯夏诺、黄莉华:《数字帝国主义与文化帝国主义》,《马克思主义与现实》2003 年第 5 期。

值观发展失之偏颇。最后,数字化技术的广泛应用加速了各种伦理问题的产生。马修·丹尼斯(Matthew Dennis)认为新兴技术的出现可能会为某些道德问题的出现提供条件,尤其是网络霸凌、恶意攻击、网络羞辱、数字骚扰等都成为主要的道德关注对象。[①]

技术不断进步的社会现实中,儿童接受价值观教育的意义显得尤为重要,数字化技术不仅拓宽儿童价值观教育途径,而且帮助儿童在繁杂的信息中提高价值判断能力。

第三节　多元文化对儿童价值观教育的刺激

价值观作为文化的核心,是一种隐性的文化。[②] 从文化视域来看,全球化推动了文化的传播,使不同的文化在传播中相互碰撞、相互交融,这必然对社会价值产生影响,加速了价值观多元化。多元文化是文化性质的多元,文化性质的差异主要表现为价值观的差异。纵观全球,多元文化长期孕育着价值差异和冲突,这给儿童价值观教育带来刺激与碰撞,表现为儿童价值取向发生激烈冲突,同时,价值观教育内容的选取和方法的创新也面临着挑战。

一、多元文化类属差异导致价值观教育渠道受到冲击

由于社会环境、社会关系之中多元文化的客观存在,加之儿童身心发展尚未成熟,多元文化已不可避免地左右着儿童价值观的生成与发展,同时也

---

① Dennis, M., Harrison, T., "Unique Ethical Challenges for the 21st Century: Online Technology and Virtue Education", in *Journal of Moral Education*, Vol. 50, No. 3 (2020) pp. 1-16.

② 冯建军:《差异与共生:多元文化下学生生活方式与价值观教育》,四川教育出版社,2010年,第 178 页。

为儿童价值观教育带来了机遇和挑战。首先,主流文化与亚文化的碰撞刺激着儿童的价值观。在去中心、去门槛的互联网时代,文化传播渠道多样化和文化消费个性化趋势日益明显,在主流文化统治的间隙,儿童不可避免地受到亚文化的影响。从 20 世纪 80 年代至今,亚文化始终埋藏着日本主流社会深层的土壤中,如日本动画、漫画、游戏、小说。① 其次,传统文化与现代文化之间的张力也会给儿童的价值观带来影响。传统文化与现代文化之间的张力包容了一致性与差异性的共存,但是这种张力也导致了儿童在纵向上的价值取向分化。曾经被认为是优秀的传统文化和作品,或许会在当代儿童新的认知标准下出现偏移,被儿童所拒斥;而一些以往未被认可的文化艺术作品可能重新得到评价,获得儿童的肯定。如何深挖现代生活中的文化张力与内核,实现传统文化与现代文化的有机融合,仍是各国价值观教育所追求的目标之一。再次,异质文化间的互动也会影响儿童价值观的塑造。例如,澳大利亚因其多元文化国家的属性,儿童在选择价值观教育过程中存在着身份认同缺失、价值观念迷失等问题。多元文化的背后潜藏着"文化绝对主义"危机,这一理论所强调的"普世价值"有着较强的欺骗性,把适用于西方资产阶级社会的某些特殊价值,如"自由、人权、博爱"普遍化为全世界的标准,罔顾了各个国家和各个民族文化历史的特殊性和差异性。②

二、多元文化背景下价值观教育内容选取面临挑战

全球化的快速发展使各国在文化上的交流更加频繁,儿童在多元文化的世界中更易接触不同文化的价值观。多元文化时代对价值观教育的影响是

---

① 小小的伊丽丝:《从亚文化谈起——日本文化中的抹平式表达与暗流涌动》,https://zhuanlan.zhihu.com/p/38547472,访问日期:2023 年 6 月 8 日。

② 陈文旭、易佳乐:《作为虚假意识形态的"普世价值"》,《马克思主义与现实》2017 年第 4 期。

复杂的、多维度的，影响着价值观教育的选择标准和内容偏向，价值观教育内容选取面临空洞化倾向。价值观教育的根本任务在于帮助儿童树立正确的观念，探寻生活的意义与价值。因此，价值观教育的内容应该来源于生活，存在于生活之中，并且为生活服务。然而，在价值观教育中，教育的内容常常表现出脱离生活的空洞化倾向，这主要表现在两个方面：一是教育内容选取的"理想化"，即选取的教育文本记载的都是空洞的口号、宏大的政治理想、崇高的人生道理和脱离群众的人物，这些内容远离生活实际，只放眼"应然"的追求，不立足"实然"的存在，儿童在日常生活中无法企及，也难以理解。儿童发现在课程中学到的东西，与进入社会生活后发现的事实是割裂的，这很可能造成儿童内心深处的迷茫。二是教育内容选取的抽象性。由于过于关注对价值观抽象的归纳概括，在一定程度上出现了抽象的价值内核与具体的现实状况相分离的情况，使教育内容成为一种形而上学的、抽象自足的存在——教育内容的成人化就是忽视儿童主体特殊性、教育内容选取抽象性的典型表现。直接用成人的价值观和行为标准去要求儿童现在就这样想、这样做，脱离儿童当下生活的内容，这在儿童的价值视域中必定是空洞的和无法理解的。[①]

三、多元文化背景下儿童价值观教育方法亟待创新

多元文化丰富多彩的特点让儿童的思维和视野得到了拓展，儿童有机会了解不同国家、不同民族的生活方式、思维习惯和价值取向，这使儿童的价值观念及其形成过程带有新的时代特点，传统的价值观教育方法无法适应多元文化背景下儿童价值观教育诸要素的变化，逐渐显露出自身的不足。

---

① 石芳：《多元文化背景下的核心价值观教育》，人民出版社，2014 年，第 43 页。

第一，在价值观教育的场域之内，显性教育方法长期以来占主导地位。一些教育者只习惯于使用理论宣教法、实践锻炼法和比较鉴别法等显性价值观教育方法，而不擅长使用环境营造和榜样示范法等隐性教育方法，进而影响价值观教育的实效。这种"强制式劝告与灌输"中潜藏着支配、处置、压迫和训练的成分，通过对儿童个体不间断地形塑，将价值观压印成一种"社会一致"。① 这就导致儿童被动地成为接受价值观念和伦理规范的容器，其能动性、主动性和差异性被忽视，他们在接受价值观教育过程中本应有的判断、筛选、理解、内化等环节也被忽略，从而造成了"人学空场"现象。② 新时代如何保证受教育者的主体性，在使用显性教育方法的同时支持儿童独立思考，是值得思考的。

第二，泛平等主义的"平等观"也亟须从价值观教育的方法中剔除。马克思指出：平等，一向指社会平等，社会地位的平等，绝不是指每个人的体力和智力的平等。③ 社会平等，是人们在社会上处于同等的地位，在政治、经济、文化等方面享有同等的权利。超越了这种平等的范围，把平等理解为素质、能力上的一样，就是一种"泛平等主义"，它不适合用于多元文化背景下的儿童价值观教育。多元文化承认各族群的平等地位，但也承认各族群的独特性以及伴随着独特性而产生的差异性，这不是绝对平等，而是差异平等。一旦将"泛平等主义"这种平等理念运用到种族、阶层、年龄、特殊儿童等方面，儿童会认为"他们能做到的，为什么我们就不能获得"。黑人在100米短跑中的成绩，为什么中国人不能取得？为什么给特殊儿童（尤其是残障儿童）单独安排

---

① 石芳：《多元文化背景下的核心价值观教育》，第44页。
② 李纪岩：《当代大学生社会主义核心价值观培育研究》，博士学位论文，山东师范大学，2010年。
③ 华东师范大学《列宁教育文集》编辑组：《列宁教育文集》（上卷），人民教育出版社，1984年，第304页。

学校和班级,而不能让他们与正常儿童在一起学习?[①] 这些质疑背后隐藏的都是"一样"的"平等"理念。为了"一样"的"平等",儿童作为弱势者要向强势者看齐,最后不仅达不到目的,而且使弱势者迷失了方向,失去了对既有标准批判的意识和能力。

因此,多元文化背景下,儿童价值观教育需要方法的创新,例如将抽象、概括的大方法转化为应用性、针对性强的具体措施和小方法,并在突出某一方法时综合运用各种方法,提高教育方法的系统性和可操作性,丰富和发展儿童价值观教育的方法体系,增强儿童价值观教育的科学性与实效性。

第四节　教育变革对儿童价值观教育的需求

儿童价值观教育不仅要应对社会发展的挑战和多元文化的刺激,还要适应教育变革的需求。21 世纪以来,在教育全球化、教育数字化趋势以及核心素养理念的影响下,各个国家和地区需要将儿童价值观教育放在更加重要的位置,并要与时俱进,从价值观教育的目标、内容等方面做出调整,以培养符合时代需要的人才。

一、价值观教育是应对教育全球化的时代呼唤

"全球化是一把双刃剑",如何在复杂的国际环境和多元的社会思潮中凝聚儿童的价值共识,开展儿童价值观教育强化儿童的公民身份认同,使儿童获得理解国际复杂系统的能力,学会与全人类共同生活已经成为各国必须重视的问题。教育全球化(globalization of education)是在经济全球化背景下衍

---

① 冯建军:《差异与共生:多元文化下学生生活方式与价值观教育》,第 66 页。

生的概念,是针对经济全球化趋势而采取的教育应对行动。① 在教育全球化的影响下,通过价值观教育培养儿童成为适应时代发展的人已然成为大势所趋。其一,要培养具有全球视野的人,一方面要拓展儿童的知识面,使儿童掌握能够适应未来生活的科学知识;另一方面更要关注儿童的精神世界,帮助他们成为具有全球观念的世界公民。目前,许多国家已经将相关内容加入儿童价值观教育体系之中,例如,澳大利亚非常重视儿童世界公民身份认同;印度在《2020年国家教育政策》中提出"培养学生的知识、技能、价值观和品格,使学生具有可持续发展以及谋求全球福祉的意识"等。各国通过提高对价值观教育的重视程度,丰富价值观教育内容,改变价值观教育方法等,促使儿童在思想上、精神上形成全球共同认可的价值观念,并在实际行动中践行这些观念,为人类共同生活的世界作出贡献。其二,教育全球化容易引发儿童对本土价值观的认知冲突,这种冲突可能会冲击儿童对公民的身份认同,进而对国家认同的建构产生消极影响。通过价值观教育增强儿童的民族品性,提升文化自觉,培养批判精神成为许多国家提高应对教育全球化挑战与风险能力的主要途径。例如,加拿大学校教育中重点教授关于国家历史、文化、公民身份等相关知识,通过学科教学增强儿童对国家和民族的认同;印度尼西亚的儿童价值观教育则通过榜样教育引导未来的印度尼西亚人民具有民族品性和爱国主义精神。

习近平总书记指出:"当今世界正在经历百年未有之大变局。"人类前途命运休戚与共,各国相互联系和彼此依存比过去任何时候都更频繁、更紧密。通过价值观教育培养儿童共同生活的意识和能力是各国顺应世界发展大势

---

① 邬志辉:《教育全球化——中国的视点与问题》,华东师范大学出版社,2004年,第29页。

的必然选择。同时,在全球化挑战此起彼伏的今天,任何国家都难以独善其身。儿童是国家的未来,在理解世界之前首先要理解国家,要帮助冲击中的儿童找回"失落的公民身份",就必须立足本土,通过价值观教育促进个体人格世界的全面发展,使儿童成为"本土人",进而更好地成为"世界人"。

二、价值观教育是消解教育数字化风险的关键举措

随着大数据、人工智能等新兴技术在教育领域的广泛应用,教育数字化已成为各国广泛关注的新热点,也是今后教育改革实践的主要方向。[①] 世界主要发达国家和国际组织已经陆续出台了一系列教育数字化发展战略,并将教育数字化作为国家数字化战略的重要组成部分。然而,在各国纷纷致力于教育数字化转型的同时,虚拟世界中的色情、暴力、诈骗等负面因素正严重影响儿童的身心健康。

在此背景下,数字伦理安全成为国际教育数字化转型中需要重点关注的问题。要构建一个和谐稳定的数字化社会,亟须通过价值观教育帮助儿童具备教育数字化转型过程中所需要的数字素养和网络道德(cyber virtue)。[②] 有研究表明,在数字环境中,诚信(Honesty)和同情心(Compassion)是与儿童拥有良好的数字生活最为相关的两种网络道德,因为网络诚信缺失会导致诸如剽窃、造谣等网络不良行为,缺乏同情心则是网络欺凌、复仇色情等恶性事件频发的根源。学校作为儿童价值观培育的主要场域,可以开设专门的网络道德课程或者德育专题,通过案例教学等方法让儿童直观感受网络道德对数字

---

① 吴砥、李环、尉小荣:《教育数字化转型:国际背景、发展需求与推进路径》,《中国远程教育》2022 年第 7 期。

② Dennis, Matthew, Harrison, Tom, "Unique Ethical Challenges for the 21st Century: Online Technology and Virtue Education", in *Journal of Moral Education*, Vol. 50, No. 3 (2020), pp. 1-16.

生活的影响。学校也可以将网络道德的有关内容纳入其他科目之中,在教授学科知识的同时,向儿童传递价值观。例如,在信息技术、计算机科学等课程中,教育工作者不仅要帮助学生了解算法、人工智能等技术的有关知识,而且要告诉儿童在使用这些技术的同时要考虑到道德、伦理因素,从而实现儿童知识、技能与价值观的协同发展。

网络空间是虚拟的,但网络道德不能是虚无的。在教育数字化转型过程中,各国必须主动采取有效措施,将网络道德的相关内容直接或间接地纳入儿童价值观教育体系之中,通过价值观教育使儿童了解、认同、习得网络道德,并在数字世界中自发地践行这些道德素养。

三、价值观教育是促进核心素养生成的内在要求

价值观是核心素养的重要组成部分。核心素养是一个多维概念,它并不局限于知识与技能,而是知识、技能、态度、价值观和情感的集合体。[①] 这一教育理念超越了以往知识和能力二元对立的观点,凸显了情感、态度、价值观的重要性。在核心素养理念的影响下,各个国家和地区更加重视对儿童价值观的教育工作,并通过课程改革提升价值观教育的地位。2012 年,日本国立教育政策研究所在制定以核心素养为支柱的未来课程教育方案时指出,在课程中要建立学生的思考力(知)与道德性(心)之间的关联,并据此提出了智力发展与道德教育相融合的新课程方案。

核心素养理念指导下的教育需要逐渐脱离"学科本位""知识本位"束缚,进一步彰显教育的精神特质,这就呼吁教育要更加关注人的情感、态度和价值观。价值观教育能够促进儿童的全面发展,更能弱化教育的功利性目

---

① 林崇德主编《21 世纪学生发展核心素养研究》,北京师范大学出版社,2016 年,第 31 页。

的,凸显让儿童成为自己的精神力量。儿童的价值观教育并非知识教育的附加物,在核心素养时代,儿童价值观素养的重要性将会越发受到重视,并反映在教育改革的方方面面。与此同时,有研究者指出,态度是用乘方来连接知识与能力的。如果态度是正分,一切知识与能力皆会产生相乘倍数的效果;如果态度是负分,一切知识与能力皆会产生负面效果。[①] 价值观能为儿童提供积极指引,有助于增强儿童获取知识与技能的动力,还能提高他们对已经获得的知识与技能的利用率。可见,核心素养理念指导下的教育必须将价值观教育置于优先地位,通过价值观教育为其他素养的养成奠定坚实基础。新加坡教育部就特别强调态度、价值观对个人的品质、信念与行动的影响,因此态度、价值观是 21 世纪新加坡国民知识与技能素养培育的根基,同时也是 21 世纪新加坡国民素养的核心。

第五节　全球化时代儿童价值观教育的共同愿景

全球化时代,世界各国儿童价值观教育的共同愿景立足于更广阔的全球视野,体现了价值观教育期望在全球范围内统一价值规范和凝聚价值共识的远大目标,也寄托着人们对价值观教育促进个体、国家和世界不断发展的美好愿望。具体来说,各国价值观教育都希望通过系统、深入和有计划的教育活动培养个性自由和全面发展的个体,具有国家认同感和多元文化意识的公民,以及拥有全球意识并积极参与的世界公民,从而推动全人类社会的平稳运行与共同发展,帮助个人在复杂多变的全球化世界中实现美好生活。

[①]　柳夕浪:《从"素质"到"核心素养"——关于"培养什么样的人"的进一步追问》,《教育科学研究》2014 年第 3 期。

一、培养个性自由与全面发展的公民

教育是培养人的活动,促进个人的发展是教育的终极目标。价值观教育通过个人和社会价值观的传递,从思想、道德和精神等方面对人进行影响和塑造,在助力个人的自我实现和人格完善中发挥着积极作用。随着全球化的深入发展,社会多个领域的巨大变革对人才培养提出了新的要求,全球教育正在呼唤着一种更加全面、综合和人文的育人观,以帮助个人获得在快速变化的世界中共同生活所需的知识、能力、情感、态度和价值观。世界各国积极响应并贯彻全人教育的价值理念,提倡采用基于整体观点的教学方法,以实现个人的自由全面发展为理想追求。[①] 对此,全球儿童价值观教育坚持"以人为本"的观念,一方面注重个人知识、情感和能力的全面发展,同时也强调个人心智的健全和完整人格的塑造,旨在使个体生命得到自由、充分、全面、和谐和可持续的发展。

人的全面发展要求价值观教育既注重外在知识和技能的获得,也要关注内在心理和情感的发展,在促进个体发展时应努力达到人的精神世界和物质世界的平衡,实现个人价值和社会价值的整合,进而培养有道德、有思想、有知识、有能力的"全人"。例如,土耳其儿童价值观教育将社会价值观、科学价值观和道德价值观作为主要内容,旨在从个体身份与公民意识,知识增长、能力提升与理性思维,以及社会公德与个人品格三个层面来满足和平衡儿童的多重发展需求。[②] 此外,世界各国价值观教育主要围绕知识、社会情感和能力

---

① Rafikov, I., Akhmetova, E., Yapar, O. E., "Prospects of Morality-Based Education in the 21st Century", in *Journal of Islamic Thought and Civilization*, Vol. 11, No. 1 (2021), pp. 1-21.

② 杨茂庆、赵红艳:《土耳其初等学校课程改革下的价值观教育:目标、内容与实施路径》,《外国教育研究》2021 年第 2 期。

三个基本维度展开,它们在教育中彼此渗透和相互融合,共同支撑个人在智力、身体、情感和社会等领域的全面发展。例如,新西兰以培养自信、相互联系、积极参与的终身学习者为出发点,在帮助儿童形成价值观的同时,也注重发展他们表达、探索、反思和践行价值观的能力,从而支持个体全面发展。[1]

价值观教育着眼于儿童自我意识的培养,鼓励个人在与世界交往的过程中主动构建自己的思想体系,寻找并实现自我的价值追求,最终成为个性自由的独立个体。澳大利亚儿童价值观教育以帮助儿童成为自信和有创造力的人、成功的终身学习者以及积极、知情的社会成员为目标,不仅强调教育要坚持平等和包容的基本原则,为儿童提供多样化和个性化的学习,满足他们对不同知识和能力的需求,并支持他们去探索自己的天赋才能,以实现儿童的个性和自由发展;而且要帮助儿童拥有自我价值感、自我意识和个人认同感,引导他们主动与他人、社区和世界建立联系,对自己的生活做出明智决定并自觉承担责任,产生对学习、生活和未来的自信心和目标感。[2] 同时,各国也将培养批判性思维视为价值观教育的重要内容,以帮助儿童发展理性和逻辑思维能力,使他们能够独立思考、判断和选择各种道德价值观。芬兰将公平、尊重、民主参与和可持续性等基本价值观融入学校文化和各类课程中,通过实施现象式教学和跨学科主题学习培养学生的批判性思维[3],以此推动儿

---

[1]　Ministry of Education, "The New Zealand Curriculum", https://nzcurriculum. tki. org. nz/The-New-Zealand-Curriculum,访问日期:2023 年 4 月 25 日。

[2]　Department of Education Skills and Employment, "The Alice Springs (Mparntwe) Education Declaration", https:// www. education. gov. au/download/4816/alice-springs-mparntwe-education-declaration/7180/alice-springs-mparntwe-education-declaration/pdf,访问日期:2023 年 4 月 25 日。

[3]　Finnish National Board of Education, "New National Core Curriculum for Basic Education: Focus on School Culture and Integrative Approach", https://www. oph. fi/sites/default/files/documents/new-national-core-curriculum-for-basic-education. pdf,访问日期:2023 年 4 月 25 日。

童价值观教育,引导儿童对价值观进行批判性思考,教会他们如何识别生活中有价值的东西,使每个学生都有能力直接根据道德反思做出决定,进而构建自己的价值体系。①

二、培养维护民族团结和国家统一的公民

在多元文化社会中加强价值观教育,引导个人理解、尊重和欣赏多元文化差异,已成为全球化时代各国价值观教育共同关注的核心议题。② 当今世界各个国家都不约而同地向构建文化多元一体格局的理想靠近,希望通过价值观教育来增进国家认同和凝聚社会共识,以实现核心价值的一元主导与社会价值的多元共存③,这种理想在全球儿童价值观教育中表现为通过传递价值观以建立公民对本民族国家的文化、价值观和身份认同,并帮助他们培养多元文化意识,树立对文化多样性和差异性的正确认知与积极态度。

世界各国价值观教育都将价值观教育作为基本内容,通过向儿童传递本民族国家的价值传统和文化精神,帮助他们建立国家认同感和民族自豪感。例如,法国高度重视共和价值观传承,并将其视为国家凝聚力的基础,因此,法国中小学以传递共和价值观作为重要使命,依托公民和道德教育课程向学生传播共和价值观,从而为"建设一个不可分割的、世俗的、民主的和社会的共和国"④培养未来公民;印度尼西亚公民教育是一种根植于民族文化价值体系的价值观教育,通过在学校课程中开展民族教育和道德教育,向学生传递

---

① Suwalska, A., "Values and Their Influence on Learning in Basic Education in Finland—Selected Aspects", in *Roczniki Pedagogiczne*, Vol. 13, No. 2 (2021), pp. 141-154.
② 刘晨:《英国基本价值观教育:现实动因、政策演进与实践进路》,《比较教育研究》2022 年第 7 期。
③ 胡刚:《多元文化背景下的社会主义核心价值体系认同之探讨》,《湖北民族学院学报》(哲学社会科学版)2013 年第 5 期。
④ Ministère de l'Education Nationale et de la Jeunesse, "Les Valeurs de la République à l'école", https://www.education.gouv.fr/les-valeurs-de-la-republique-l-ecole-1109,访问日期:2023 年 4 月 25 日。

诚实、宽容、纪律、勤劳、创造力等价值观和以"信仰神道、人道主义、民族情怀、民主和社会公正"为核心的五项民族精神,以培养具有民族主义和爱国主义精神的国家公民。①

在深化国家认同的基础上,世界各国价值观教育同样重视儿童多元文化意识的发展,以培养其接受、包容和欣赏多元价值观念和民族文化的积极态度。② 作为典型的多民族国家,加拿大致力于实施多元文化政策,旨在保护加拿大多元文化遗产,努力实现所有加拿大人在经济、社会、文化和政治生活中的平等。多样性被定位为加拿大的基本价值观,也是加拿大公民身份认同的核心。因此,加拿大公民价值观教育以多样性为核心理念,注重培养学生的多元文化观和包容性精神,为他们提供跨文化理解和沟通技能,并教导他们承认和理解多元文化,接受和尊重不同的观点,从而促进民族团结和增强社会凝聚力,以塑造一个平等、开放和包容的多元文化社会。③ 为维护西班牙民族团结统一,促进不同种族和地区思想、文化、宗教信仰和生活方式的互动与融合,构建更加平等、包容、和谐的社会,西班牙通过开展跨文化教育来推动价值观教育,帮助学生树立尊重、欣赏多样性的价值观,引导学生认识和了解文化多样性,培养他们尊重、接纳和理解其他文化的素养,最终促进不同文化群体之间的交流与互动。④

---

① Nurdin, E. S., "The Policies on Civic Education in Developing National Character in Indonesia", in *International Education Studies*, Vol. 8, No. 8(2015), pp. 199-209.

② 张家军、唐敏:《多元文化主义的公民观及其教育》,《教育理论与实践》2017 年第 22 期。

③ Bokhorst-Heng, W. D., "Multiculturalism's Narratives in Singapore and Canada: Exploring a Model for Comparative Multiculturalism and Multicultural Education", in *Journal of Curriculum Studies*, Vol. 39, No. 6 (2007), pp. 629-658.

④ 滕珺、戚文欣:《全球移民背景下西班牙跨文化教育"双向融合"的政策与实践分析》,《比较教育研究》2022 年第 11 期。

三、培养积极参与全球事务的卓越公民

培养合格的国家公民一直是世界各国教育的普遍诉求,地球村的出现使得公民这个概念不再局限于特殊的民族国家,而与更大范围的地区乃至整个世界联系在一起,由此诞生了一种更宏大的世界公民愿景。① 随着联合国教科文组织世界公民教育模式的广泛推行,全球儿童价值观教育也呈现出具有民族国家和全球社会双重向度的发展趋势②,试图帮助学生成为基于国家认同的"世界公民",具备在全球化社会中生活所需的意识和能力。对此,世界各国价值观教育以"全球化思考,本土化行动"的双重目标为引领③,致力于传递一套全球范围内的道德原则和行为准则,注重儿童全球意识的养成和积极参与能力的培养,希望儿童能够站在更广泛和包容的全球视野中思考和行动。

全球意识以全人类共同体为思想基础,着眼于全人类的共同利益,提倡一种看待全人类共同难题的全球思维,关心全人类共同发展的全球关怀,以及共建美好世界的全球责任意识。全球化时代中世界各国的学校都在试图培养一种超越地理、经济、政治和宗教等界限的"全球意识"④,帮助学生以一种整体和全局的观点来认识国际社会的紧密联系和相互依存的关系,并树立为世界共同利益而服务的自觉意识。例如,面对普遍联系的全球社会和日趋

---

① Veugelers, W., "The Moral and the Political in Global Citizenship: Appreciating Differences in Education", in *Globalisation, Societies and Education*, Vol. 9, No. 3-4 (2011), pp. 473-485.

② 杨晓慧:《推动构建人类命运共同体:基于价值观教育的视角》,《上海交通大学学报》(哲学社会科学版)2023年第1期。

③ Pike, G., "Citizenship Education in Global Context", in *Brock Education Journal*, Vol. 17 (2008), pp. 38-49.

④ Dill, J. S., "The Moral Education of Global Citizens", in *Society*, Vol. 49, No. 6(2012), pp. 541-546.

激烈的国际竞争,日本以一种更广阔的全球视角,提出了兼顾"建立民主、文化的国家"和"为世界和平和人类福祉做贡献"的教育理想,其价值观教育强调个人尊严、宽容、真理、正义和公共精神,旨在为继承国家传统和促进国际社会和平发展而培养态度和意识。① 为落实《2030 年可持续发展议程》(the 2030 Agenda for Sustainable Development),实现个人、社会、国家和世界的共同利益,印度以建立普及和优质的教育体系为目标,其在《2020 年国家教育政策》(National Education Policy 2020)的愿景中指出,学校教育必须培养学生对基本义务和宪法价值观的尊重,使他们与国家建立联系,并自觉认识到自己在不断变化的世界中的角色和责任。学生不仅要拥有作为印度人的深深自豪感,还应该对人权、可持续发展和全球福祉负责任,以成为一个真正的世界公民。②

世界公民概念不仅涉及对全球社会和人类命运共同体的道德认知,同时强调全球所有公民应该集体参与,为实现共同的理想赋予实质行动。如今,一些国家希望通过价值观教育向全球社区行动者注入相应的行为准则和权利义务,发展解决全球性问题的一系列必要知识和技能,从而帮助他们成为卓越积极的世界公民,自觉参与国际事务并履行相应的责任和义务。③ 根据2023《学校教育国家课程框架草案》(Draft National Curriculum Framework for School Education),印度将价值观教育融入学校所有文化环境和课堂实践中,

---

① 文部科学省,新しい教育基本法について,https://www.mext.go.jp/b_menu/kihon/houan/siryo/07051111/001.pdf,访问日期:2023 年 4 月 25 日。
② Ministry of Human Resource Development, "National Education Policy 2020", https://www.education.gov.in/sites/upload_files/mhrd/files/NEP_Final_English_0.pdf,访问日期:2023 年 4 月 25 日。
③ Pike, G., "Citizenship Education in Global Context", in *Brock Education Journal*, Vol. 17 (2018), pp. 38-49.

以帮助学生基于对世界的清晰理解，获得具有广度和深度的知识，并在熟练的行动中发展进行民主、经济、文化等广泛社会参与的必备能力，例如询问、沟通、问题解决和逻辑推理、审美和文化能力、社会参与能力等，从而为"建设一个公平、包容和多元的社会"培养积极参与、富有成效和有贡献的世界公民。① 为应对全球化时代带来的各种挑战，新加坡制定了一套价值观和能力框架，其中包括了社会情感能力和全球化世界的所需能力，例如跨文化技能、批判性和创造性思维以及沟通、合作和信息技能等。新加坡品格与公民教育以此框架为参考，希望学生在价值观的学习中能够审视和理解自己的想法，培养对他人的关心和责任感，更要学会如何理解、展示和应用这些能力，将其转化为致力于自己、他人、社会和世界共同利益的实际行动。②

---

① National Steering Committee for National Curriculum Frameworks, "Draft National Curriculum Framework for School Education 2023", https://www. education. gov. in/sites/upload_files/mhrd/files/NCF-School-Education-Pre-Draft. pdf, 访问日期: 2023 年 4 月 25 日。

② Ministry of Education, "Character and Citizenship Education (CCE) Syllabus Primary", https://www. moe. gov. sg/-/media/files/syllabus/2021-primary-character-and-citizenship-education. ashx, 访问日期: 2023 年 4 月 25 日。

第二章　澳大利亚儿童价值观教育研究

　　澳大利亚作为一个多元文化社会,高度重视儿童的价值观教育,并在国家教育政策与实践中将之作为核心组成部分。为了确保价值观教育能够与时俱进并与时代发展、社会变迁以及多元文化的背景相适应,澳大利亚政府通过制定一系列政策文件和框架来指导和支持各级各类学校的教育教学活动,在价值观教育方面建立了坚实的基础,旨在培养具有全球视野、积极参与社会事务、具备良好道德品质的新一代公民。基于方法引导的价值观课程开发,基于校本文化的价值观教育,基于社会团体活动的价值观教育等是其实现途径。1999 年,澳大利亚政府出台的《阿德莱德宣言》中关于"在 21 世纪学校教育的国家目标"和 2008 年《墨尔本宣言》中关于"年轻澳大利亚人的教育目标"都强调了儿童价值观教育的重要性和必要性,正确的价值观教育能够使儿童积极面对未来的挑战,身体健康并获得美满幸福的生活。"澳大利亚的未来依靠每一个公民所拥有的知识、技能、理解力和价值观"[①]。

第一节　澳大利亚儿童价值观教育的发展脉络

　　澳大利亚儿童价值观教育发展从萌芽期到确立时期历经波折,与澳大利

[①] "National Framework for Values Education in Australian Schools", https: // d20uo2axdbh83k. cloudfront. net/20150224/fd215d9070ec700cfdc2432cdc3dd979/Framework_PDF_version_for_the_ web. pdf,访问日期: 2023 年 12 月 21 日。

亚自身的国家历史及国际形势的重大变化密切相关。最初的土著教育经历殖民化后带来的学校教育奠定了其儿童价值观教育的基础,经过二战后人口多元化带来价值观混乱及教育体系的努力探索,又迎来了 21 世纪初至今的儿童价值观教育蓬勃发展。

一、澳大利亚儿童价值观教育的萌芽期

在未被英国殖民统治之前,澳大利亚土著居民社会中的教育与生活相互联系,教育是生存的需要。由于当时尚未产生社会阶级,社会没有等级性,因此教育也没有阶级性,只是根据性别进行差异化教育。土著居民时期还不是正规化的教育,智者、亲属、同龄人,甚至整个氏族和部落都在通过各种各样的活动向年轻一代传授生存知识与生活技能。随着英国舰队的侵入,澳大利亚开始进入了殖民社会。殖民地教育是从英国一名叫理查德·约翰逊(Richard Johnson)的牧师的布教活动开始的,他是从青年道德教育和成人教育这两方面出发进行宣传,可以说这是澳大利亚价值观教育的起点。[①] 随后,澳大利亚出现了州立学校、教会学校、军队子弟学校,这标志着澳大利亚殖民地价值观教育的真正起步。此后经历了三次教育改革的浪潮,澳大利亚价值观教育的发展方向逐步得到了确立。

二、澳大利亚儿童价值观教育的探索期

二战对于澳大利亚来说是一个十分重要的转折点,二战前移民现象是自发行为,遭受二战重创的澳大利亚政府开始意识到人口对国家的重要性,二战后将移民作为一项国家政策去执行,这也就奠定了澳大利亚复杂的多民族国家的基本状况。[②] 来自不同民族文化国家的移民给澳大利亚注入了新鲜的

---

① 王斌华:《澳大利亚教育》,华东师范大学出版社,1996 年,第 4 页。
② 汪诗明:《澳大利亚战后移民原因分析》,《世界历史》2008 年第 1 期。

血液,但不同文化价值观的冲突也进一步凸显,社会矛盾日渐突出。在多元文化的冲击下,澳大利亚原本就不太成熟的价值观体系变得更为复杂,更多的青年人在本国文化和各种多元文化的碰撞与冲突中显得极其迷茫与困惑。以往坚持的统一的价值观教育内容不断受到来自不同教派与文化派别的批评与责难,面对种种矛盾,澳大利亚教育行政部门对本土文化和外来文化的选择、汲取和融合进行了不断探索,逐渐意识到澳大利亚价值观教育在整个教育发展过程中具有不可替代的决定性作用。同时澳大利亚的中小学教育不断寻求出路。澳大利亚课程改革中逐渐放弃学校对儿童价值观的引导,许多学校强调价值观的选择是儿童的个人自由,教师和教育领导者不能将其价值观强加于儿童意识之上,学校的主要目的只是对儿童进行智力教育。这无疑促发澳大利亚儿童价值观教育建设思想的萌芽与发展。

三、新时期儿童价值观教育的确立期

1999 年,澳大利亚政府出台的《阿德莱德宣言》指出,21 世纪教育的目标是建立一系列的澳大利亚的中小学教育价值观,"澳大利亚的未来依赖于每一个公民在这个丰富的、有价值的教育和生活以及开放的社会中所建立的知识、技能、理解力和价值观。高品质的学校教育就是以实现此价值观为中心的……学校为年轻的澳大利亚人的智力、体力、社会能力、道德、精神以及审美发展提供一种基础建设"①。2002 年 7 月 19 日,关于教育、职业、训练和青年事务的内阁会议一致通过了由澳大利亚政府所主导的在学校中的价值观教育结构和一系列价值观教育原则等关于国家价值观教

---

① "The Adelaide Declaration on National Goals for Schooling in the Twenty-First Century", https://www. aph. gov. au/Parliamentary_Business/Committees/House_of_Representatives_Committees?url=edt/eofb/report/appendf. pdf,访问日期: 2023 年 12 月 21 日。

育的提议。2003年,在澳大利亚的学校中关于价值观教育的研究形成了多样化的实践方式与方法。① 2004年年初,澳大利亚联邦教育、科学与培训部发表了《价值观教育研究总结报告》,对澳大利亚中小学价值观教育进行了更为深入的分析和探究。同时,澳大利亚政府计划斥资2970万澳元②来帮助和支持学校将价值观教育作为教育的核心部分,并开展价值观教育优秀试点学校计划(Value Education Good Practice Schools Project)。该计划从2004年开始,到2008年结束,为期4年。2008年10月10日,参与实施价值观教育的教师、学者、教育系统的政府人员和项目管理者在墨尔本召开了一次大会。澳大利亚教育部部长在会上发布了一份最新的关于在下一个十年及之后的澳大利亚年轻人愿望的国家公告。儿童价值观教育是基于价值观教育优秀试点学校计划实行的,以期从价值观教育实践结果中来探讨一些其他价值观所带来的影响的证据。经过两年的研究,2010年10月,行为学派发表了《叙述价值观教育的影响——在行为学派项目中关于价值观教育的最后报告》。③ 2018年又颁布了《澳大利亚学生幸福框架》(Australian Student Wellbeing Framework),强调以领导力、包容、学生之声、伙伴关系和支持为主题的价值观教学指导原则。④

---

① "National Framework for Values Education in Australian Schools", https://d20uo2axdbh83k. cloudfront. net/20150224/fd215d9070ec700cfdc2432cdc3dd979/Framework_PDF_version_for_the_web. pdf,访问日期: 2023年12月21日。
② 1澳元约等于4. 91元人民币。
③ "Giving Voice to the Impacts of Values Education—The Final Report of the Values in Action Schools Project", https://researchprofiles. canberra. edu. au/en/publications/giving-voice-to-the-impacts-of-values-education-the-final-report-,访问日期: 2023年12月23日。
④ 廖聪聪、曾文婕:《面向未来的价值观教育课程体系设计与实践——澳大利亚价值观教育课程述论》,《基础教育》2019年第6期。

第二节　澳大利亚儿童价值观教育的内涵和特征

澳大利亚的中小学对学生进行价值观教育的过程不仅凸显了学生个人的全面发展,而且关注到了在移民文化背景下培养学生多元文化思维,以此密切学生和社会关系的重要性。学校尊重学生的主体性,鼓励学生自主参与社会和国家的相关事务、儿童价值观教育课程的安排合乎学生认知发展规律,采取由浅入深、由易到难的阶段式排布、同时重视跨课程主题的设计,主张将价值观教育与其他课程的融合可以深化价值观教育内涵、家庭和社会为学校的价值观教育提供助力,三方协调合作为学生提供更多的教育资源。澳大利亚在长期发展过程中已经形成了一套全面完整、体现澳大利亚国情特色的儿童价值观教育体系。

一、澳大利亚儿童价值观教育的基本内涵

澳大利亚作为一个联邦政府统治下的国家,其教育体系基本上是联邦政府制定教育政策,各州地区政府根据实际情况实施。澳大利亚儿童价值观教育以《澳大利亚的中小学价值观教育国家框架》为中心,形成了九大价值观教育内容:有同理心、追求卓越、公平与公正、自由、诚信、正直、尊重、有责任感、理解与包容。[1] 其具体表征为培养儿童的多元文化思维,注重儿童的本体发展,强化儿童与社会的和谐关系。

---

[1] "National Framework for Values Education in Australian Schools", https://d2Ouo2axdbh83k. cloudfront. net/20150224/fd215d9070ec700cfdc2432cdc3dd979/Framework_PDF_version_for_the_web. pdf,访问日期: 2023 年 12 月 21 日。

（一）培养儿童的多元文化思维

澳大利亚从20世纪70年代开始推行的多元文化主义一直是一个存在争议的政策和概念。自推行以来，除了保持一些核心的原则，澳大利亚关于多元文化政策的声明已演变为政府的工作重点和社会所面临的困难与挑战。澳大利亚的多元文化政策根源于政府为解决移民面临的问题所采取的应对策略与措施。通过20世纪80年代和90年代的发展，多元文化政策更加精确地描述了澳大利亚民族的建立过程。澳大利亚所有州和地区都有科学的政策和合理的程序，积极解决多元文化主义所面临的困境。[1] 儿童价值观教育作为澳大利亚政府发展青年人教育的中介，必须寄托于多元文化社会。不同的社会群体在社会交往过程中表现出各自的文化传统、生活方式、宗教信仰，而多元的文化都应该被承认、被继承、被发展。为了最大限度地保护文化遗产，发扬文化特性，就必须要学会尊重多元文化的差异性，要求儿童以一种全新的视角去看待和审视多元文化，能以最佳的方式去评价和判断社会的快速变革和文化发展的日新月异。这就需要对儿童的价值观教育内容进行全面更新，要求培养儿童在面对多元文化时表现出正确的价值观。所以，价值观教育内容中就包括了公平公正，即要求建立一个所有人都能被公平对待的社会，在这个社会中保卫和从事共同的事务。这体现出价值观教育要求儿童正确看待多元文化之间的差异，要承认差异；尊重他人，即对待任何人都需要一种谦和有礼的态度，学会礼貌待人，懂得尊重他人的观点，要求尊重存在于社会中的差异与冲突；理解、宽容和包容他人，即要意识到自己对于他人和不同

---

[1] Multiculturalism, "A Review of Australian Policy Statements and Recent Debates in Australia and Overseas", http://observgo. uquebec. ca/observgo/fichiers/332 02_psoc2. pdf, 访问日期：2012年12月17日。

文化的理解,要接受民主社会下不同的文化差异,并且要学会包容别人和被别人所包容。① 在价值观教育的引导下能理解差异,宽容地对待差异,最终将差异与本身的文化价值体系融合,适应多元文化下的各种差异性。例如,2004年3月,澳大利亚新南威尔士州出台的《新南威尔士州公立学校的价值观》提出了中小学教育中必须贯彻的九项价值观,即真诚、卓越、尊重、责任、合作、参与、关爱、公正、民主。② 澳大利亚的价值观教育是在多元文化的社会背景下,使儿童能承认、尊重差异并不断融合,在传承和保护本土文化传统的同时,重视对各种社会多元文化的汲取,使儿童能适应全球一体化下的国家发展道路。

(二)注重儿童的本体发展

澳大利亚儿童价值观教育将儿童本体的发展作为价值观教育内容的一条主线。以儿童为本位的澳大利亚的中小学教育理念中,儿童作为教育的对象是国家发展强盛的主要推力,教育将儿童放在中心地位,促使儿童全面发展,让儿童发展成为一个心灵自由、身体健康,但不缺乏基本道德守则的社会参与者。澳大利亚教育行政部门在价值观教育上未创设各种空泛的道德内容,仅仅在儿童本体发展上提出了三点原则:竭尽所能、诚信、正直。价值观教育不是简单意义上的输入和输出的过程,它应该是以儿童本体为基底的一种培养过程,儿童不是展示台上的木偶,而是活生生存在的实体人。因此,价值观教育内容不能空泛而缺乏意义,应该关注儿童作为一个社会人发展的需

---

① "National Framework for Values Education in Australian Schools", https://d20uo2axdbh83k. cloudfront. net/20150224/fd215d9070ec700cfdc2432cdc3dd979/Framework_PDF_version_for_the_web. pdf,访问日期: 2023 年 12 月 21 日。

② "Teach Your Children Well-Lansdowne Public School Information Booklet", https://d20uo2axdbh83k. cloudfront. net/20150224/fd215d9070ec700cfdc2432cdc3dd979/Framework_PDF_version_for_the_web. pdf,访问日期: 2023 年 12 月 20 日。

要。如价值观教育内容中"竭尽所能"这一条,要求儿童对自己有所要求,寻求所做事务的价值和优势,尽自己最大努力去完成它,实现自己的最大价值。价值观教育不是带有歧视观念的教育,任何儿童都有其可发展的潜在空间,价值观教育就是为了让儿童意识到自己的可发展空间,不因为教育中出现的某种差异而放弃自我发展道路,在尊重个体差异、满足儿童个性化发展的过程中要以多种形式促进儿童的最大化成功。价值观教育要帮助儿童尽心竭力地去完成,这样才能促使儿童自我价值的最大挖掘。诚信与正直也是价值观教育对儿童本体发展的要求,对儿童的培养不仅仅是外在意义的能力的挖掘,还应该注重内心的培养。在澳大利亚价值观教育中,"诚信"要求儿童对人对物表现出正确的道德素养,不因为个人私利和私心而蒙蔽事实真相。"正直"则要求儿童能依照道德和伦理形式,做到言行一致。在教育过程中,通过自评与他评的监督审查体制帮助儿童逐步形成诚信和正直的价值观念。①

(三)强化儿童与社会的和谐关系

儿童不是独立于社会的个体,儿童是以一个群体存在于社会之中的。在教育过程中教育者必须明确儿童作为一个社会人的责任与义务,以及作为一个社会成员所拥有的基本权利。澳大利亚价值观教育就是要唤醒儿童作为一名社会成员应该具有的觉悟。价值观教育的基本目标应该是一种技能的教育,儿童学会的不仅仅是一种知识,更是一种技能。学校教育不能保持一种价值中立或者无价值的态度。任何学校作为国家培养社会成员的基本中

---

① "National Framework for Values Education in Australian Schools", https://d20uo2axdbh83k. cloudfront. net/20150224/fd215d9070ec700cfdc2432cdc3dd979/Framework_PDF_version_for_the_web. pdf,访问日期: 2023 年 12 月 21 日。

介机构必须明确自身社会观念的传递作用。澳大利亚作为一个独立自主的国家,赋予了公民基本的权利和义务,并且希望公民处于一个和谐发展的社会环境之中,价值观教育内容相应地体现了这些促进公民发展的基本内容。比如,价值观教育中包括有同理心、自由、有责任感。"有同理心"即要求培养儿童在对待他人时所应该表现的基本态度。"自由"是为了有效地调节人们的生存环境,让每一个澳大利亚公民都能自由地享受作为公民的权利,能处于一个不被介入和控制的环境中。澳大利亚要建立合理的价值观就必须让人民去争取属于自己的合法权益。"有责任感"要求儿童学会对自己的行为负责,任何建设性的、非暴力的以及和平的方式都是解决分歧首要的方式。[①]该价值观教育内容的提出有助于保障社会的安全和公民的生活,帮助儿童在责任观念的培养过程中懂得爱护环境。

二、澳大利亚儿童价值观教育的显著特征

价值观教育是澳大利亚的中小学教育的核心部分。澳大利亚儿童价值观教育的主要特点包括:注重儿童主体性、参与主体多元化、课程规划整体性等,对儿童发展具有重要的指导意义。

（一）注重儿童主体性

澳大利亚政府致力于通过价值观教育将儿童培养为有效的社会参与者,即注重儿童主动性和主体性的培养。教育部部长尼尔森·布鲁南(Nelson Brendan)对 21 世纪澳大利亚学习价值观教育目标阐述为期望儿童具备"关于道德、种族及对社会公正事务进行判断及行动的能力,思考事务何以成为

---

① "National Framework for Values Education in Australian Schools", https://d20uo2axdbh83k. cloudfront. net/20150224/fd215d9070ec700cfdc2432cdc3dd979/Framework_PDF_version_for_the_web. pdf,访问日期: 2023 年 12 月 21 日。

其本身的能力,对自己的生活做出明智的选择及为自己的行为负责任的能力",即儿童在价值观教育活动中深入理解所学知识,养成独立分析、判断、解决问题的能力,这种能力为儿童作为独立的个体参与社会、国家事务做出必要的准备。

澳大利亚政府从公民学的角度把儿童价值观教育定义为扩展儿童的知识领域,发展儿童的技能,培养儿童的价值观,使儿童成为积极的、有见识的公民,在国际背景中参与澳大利亚民主社会的教育。[①] 澳大利亚中小学价值观教育的教学具体内容有"自由:享受所有澳大利亚公民的权利和自由,不受任何干扰和控制,支持他人权利,确保权利与义务平衡"[②];儿童是独立的个体,具有自主选择事务和生活方式的权利,在与他人的关系中既尊重他人权利又维护自身权利。

在学校价值观教学活动中,价值观教育按年级划分学习活动,低年级主要活动形式有担任志愿者、参与游戏等,中年级儿童作为活跃的公民在社会环境中发现问题并思考解决问题、评估社会行为,高年级进一步对社会和环境进行研究。在教学过程中根据儿童年龄阶段特征、主体性发挥程度制定不同的教学活动,充分尊重儿童的参与度和体验感,关注儿童的本体发展、促使儿童全面发展,让儿童成长为具有自主意识、自主参与能力的积极的公民。

(二)参与主体多元化

澳大利亚在开展价值观教育的过程中,围绕儿童价值观教育的需求,挖

---

① McAllister, Ian, "Civic Education and Political Knowledge in Australian", in *Journal of Political Science*, Vol. 33, No. 3(1998), pp. 7-23.

② "National Framework for Values Education in Australian Schools", https://d20uo2axdbh83k. cloudfront. net/20150224/fd215d9070ec700cfdc2432cdc3dd979/Framework_PDF_version_for_the_web. pdf,访问日期:2023 年 12 月 21 日。

掘和调动校内外价值观教育资源,将学校、政府、社区、社会等教育主体的合力育人作用发挥到最大,以校内外全要素支持儿童价值观教育开展和实施。澳大利亚儿童价值观教育的指导原则明确提出,儿童、社会、家庭和教育委员会共同努力才能更好地实施价值观教育,必须要加强它们之间的联系,这样才能使儿童处于一个可持续发展的环境之下。[①] 政府在儿童价值观教育中起主导作用,联邦政府建立国家统一课程并为学习课程的设定提供了标准、明确而又具体的规定,于 2005 年颁布《澳大利亚的中小学价值观教育国家框架》[②],并在四年间提供 2 970 万澳元资助儿童价值观教育,将价值观教育作为澳大利亚的中小学教育的核心部分。

澳大利亚政府成立了三种有家长参与价值观教育的机构组织,分别是澳大利亚国立学习组织协会、州一层的家长机构和校一层的家长协会。这三种组织机构为国家推行价值观教育和家长进一步了解价值观教育提供了双向互动的平台,机构组织主要职责是向其他家长组织宣传价值观教育的理念、方式等,同时也负责整理并呈交家长的意见、建议,并对家校合作关系进行监督和管理,以增进家校沟通的效果。学校和家长在价值观教育中协同合作、共同努力助力儿童成长。

社区是社会管理事务的基层组织,为儿童的价值观教育践行提供重要场所。社区与学校、企业的密切配合,是价值观教育落实的重要举措,澳大

---

① Nelson, B.,"Introduction-Ministerial Statemen", https://collection.sl.nsw.gov.au/record/74VvlwpVMaoy,访问日期:2023 年 12 月 25 日。

② Department of Education, Science and Training of Australia,"National Framework for Values Education in Australian Schools", https://d20uo2axdbh83k.cloudfront.net/20150224/fd215d9070ec700cfdc2432cdc3dd979/Framework_PDF_version_for_the_web.pdf,访问日期:2023 年 6 月 14 日。

利亚价值观教育课程与社区活动相连接,教师和儿童与社区合作机会更多,儿童参与社区志愿者服务,能够了解并解决社区存在的真实问题,培养儿童对社会问题的兴趣。学校要求在社区开展价值观教育活动后,由社区负责人对每一个儿童的活动实践做出书面评价,由此激发儿童参与社区活动的积极性。除此之外,社区和企业的良好合作给学生提供了丰富的实践活动和机会,助力其各类价值观的发展。学生可以作为社区成员参与企业的运营,参与企业为了解社区居民市场需求的市场调查活动,也可以与企业员工共同参与社区服务活动,了解企业如何提高影响力。在此过程中,学生不仅提高了个人的求职和服务能力,也实践了其学习到的价值观,深化了对价值观的认识。

(三)课程规划整体性

政府在制定价值观教育目标与内容时,重视价值观教育的整体性,根据受教育者特点,在基础教育初级阶段、高级阶段设置由浅入深的价值观教育知识和能力培养框架,政府在基础教育的初级阶段中将价值观教育的重点放在对基础知识的学习,儿童通过了解国家发展史、公民如何维护合法权益的知识形成初步的价值观模块;基础教育高级阶段的学习重点偏向于青少年行为能力的培养,在实践课程中深化对知识的理解,增强对国家的认同感;对高等院校的受教育者,价值观教育培养重点在于多元文化思维和世界公民身份的认同。

学校在价值观教育开展过程中,将价值观教育与其他课程融合,《澳大利亚课程大纲》注重不同学科之间知识的关联,同一具体价值观的内容在不同学科和不同学习单元中重复出现,不同学科之中也会重复出现同一教学内容,使得不同学科内容具有关联性,价值观也渗透在不同学科中,巩固和深化了儿童的认识和理解。澳大利亚价值观教育融入其他课程的方式主要是学校开设专门的价值观教育以及学校对教师进行价值观教育的方式来实现课程融入的。①

澳大利亚独具特色的教学安排形式为跨主题教育（cross-curriculun priorities），以"托雷斯海峡岛民（澳大利亚原住民）的历史与文化""亚洲和澳大利亚与亚洲的融合""可持续发展"三个主题贯穿了八个课程的学习内容，三个主题的内容均有具体的价值观教育指向。② 三个跨课程主题的设计集中体现了在价值观教育中"多元文化中凝聚价值共识"的目标要求。通过三个跨课程主题，价值观教育课程贯穿了全学段和全学科，具有连贯性、强化性和体系性。

第三节　澳大利亚儿童价值观教育的实践路径

澳大利亚作为一个多元文化的国家，充分认识到价值观教育对社会发展的长远意义，不断充实与完善价值观教育内容体系，让价值观教育符合时代的发展要求，逐渐形成特色化内容和多元化的实现途径。

一、基于方法引导的价值观课程开发

学校课程开发是进行价值观教育的一个重要载体。澳大利亚十分注重价值观课程的开发，力求将儿童价值观教育的内容纳入学校课程。澳大利亚实践价值观教育的学校课程主要是英语、数学、历史、科学四门学科。例如，小学五年级的英语课程主要通过对文化的解释、分析、评估来进行价值观教

---

① 　徐星然：《澳大利亚价值观教育研究》，硕士学位论文，东北师范大学，2017年。
② 　李承宫：《澳大利亚中小学价值观教育研究》，硕士学位论文，东北师范大学，2020年。

育,设定特定目的进行浏览和阅读,运用适当的文字处理策略,来解释和分析信息,从各种数字信息源中整合信息。[1] 8.4 版的澳大利亚课程学习内容强调重视发展学生的情感技能,特别是主要领域为人文和社会科学的课程,如历史、地理、公民学和公民身份,涵盖了澳大利亚价值观意识的较大范围。[2] 这些技能也可以有效地利用于战略教学方法,提高学生对价值观的认识。有效的课堂教学能使儿童了解价值观教育,在头脑中形成一系列规范的价值观概念体系。澳大利亚有关价值观教育的课程并不一味是高深的理论,主要还是通过一些简单的方法去引导与组织儿童了解价值观的相关内容。例如,通过协调、发现困境、深入挖掘、明确自己的想法、反馈等一系列方式来进行价值观教育。价值观教育内容在澳大利亚的课程设计中发挥着重要的作用,其相关元素在 2019 年的新课程框架中的几个领域中清晰可见。例如,价值观的各个方面位于其七个一般能力中的四个方面:道德行为、跨文化理解、个人和社会能力,以及批判性和创造性思维。[3]

二、基于校本文化的价值观教育内容

作为儿童生活的一个大家庭,校园是儿童发展的一个重要场域。价值观教育应该在校园文化上做足功夫。校园文化是澳大利亚儿童价值观教育的一个主要抓手,其价值观教育的指导原则提出要创建一个安全和支持性的学习环境发展价值观教育。学校应该提供一个积极的环境帮助儿童发展其社会技能并建立儿童的适应性和责任意识。澳大利亚价值观教育的有效实施

---

[1] Values Education and the Australian Curriculum, http://www. values education. edu. au/verve/_resources/Values Education AustralianCurriculum. pdf,访问日期: 2012 年 12 月 3 日。

[2] Gunawardena, M., Brown, B., "Fostering Values Through Authentic Storytelling", in *Australian Journal of Teacher Education*, Vol. 46, No. 6(2021), pp. 36-53.

[3] Ibid.

必须依赖受过专业训练的和经验丰富的教师,因为他们能够采取多样化的模式和策略,帮助儿童进行价值观教育。虽然 2005 年就已颁布相关价值观教育的规范框架,但是在澳大利亚课程结构设计中,价值观教育作为一个隐性课程内容,其具体实施还是依赖于作为实际实施者的教师机动地将价值观内容嵌入于日常的教学环节。因此,学校作为价值观教育的中心应该做好一系列工作。其一,学校领导者应该将儿童价值观引入校园文化中。其二,通过多种途径开发学校文化。例如,西澳大利亚的兰斯·霍尔特学校(Lance Holt School)的价值观课程跨越学科界限,打破场所限制,将价值观课堂延伸到校园之外。学校附近的海滩成为独特的价值观教育户外教室,教师组织学生到海滩收集和分析垃圾、制作沙雕、恢复沙丘植被、练习浮潜等,学生在与环境互动的过程中理解人与环境的关系,在保护环境的行动中深化公民责任感。[1]再比如将价值观教育政策作为学校的公开文件,观察教师在学校里进行价值观教育过程中的操作行为,询问教师、儿童、家长、游客对儿童价值观教育工作的建议与意见。其三,在学校创设一种有关实施价值观教育的谈话与交流机制,使得学校更好地创设自己的价值观;增加正规的或非正规的机会,让社会成员参与儿童价值观教育创设的谈话中来;进行公开调查,借助社会成员对儿童价值观教育的评价来评判学校工作等。[2]

三、基于社会团体活动的价值观教育方法

教育,不仅是学校的事情,更是整个社会的责任。儿童价值观教育要取

---

[1]　廖聪聪、曾文婕:《面向未来的价值观教育课程体系设计与实践——澳大利亚价值观教育课程述论》,《基础教育》2019 年第 6 期。

[2]　"National Framework for Values Education in Australian Schools", https://d20uo2axdbh83k. cloudfront. net/20150224/fd215d9070ec700cfdc2432cdc3dd979/Framework_PDF_version_for_the_web. pdf,访问日期: 2023 年 12 月 21 日。

得长久成功,必须依靠学校之外的社会力量,学校与社区应当共同合作,满足儿童的发展需要,以促进儿童的健康发展。澳大利亚在儿童价值观教育中,安排儿童参加各种形式的社会团体活动,增加其价值观的实践运用能力。澳大利亚儿童价值观教育的指导原则明确提出,儿童、社会、家庭和教育委员会共同努力才能更好地实施价值观教育,必须加强它们之间的联系,这样才能使儿童处于一个可持续发展的环境之下。[①] 澳大利亚新南威尔士州的家长和公民协会(Parents and Citizens Association)下属的学校组织在学校每月的第三个星期二举行会议,邀请所有家长和有兴趣的市民参与,学校食堂等场所的工作人员可以由家长自愿担任,并且定期以书面报告的形式向家长报告学校的各种运转情况。[②] 澳大利亚大部分公立学校(占 75% 以上)和几乎所有的私立学校都成立了由学校校长、家长代表、教师代表以及与学校有关的社区人员(如学校附近居民、政府或工商机构人员)等组成的学校理事会。学校理事会参与学校决策,参与学校办学的规划工作,参与对儿童的教育和课程辅导规划。在澳大利亚,有许多有一技之长的家长充当学校的教育义工,他们利用业余时间深入学校,发挥自身的优势,对需要帮助的儿童进行辅导。[③]

[①] "National Framework for Values Education in Australian Schools", https://d20uo2axdbh83k.cloudfront.net/20150224/fd215d9070ec700cfdc2432cdc3dd979/Framework_PDF_version_for_the_web.pdf,访问日期: 2023 年 12 月 21 日。

[②] "Teach Your Children Well-Lansdowne Public School Information Booklet", https://d20uo2axdbh83k.cloudfront.net/20150224/fd215d9070ec700cfdc2432cdc3dd979/Framework_PDF_version_for_the_web.pdf,访问日期: 2023 年 12 月 20 日。

[③] 张建文:《澳大利亚中小学价值观教育》,《中国民族教育》2011 年第 11 期。

第三章　加拿大儿童价值观教育研究

价值观教育是传递价值观的主要手段,同时具有引导儿童形成正确价值观念,形成并强化社会主导价值观的重要功能;能够涤荡社会环境,净化社会风气,提升国民整体素质。随着全球化时代的发展,许多国家纷纷意识到价值观教育的重要性,力求通过学校教育,培养合格的国家公民。本章通过介绍当代加拿大中小学价值观教育的理论与实践,积极探索与总结 21 世纪加拿大中小学价值观教育的实践路径与特征,为国内学者与读者提供了解加拿大中小学价值观教育的有力渠道。

第一节　加拿大儿童价值观教育的发展脉络

自 19 世纪以来,价值观教育在加拿大逐渐兴起,经过将近一个世纪的发展,其价值观教育不断走向成熟,形成了系统化、纵深化的价值观教育体系。儿童价值观教育作为传递加拿大国家价值观的强大推动力,经历了初创阶段、发展阶段以及确立阶段,为儿童价值观教育奠定了思想基础。加拿大中小学价值观教育的演变与国家多元文化和价值观密切相关,其儿童价值观教育的产生与发展是建立在加拿大多元文化形成的背景之上,是加拿大民族品性与文化底蕴的积淀。

一、加拿大殖民教化时期的价值观教育

英国将加拿大列为其殖民地后大力推行盎格鲁价值观,目的在于使整个

加拿大社会都可以接受殖民主义和同化主义的价值观教育,衷心拥护英国政府的领导。英国政府重视教育"双重"的国家认同,尝试在中小学教育中传递国家价值观精神,以此强化加拿大学生对英国的情感认同,所以加拿大在殖民教化时期的价值观教育表现出深厚的国家主义色彩。

(一)盎格鲁价值观主导下的殖民主义教育

加拿大幅员辽阔,其原住民为印第安各民族、北极地区的因纽特人等土著居民,拥有自身在长期历史文化发展中所形成的语言与文化习俗。自15世纪起,法国和英国便踏足加拿大土地,开始了早期拓殖。拓殖战争的兴起使加拿大国家诞生在英裔和法裔两个建国族群的斗争之中。随着历史的发展,加拿大各州独立性增强,存在着较为强烈的地区主义和分离主义倾向,主要表现为英裔与法裔的矛盾斗争,并不断动摇加拿大的联邦根基。1763年英国正式接管法国在加拿大的殖民地,为使该地迅速英国化,英国颁布"王室公告",希望英国的传统政治制度、法律(普通法)、语言(英语)和宗教信仰(新教)在加拿大扎根并迅速推广。受英法战争的影响,加上外来移民的大量流入,英国政府率先关注的是如何处理好国家与土著居民、外来移民之间的关系,形成了英裔支配法裔,占据国家社会地位绝对领导权的局面。领导地位的改变深刻影响国家价值观,英国的民族源自盎格鲁-撒克逊人与凯尔特人等族群的融合,他们在加拿大社会推行盎格鲁价值观,即形成以信奉英国政府为核心的盎格鲁价值观认同。"盎格鲁"这一概念作为民族文化的代表,旨在灌输关于民主、正义、法律和秩序等价值观念,以维护资产阶级精英阶层的文化和思想。[1] 第二次世界大战之前,加拿大中小学教育深受英国同化主义

---

[1] 刘晨:《加拿大核心价值观教育研究》,博士学位论文,东北师范大学,2018年。

的影响,主要实行"盎格鲁教育"政策。早期的加拿大公立学校在英国殖民统治的影响下初步形成了以殖民主义与同化主义为主的价值观教育,英国政府对加拿大进行同化教育,目的是提高社会凝聚力,有效进行殖民统治,具体而言就是"盎格鲁认同",即遵循盎格鲁价值观,排斥其他民族的价值文化。①这一时期公立学校教育主要围绕英国盎格鲁价值观进行,以灌输共同集体道德标准的价值观为主,学校历史、地理以及其他科目课程的教育目的是集中宣扬英国的国家主义精神,向大众传递以英国为中心的道德与统一价值观,本质上是英国对加拿大实行精神文化殖民的手段。② 其同化主义精神深入人心,学校成为推行盎格鲁价值观的重要阵地,通过强制性同化,灌输其盎格鲁价值观和文化思想,培养加拿大人对英国的忠诚认同。加拿大作为一个民族国家,其发展不仅需要坚实的经济和政治基础,需要民族自信与民族自觉,更需要民族意识和民族情感的维系与守护。学校的课堂学习以及实践活动均以此开展民族活动、灌输国家主义的军事化思想,包括激发儿童的民族意识和情感,开展积极的统一与爱国主义教育。其儿童价值观教育的主要目标即培养全体加拿大儿童热爱加拿大的自豪感和归属感,因而将爱国、和平、忠诚、统一等观念融入其价值追求中,激发他们的爱国意识和效忠加拿大的责任感。③ 虽然这一时期的中小学教育在促进国家统一、民族和谐等方面具有重要的推动作用,但其所催生的民族意识和情感具有浓重的殖民主义色彩。

---

① Richard, M. A., *Ethnic Groups and Marital Choices: Ethnic History and Marital Assimilation in Canada 1871 and 1971*, UBC Press, 1991.
② Kaplan, William, "Belonging: The Meaning and Future of Canadian Citizenship", in *Canadian Public Policy/Analyse de Politiques*, Vol. 20, No. 1(1994), pp. 96.
③ Osborne, Ken, *Educating Citizens: Democratic Socialist Agenda for Canadian Education*, Our School/Our Selves 1988, pp. 1-2.

（二）盎格鲁价值观引领下的国家主义教育

殖民教化时期，英国为了维系加拿大人民与自身作为宗主国的稳固关系，维护国家统一，培养统治范围内加拿大人民的绝对忠诚度，在实施盎格鲁价值观教化中着重培育"双重"国家认同，加拿大这一时期的价值观教育成为塑造国家认同的主要工具。同样，在盎格鲁价值观的引领下，儿童价值观教育主要负责传递国家价值观，这一阶段的学校教育着重培育儿童的公民责任感与忠诚度，以显性与隐性的方式灌输盎格鲁价值理念、教授新教伦理的义务和责任。19 世纪加拿大教育史上最有影响力的教育家埃杰顿·莱尔森（Egerton Ryerson）指出，这一时期的教育作为加拿大社会中一种"公共福利"而存在，应该为全体加拿大青年传播"真理价值"与"道德观念"，国家有义务保障每一位孩子接受此种教育的权利，强调"诚实守信""对社会有贡献"应成为所有人都要信奉的核心价值理念。[①] 1871 年，加拿大颁布《1871 年法案》（Act of 1871），对全国的教育管理、教育范围等作出了明确规定，规定之一就是初步建立国家公共教育制度，普及免费教育，并围绕"为什么要教育""谁来教育""教育谁""如何教育"等根本性问题进行了探索和思考。从 19 世纪开始，加拿大中小学官方课程开始出现具有明显国家主义色彩的内容，这一时期的学校课程、教科书以及社会实践活动都被盎格鲁价值观所充斥，试图强化族裔间认同。学校通过历史教学、唱歌比赛、朗诵活动、奏国歌和升国旗等活动，促进儿童理解"英国对加拿大国家成长的积极作用、加拿大在英联邦发展过程中的重要贡献以及两者之间的亲密关系"[②]；通过灌输盎格鲁价值观与精神，使儿

---

① Ryerson, Egerton, *Report on a System of Public Elementary Education for Upper Canada*, Lovell and Gibson, 1847, pp. 6-8.
② Manen, Max van, *A Canadian Social Studies*, University of Alberta Printing Services, 1983, pp. 16-17.

童建立归属于英国的国家情感认同,具备明显的国家主义色彩。[①]

二、加拿大"二元"与"多元"时期的价值观教育

在英裔和法裔共存的"二元"时期,加拿大学校重视对学生国家精神的传递,引导学生增强对国家的忠诚与热爱,在成为独立联邦国家之后,加拿大颁布了多元文化政策,以多元、自由、民主、平等为价值观,要求中小学在进行价值观教育时重视培养学生对文化多样性的包容态度,至此,加拿大中小学的价值观教育逐渐开始定型。

(一)"二元文化"政策下的中小学价值观教育

20 世纪 50 年代以前,加拿大社会的主流价值观一直被具有民族主义意识形态的盎格鲁价值观所主导。进入 20 世纪 50 年代后,英法裔之间的矛盾一触即发,社会危机逐渐加深。1867 年加拿大建立自治领时,英、法族群已成为加拿大的主导族群,出现英裔与法裔二元文化并行发展局面。二元文化的存在引发了加拿大关于"英法二元社会"的讨论,加拿大人普遍认为,强调英语和法语的官方语言地位很有必要,但建设"英法二元社会"在加拿大无法实施。这一时期,人们认为,加拿大只有实施多元文化主义,认同不同族群间的文化平等和社会贡献,才能促使加拿大社会的进步。[②] 加拿大虽未真正建立起英法二元社会,但加强了官方对英法双语教育的重视,中小学价值观教育也受其影响,开始实施双语教育与二元文化教育,学校教育以公民价值观教育为主要内容,开设的科目包括语言、历史以及社会科学课程。加拿大中小学通过实行双语教学(英语、法语),向儿童传递加拿大民族国家的主要精神,

① Berger, Carl, *The Sense of Power: Studies in the Ideas of Canadian Imperialism 1867—1914*, University of Toronto Press,1970,pp. 256-257.
② 王俊芳:《加拿大多元文化主义政策》,中国社会科学出版社,2013 年,第 55 页。

教授加拿大的国家历史,了解加拿大在世界战争上曾发挥的重要作用,增强儿童对加拿大的热爱与忠诚度,不断学习作为加拿大人民所应该具有的知识、技能与价值观①;认识到在二元文化影响下加拿大依旧是"统一的整体"的重要性,加深公民自豪感。此外,加拿大处于英法文化并行发展的文化夹缝之中,却在价值观教育问题上受美国进步主义的影响,强调"以儿童为中心"和"活动教学法",其教授课程逐渐体现出平等、民主、自由等进步观念。②在课程实施上,教师更注重让教学尽量适应儿童各方面的兴趣发展和个体差异,强调灵活性与个性化,课程设置上根据实际情况设计了双语课程计划、多元文化课程计划等,把各民族的文学、地理、历史、艺术等内容纳入本民族的学校课程中。此时二元文化作为多元文化主义的"前奏",实际上奠定了加拿大多元文化主义政策产生的基础。

(二)多元文化主义政策下的中小学价值观教育

1867 年,加拿大成为独立联邦国家,1971 年,加拿大政府出台了多元文化政策,主张尊重不同文化,对所有族群实施多元文化教育,并肯定了多元文化的价值,要求学校要教导儿童尊重文化多样性,不同族裔、族群间应该保留自身有价值的文化遗产并弘扬。③ 多元文化政策的核心内容是在确保所有加拿大人平等、充分有效地参与加拿大的经济、社会、文化和政治生活的同时,保存和加强加拿大的多元文化遗产。在教育领域,主要围绕关于盎格鲁价值观的教育政策被尊重、赞美和对文化多样性的包容等价值观教育所取代。政

---

① Osborne, Ken, *Educating Citizens: Democratic Socialist Agenda for Canadian Education*, Our School/Our Selves 1988, p. 6.

② Department of Education, *Programme of Studies for the Elementary School*, King's Printer, 1941, p. 56.

③ Bullivant, B. M., *The Pluralist Dilemma in Education: Six Case Studies*. Sydney:Allen & Unwin, 1983, pp. 124-125.

府首先取消了学校教育体制中的歧视和隔离因素，为所有族群儿童创造平等的受教育机会。70 年代，教育部列出关于中小学的学习计划并要求其价值观教育应"发展理想的人格特征"，包括道德、智慧和个性。加拿大颁布《公立学校法》(Public Schools Act)，强调要对所有中小儿童"灌输最高道德"。① 对现行教材进行大规模审查，删除种族偏见和歧视内容，编写新的多元文化教材。教育将一系列被边缘化或被排斥的个人或群体纳入加拿大国家主流公民生活。安大略省教育部门制定了教材纲要，以保证教科书和教学材料不含文化歧视内容；并在中学增加一门叫作"加拿大多元文化遗产"的历史课，还批准开设课后或节假日的移民遗产语言课。然而，一方面，此时的多样性与包容性作为加拿大各地社会研究和公民教育政策项目的核心，在很大程度上仅是一种标志性产物，而非真正的多元文化主义。② 另一方面，早期的多样性与包容性理念促进了"多元理想"教育政策框架的产生，其核心是制定一种积极的公民观念，即每个公民和群体都将拥有参与国家公民生活所需的知识和技能的权利并受到广泛欢迎。这一时期加拿大中小学公民价值观教育的目标是培养"了解当代社会及其面临的问题、倾向于为共同利益而工作、支持多元化并善于采取行动使他们的社区、国家和世界变得更美好"的国家公民。③其多元文化教育形式主要有三种，第一种是为少数族群专办的(ethnic-spccific)，旨在增强对本族群的了解；第二种是为解决具体问题的，其目的是

① Cochrane, D. B., "The Stances of Provincial Ministries of Education Towards Values/Moral Education in Canadian Public Schools in 1990" in *Entific Reports*, Vol 6110, No 2(2012), pp. 1097-1100.

② Joshee, R., Peck, C., Thompson, L. A., et al., "Multicultural Education, Diversity, and Citizenship in Canada", in *Learning from Difference: Comparative Accounts of Multicultural Education*, Springer, 2016, pp. 35-50.

③ Sears, A. M., Hughes, A. S., "Citizenship Education and Current Educational Reform", in *Canadian Journal of Education*. Vol. 21, No. 2(1996), pp. 123-142.

解决不同文化背景的儿童在教育或整合过程中的具体需求,如语言课;第三种是跨文化教育,注重培养多元文化生活能力,包括对所有儿童开放双语课程、在公立学校中设立遗产语言课程、在学校大纲中添加跨文化理解的内容,造就一种更有生命力的加拿大国家文化。至此,加拿大中小学价值观教育从最初的盎格鲁教育,过渡到二元教育,最终发展为多元文化主义。

三、加拿大多元文化主义时期下的中小学价值观教育

进入 20 世纪 80 年代后的加拿大多元文化主义向纵深化方向发展,价值观教育得到稳步确立。加拿大政府于 1988 年颁布的《多元文化法》(Canada Multiculturalism Act)中,强调多元化是加拿大社会的重要特征,是其基本的社会现实,加拿大政府重视多元文化,将多元文化作为加拿大重要的文化资源,力图使所有加拿大人民都能分享多元文化,并鼓励所有族群为加拿大政治、经济与文化的繁荣做出贡献,引导不同族群认同和欣赏异质文化,尊重文化多样性,教会加拿大人民理解、保护国家多元文化的价值遗产。[1] 法案的颁布承认所有加拿大人是全面而平等的参与者。加拿大政府在 1982 年颁布的新《宪法法案》(Constitution Act)中强调所有加拿大人应认同价值观原则——多元、自由、民主、平等,为加拿大中小学价值观教育指明方向,提供根本遵循。[2]因此,这一时期加拿大的儿童价值观教育更加关注价值观教育以及在公民塑造方面发挥的积极作用,使儿童认同多元、自由、民主、平等的价值观。2018年,加拿大教育部理事会在结合加拿大价值观教育,向学校传递多元、包容、权利、自由、民主、和平等价值观念的同时,提出培养当代儿童的坚韧性和自

---

[1] "Government of Canada, Canadian Multiculturalism Act", https://laws-lois. justice. gc. ca/eng/acts/C-18. 7/page-1. html,访问日期:2023 年 12 月 24 日。

[2] Ibid.

我激励能力,培育具备关怀精神和责任感的国家公民。① 作为联邦制国家,加拿大基础教育管理实行联邦宪法指导下的分级管理、以省为主的体制,全国十个省和三个地区的教育部部长共同组成加拿大教育部理事会(Council of Ministers of Education, Canada,简称 CMEC),各省及地区的儿童价值观教育呈多样化形态,没有统一的官方指导文件,因而未形成共同且明确的儿童价值观教育框架,但均致力于探究移民、文化、民族、语言等问题。② 安大略、魁北克、不列颠哥伦比亚以及艾伯塔作为加拿大经济实力较强、教育水平较高的省份,其学校致力于培育对儿童成长和社会持续发展至关重要的价值观,透射多元文化视域下的公民精神,使儿童认同加拿大国家、认同并实践主流社会的价值观念和行为模式,增强社会凝聚力。③ 各地方的中小学价值观教育遵循加拿大国家主流精神,例如多元、民主与包容性文化,其共同目标是通过贯彻国家精神,培养符合国家要求的合格公民。在多元文化教育的课程选择上,学校尊重各族群的文化信仰和文化特点,即尊重不同民族保留自己文化特征的权利,学校应该举办丰富多彩的活动,积极鼓励、倡导不同族裔群体共同参与加拿大国家的政治、经济和社会建设。其价值观教育经历了英国殖民统治下以殖民主义和国家主义为主的盎格鲁价值观、二元文化的纷争、加拿大多元文化主义政策的正式提出,以及 1982 年新《宪法法案》中强调的多元、

① Council of Ministers of Education, Canada, "G20 Education Ministerial Meeting and the Education and Joint Education and Employment Ministerial Meeting-Report of the Canadian Delegation", https: // www. cmec. ca/Publications/List-s/Publications/Attachments/387/G20-Edu-2018-Can-Del-Report_EN. pdf,访问日期: 2020 年 1 月 3 日。

② Joshee, R., Peck, C., Thompson, L. A., et al., "*Multicultural Education, Diversity, and Citizenship in Canada*", in *Learning from Difference: Comparative Accounts of Multicultural Education*, pp. 35-50.

③ Horton, T. A., "'I Am Canada': Exploring Social Responsibility in Social Studies Using Young Adult Historical Fiction", in *Canadian Social Studies*, Vol. 47, No. 1 (2014) pp. 26-43.

自由、民主、平等的国家价值观的演变,中小学价值观教育逐渐确立。①

第二节　加拿大儿童价值观教育的文化归因

社会文化背景是国家价值观的重要体现,国家在长期历史发展与演变中形成了社会价值观体系与国民价值追求。因此,探讨加拿大儿童价值观教育,首先需要全面把握加拿大价值观形成的文化归因这一基本前提。只有厘清文化归因,才能更加深入、更加系统地认识加拿大儿童价值观教育。

一、早期文明奠定了儿童价值观教育的根基

具有原住民特色的早期文明奠定了加拿大价值观形成的根基。在古代社会,加拿大具有 12 种语族、50 种迥异文化,呈现了文化的多样性。伴随欧洲文化的扩张和侵入,加拿大自土著文明伊始的文化发展进程遭到割裂。北美印第安土著人(Paleo-Indians)作为加拿大土地上的"第一民族"(First Nations)造就了加拿大独特的人类古文明。加拿大早期土著人生活在加拿大密林、草原、湖泊、山地、海湾等地带,通过不断的"小群"迁徙和"流动"扩散,逐渐形成了凹槽尖石器文化、平原移动文化、地盾古代文化、科迪勒拉文化、海岸薄刀文化、阿卡斯塔文化、海岸古代文化、劳伦斯古代文化等多样文化板块。② 这一时期,土著人的生存方式和文化样态客观反映了加拿大原始社会的进化形态和发展水平,也勾勒出加拿大异彩纷呈的原始文明轮廓,更为加拿大发展成为一个多民族、多文化国家奠定了基础。

---

① Government of Canada, "Constitution Act, 1867 to 1982", https://laws.justice.gc.ca/eng/Const/page-18.html,访问日期:2020 年 7 月 24 日。
② 姜芃:《加拿大文明》,中国社会科学出版社,2001 年,第 7—11 页。

　　价值观的形成离不开社会土壤的滋养,价值观是在历史发展传承和社会生活实践中所积淀的时代思想精华和价值共识,与社会的地域条件、经济基础、政治制度、文化底蕴密切相关。加拿大是移民国家,价值观教育受多元文化间交互碰撞的影响,在殖民时期英国统治下形成了以盎格鲁为主导意识形态的价值观教育,学校主要以认同教育、爱国教育为价值观教育的主要内容,激发儿童的民族精神和对英国的忠诚;步入二元社会后,加拿大普遍认识到统一、平等对国家发展的重要意义,学校实施双语教学,为多元文化主义奠定基调;20世纪70年代多元文化主义政策诞生,学校逐渐重视多元文化,注重权利的尊重与平等,80年代后,随着多元文化主义的深化,学校更加关注价值观教育以及在公民塑造方面发挥的积极作用,最终确立了以"多元、自由、民主、平等"为核心的价值观教育。

二、移民文化丰富了儿童价值观教育的内容

　　加拿大作为移民众多的多元文化国家,其基础教育管理实行联邦宪法指导下的分级管理、以省为主的体制,充分尊重不同民族间的文化差异,致力于创造包容、开放、平等的社会环境。在培育价值观的过程中,加拿大始终在思考如何能在保持其多元文化张力的同时又能真正促进社会成员的"团结"而非"疏离",使每一个加拿大人都能吟唱"优美的合唱"而非"不和谐的杂音"。① 由于几个世纪以来大量的移民涌入,加拿大从来没有像其他任何一个国家那样实现文化、宗教、语言和生活方式的联合。当下,加拿大主张建立一个以"多元和谐"为理念的国家,以多元文化的政策和法律法规,建立起一定意义上的多元形态的社会和谐。加拿大的文化政策把差异视为多样性,极大地丰富了价值观教育的内容。

---

① Bethel, Judy, "Canadian Citizenship: A Sense of Belonging", Standing Committee on Citizenship and Immigration, 1994.

加拿大作为多元文化国家,其多元文化观念诞生于移民运动,并与其紧密相联。在殖民时期,首批移民来自法国,其次是来自苏格兰、爱尔兰和英格兰等地,创造了一种延续至今的语言和政治复杂性;1867年,加拿大开始制定自己的移民政策路线并鼓励人口快速增长,由于受英法对峙的影响,虽然本时期的移民人口主要是英国人(60%)和法国人(30%),但是移民的大量涌入还是改变了种族和语言的同质性;1976年颁布的移民法促使来自不同国家的移民齐聚加拿大,并开始构成可见的少数民族或绝大多数移民群体,如非白种人、加拿大本土人和半有色人种以外的人。此外,战争、东欧和中欧共产主义的兴衰,以及来自东南亚的新移民浪潮,导致了该国语言多样性的进一步增加;在加拿大2011年的人口普查中,已经确定有超过200种母语。据统计,604.3万人说法语、1922.5万人说英语、639万人只说一种移民语言、21.3万人只说一种土著语言。① 移民群体的多样性在改变了语言同质性的同时,也改变了加拿大人对信仰的表达。随着移民的加入,天主教和基督教成为构成加拿大宗派多样性两个最大的群体。面对文化多样性、文化认同、民族性、宗教和语言多样性以及移民的融合等问题带来的挑战,加拿大成为世界上第一个颁布多元文化主义政策的国家,旨在通过这一政策使加拿大存在的许多民族和文化团体承认并促进一种基于民族或血统、肤色、宗教价值以及基于相互平等和尊重的理想。

---

① Ciftci, Y., "Diversity and Multicultural Education in Canada", *Multicultural Education: Diversity, Pluralism, and Democracy: An International Perspectives*, Germany:Lambert Academic Publishing, 2013, pp. 33-57.

第三节　加拿大儿童价值观教育的内涵与特征

学校是传递国家价值观的主要载体，它能有效促进价值观教育的实施。加拿大的学校主要从认知导向、情感驱动与行为转变等方面对儿童进行系统的价值观教育，不断考察和审视儿童个体发展要素，通过知、情、行三维耦合，塑造多元文化观，陶冶包容性精神，实现个体社会化。

一、加拿大儿童价值观教育的基本内涵

加拿大是一个多元文化共存的国家，学校致力于从认知上培养学生欣赏、尊重和接纳多元文化的宽容态度，从情感上培养包含同理心和关怀心的包容精神，从行动上培养拥有诚实、正直、责任感等特点的社会化人格。

（一）认知导向：塑造多元文化观

儿童作为独立个体，其心智发展和认知结构具有可塑性，认知水平的发展是习得系统价值观的重要前提。学校通过传递特定的价值观内容，引导其形成正确的价值认知与价值判断。多元文化是加拿大重要的民族意识与身份认同标志，强调多样性与包容性文化，尽力消除种族、宗教和文化偏见，使少数族群能够寻求社会正义，发展具备多样性和开放性的社会结构，建立面向所有加拿大人的平等、包容和公正的社会。① 学校致力于塑造儿童多元文化观，使其从小懂得欣赏多元文化，尊重不同文化主体的多样性和差异性，造就平等、公平的加拿大社会，造福每一个公民的一生。多元文化观的塑造体现在学科教学中，学校开设自然与人文地理课程，具体包括本地区地理、加拿

① Ghosh，R.，"Multiculturalism in a Comparative Perspective：Australia，Canada and India"，in *Canadian Ethnic Studies*，Vol. 50，No. 1（2018），pp. 15-36.

大地理、全球化和全球性地理问题、自然和环境地理、人文地理和地理技术。占比最多的课程包括加拿大地理、全球化和全球性地理问题以及自然和环境地理,每个类别开设 9 门课程,重点传授关于国家历史、文化、公民身份等相关知识。安大略省、魁北克省均开设了包含地理学科内容的社会研究课程。2018 年,在安大略省的加拿大与世界研究地理课程中,儿童从地理角度认识加拿大人,探讨加拿大的可持续发展,理解加拿大与世界发展之间的关联。[①]魁北克省将地理教育与历史、公民教育相结合,旨在加深儿童的地理认识,促进对不同国家和区域文化的了解,树立正确认知。艾伯塔省和不列颠哥伦比亚省的地理课程注重研究世界历史与古代文明,讲述不同国家和地区的人文地理和历史[②],在地理学习中引导儿童尊重法律,反对暴力,建立和谐的人际关系,树立文明道德理念,习得宽容与民主价值观,达成价值共识。[③] 儿童通过对加拿大历史、地理的学习,认识赖以生存的家园,熟悉加拿大人的生活方式,了解加拿大的文化遗产与价值观,加深对加拿大文化多样性的认知,发展如尊重、责任、诚实、关怀、忠诚等价值观;通过对全球历史、地理课程的学习,认识自然与社会发展之间的关联,拓宽观察世界的视野,形成全球理念、多元文化观,实现对多元文化社群的整体观照。

（二）情感驱动：陶冶包容性精神

加拿大的学校在引导儿童认知发展的基础上,陶冶包容性精神,为多元

---

① The Ontario Public Service, "Course Descriptions and Prerequisite", Ontario Ministry of Education, 2018.

② Segeren, A., "Mapping Geographical Education in Canada: Geography in the Elementary and Secondary Curriculum Across Canada", in *Review of International Geographical Education Online*, Vol. 2, No. 1(2012), pp. 118-137.

③ Bickmore, K., Kaderi, A. S. & Guerra-Sua, "Creating Capacities for Peacebuilding Citizenship: History and Social Studies Curricula in Bangladesh, Canada, Colombia, and México", in *Journal of Peace Education*, Vol. 14, No. 3(2017), pp. 282-309.

文化提供情感支撑。包容性精神的陶冶是培养儿童情感价值观的重要依托，也是形塑加拿大多元文化社会的内在要求。加拿大儿童价值观教育通过情感驱动，陶冶儿童的包容性精神，实现对不同族群及其文化的宽容与理解。2018 年，加拿大教育部理事会发布《加拿大关于教育领域的反歧视报告》（Canadian Report on Anti-Discrimination in Education），报告认为每位儿童都拥有反歧视权，儿童价值观教育应从儿童的最大利益出发，提供包容性教育，使其获得平等的学习机会，不断加强儿童的安全感与归属感。[1] 加拿大包容性学校教育对学校、教师、校长与儿童均提出了一系列要求：学校应保护儿童因性别、民族、文化、智力发展等产生的差异性与多样性，使所有儿童平等、安全和受欢迎，体现包容性教育的情感关怀；鼓励儿童积极投入学习，加强体育锻炼，参加集体活动和开展人际互动。教师拥有高度一致的教育愿景和教学目标，根据儿童实际需要调整价值观教育方法。校长是包容性教育的领导者和倡导者，维护正义与平等，将包容性教育信念融入学校管理之中，使全体儿童获得平等、优质的教育。儿童需要了解自身权利和责任，在进行人际交往的同时培养自尊品格，学会尊重他人，树立平等观念，建立同情心，成为具有责任感和关怀心的个体。[2] 加拿大将包容性精神的培养由上而下贯通在整个学校教育中，通过陶冶包容性精神，形成包容气象，铸牢平等、宽容等价值观念，夯实儿童情感基础，驱动儿童情感发展。

---

[1] Council of Ministers of Education, Canada, "Canadian Report on Anti-Discrimination in Education", https://www.cmec.ca/Publications/Lists/Publications/Attachments/382/Canadian-report-on-anti-discrimination-in-education-EN.pdf, 访问日期：2023 年 12 月 16 日。

[2] Stegemann. K. C. & Jaciw, A. P., "Making It Logical: Implementation of Inclusive Education Using a Logic Model Framework", in *Learning Disabilities: A Contemporary Journal*, Vol. 16, No. 1 (2018), pp. 3-18.

（三）行为转变：实现个体社会化

通过多元文化观与包容性精神在认知与情感上的内化，价值观教育最终指向儿童个体行为的转变。加拿大的学校关注儿童的社会化发展，通过对其主体性的唤醒，使其认识世界、改造世界，实现个体社会化，将价值观转化为儿童的行为习惯和行为准则，符合社会客观发展要求与现实愿景。《世界公民教育：学校指南》(Education for Global Citizenship：A Guide for Schools)强调，将实现儿童社会化发展贯穿加拿大整个中小学教育课程，使其充分发挥主观能动性，发展高级思维能力，锻炼个人技能，参与有效辩论，分析和评估问题，形成判断问题、有效解决问题的能力，并对挑战性和辩论性问题作出建设性的回答，学会合作与解决冲突，促进社会公平与可持续发展。[①] 价值观教育以儿童社会化发展为指向，并与尊重法治、承担社会责任、为社会做出生产性贡献紧密相连，推动儿童个人发展和社会进步。[②] 在有关未来社会生活上，让儿童养成诚实、正直、同情、平等的人生态度，培养强烈的社会正义感；要求儿童积极参与国家政府的民主议程，积极履行公民义务。良好的社会化发展是儿童坚定价值观、成为合格公民的内在基石，同时也是应对社会矛盾与价值冲突问题的有力武器。学校通过整体教学或单元教学，运用角色扮演、活动探究、态度调查、辩论、测验以及引导儿童共同讨论现有的价值观困境等方法，使儿童学会正确地判断与推理，习得解决社会矛盾与价值冲突所需的方法和技能，实现行为转变，达到个体价值观与社会价值观的深度契合，更好助

---

① Massey, K., "Global Citizenship Education in a Secondary Geography Course：The Students' Perspectives", in *Review of International Geographical Education Online*, Vol. 4, No. 2(2014), pp. 80-101.

② Horton, T. A., "'I Am Canada'：Exploring Social Responsibility in Social Studies Using Young Adult Historical Fiction", in *Canadian Social Studies*, Vol. 47, No. 1(2014), pp. 26-43.

推其融入多元文化社会,促进社会良好价值秩序的构建。

二、加拿大的儿童价值观教育的显著特征

加拿大的儿童价值观教育从国家价值观和多元文化出发对儿童进行教化与熏陶,具有提升个人素养与培育合格公民高度结合、传递道德精神与加强品格修养相辅相成、注重权利意识与凝聚多元共识有机共在等显著特征,其价值观教育指向加强社会凝聚力,促进国家和谐共融。

(一)提升个人素养与培育合格公民高度结合

儿童处于渐进式发展之中,学校作为加强儿童与社会联系的重要中介,其价值观教育以培养社会公民为导向,通过传递价值观念,提升儿童个人素养,赋予其作为社会公民的基本权利与义务,最终使其成为具有高度社会责任感、为国家服务、符合加拿大多元文化社会发展需求的国家公民。2018 年,加拿大规定中学毕业生必须"具有成为合格国家公民的高水平素质,展现出对政治、经济、文化的敏感性,并能运用相关知识与技能对其进行评价与建议"①。加拿大各省及地区学校以多元、包容、公平等理念为价值观教育的基础,不断提升儿童个人素养,形成核心竞争力,成为全面发展的公民。安大略省颁布的中小学课程文件《热爱学习》(For Love of Learning)中明确规定,学校教育的任务是促进智力发展、教会儿童学习、培养公民身份、传递价值观。儿童价值观教育的目标是使儿童做好参与现代、民主、多元文化公民生活的准备,具备对陌生且不断变化的外界环境的良好适应能力与协调能力,学会

---

① Council of Ministers of Education, "Education Commission of the 39th Session of the UNESCO General Conference", https://www.cmec.ca/Publications/Lists/Publications/Attachments/383/39thUNESCO-Report-EN.pdf,访问日期: 2023 年 12 月 16 日。

灵活适当地调整自我,为未来从事社会工作打下坚定的基石。[①] 艾伯塔省政府提出面向未来的中小学教育是"激励人心的教育"(Inspiring Education),其愿景是培养具有主人翁精神的、勤于思考和讲道德的公民。其价值观包含平等、选择、多元、出色等。不列颠哥伦比亚省学校教育的任务是引导儿童发挥个人潜力,具备必要的知识与技能,培养正确的人生态度,成为受过教育的合格公民,为健康与可持续的经济与社会发展做出贡献。[②] 魁北克省学校开设历史与公民课程,旨在使儿童承担起作为社会公民的职责,培养多元、民主、平等的共同价值观。对当今社会出现的重要问题,提出独到见解,敢于挑战既有结论与答案,而不是听从于偏见,草率地概括或他人的解释。[③] 儿童需要掌握 21 世纪公民所需的技能与素养,如发展批判性思维、学会团结协作、承担个人与社会责任、培养创造力。加拿大儿童价值观教育不断提升儿童个人素养,激发儿童个人潜能,使其成为知识渊博、具备高级技能、富有责任感与关怀感的国家公民,加强多元文化视域下的社会凝聚力。

(二)传递道德精神与加强品格修养相辅相成

品格教育是促进个体道德认知与情感发展的内在手段,能使儿童形成正确的价值判断与价值抉择。品格教育是加拿大中小儿童价值观教育的重点,

---

① Ontario Ministry of Education, "For the Love of Learning", https://qspace. library. queensu. ca/bitstreams/7e9bfff8-3827-4b69-91cb-3fd1c1dfcce8/download,访问日期:2023 年 12 月 18 日。

② British Columbia Ministry of Education, "Policy for Student Success", https://www2. gov. bc. ca/assets/gov/education/administration/kindergarten-to-grade-12/understanding_the_bc_policy_for_student_success. pdf,访问日期:2023 年 12 月 24 日。

③ Thier, M. A., Lefrançois, D., "How Should Citizenship Be Integrated into High School History Programs? Public Controversies and the Québec 'History and Citizenship Education' Curriculum: An Analysis", in *Canadian Social Studies*, Vol. 45, No. 1(2012), pp. 21-42.

同时也是构建公平教育的重要条件。① 学校通过实施品格教育,向儿童传递道德精神,培养道德认知,养成良好的道德习惯,加强品格修养。2008 年,安大略省正式发布《发现共同点:安大略省学校的品格发展》(Finding Common Ground:Character Development in Ontario Schools),提出实施品格教育的目标是"为儿童创造和扩大机会,使他们学习、思考和分析为建设我们的社区、我们的国家和世界做出贡献……希望我们的儿童能够批判地思考,明智地行动"②。学校向中小儿童传递真理、文明、人际价值、反对暴力与种族主义、诚实和正义、责任感以及为社会服务等道德精神。艾伯塔省在《问题的核心:艾伯塔省学校的品格与公民教育》(The Heart of the Matter:Character and Citizenship Education in Alberta Schools)文件中提出学校要不断培养儿童的文明观念,养成尊重他人的良好品质,树立正确的道德观。学校课程目标和教学标准旨在向儿童传递加拿大的文化多样性和共同价值观,培养尊重、责任、公平、诚实、关心等理想品格,拥有主动性、领导力、灵活性和坚定的毅力,加强自律性,改善人际关系。③ 2018 年,不列颠哥伦比亚省发布《儿童成功政策》(Policy for Student Success)提出,学校为了实现培育受过良好教育公民的价值观教育目标,在品格教育中注重培养儿童对美术的欣赏和对文化遗产的了解,传递多样化的审美理念,提高审美情趣与艺术鉴赏水平,教导儿童学会尊

① Winton, S., "Character Development and Critical Democratic Education in Ontario, Canada", in *Leadership and Policy in Schools*, Vol. 9, No. 2(2010), pp. 220-237.

② Ontario Ministry of Education, "Finding Common Ground: Character Development in Ontario Schools, K12", https://schoolweb. tdsb. on. ca/Portals/kennedy/docs/FINDING _ COMMON _ GROUND. pdf,访问日期:2023 年 12 月 24 日。

③ Alberta Ministry of Education, "The Heart of the Matter: Character and Citizenship Education in Alberta Schools", https://open. Alberta. ca/dataset/7ce67821-e0f4-4ff6-b1af-5b4b60aa1273/resource/f4e3fe98-b92a-41bd-b689-e2b342e8929f/download/2005-heart-matter-character-citizenship-education-alberta-schools. pdf,访问日期:2023 年 6 月 14 日。

重他人的思想与信念。[①] 魁北克省则开设《伦理与宗教文化》(Ethics and Religious Culture)研究课程,通过对人类基本价值观和行为规范的深入学习和了解,儿童能够形成对事物的正确认知,做出正确的道德行为。[②] 学校不断向儿童传递道德精神的同时加强其品格修养,两者相辅相成,共促儿童价值观教育。

(三)注重权利意识与凝聚多元共识有机共在

作为多民族与多元文化国家,原住民与外来移民构成加拿大人口的绝大部分,为了培育儿童尊重并欣赏多元文化的价值观,凝聚多元共识,学校制定并实施人权教育,以期唤醒儿童权利意识,理解各民族的权利,实现多元文化主义下的意识形态整合,有效解决民族矛盾和文化冲突。权利意识教育贯穿在加拿大4—12年级的课程教学中,在中小学的历史、地理和世界问题、公民教育中均有传授。不列颠哥伦比亚省通过广泛而集中地讨论原住民、法语人口以及其他种族或少数民族的权利,要求儿童根据加拿大《权利与自由宪章》(Canadian Charter of Rights and Freedoms)描述如何捍卫自身权利,提高其评估权利事件的能力与水平;此外,教导儿童学会尊重他人意见,陈述对历史事件的看法,对权利问题做出评判,在开放性情境中宣传权利观念,加强其对多元文化群体的权利认识。[③] 魁北克省通过加强权利意识教育,教会儿童应对社会不公,调动学习积极性与主动性,赋予其参与社会生活的愿望,使其敢于参

---

① British Columbia Ministry of Education, "Policy for Student Success", https://www2. gov. bc. ca/assets/gov/education/administration/kindergarten-to-grade-12/understanding_the_bc_policy_for_student_success.pdf,访问日期:2023 年 12 月 24 日。

② Leinweber, K., Donlevy, J. K., Gereluk, D., et al. "Moral Education Polices in Five Canadian Provinces: Seeking Clarity, Consistency and Coherency", in *Interchange*, Vol. 43, No. 1(2012), pp. 25-42.

③ Bromley, P., "Multiculturalism and Human Rights in Civic Education: The Case of British Columbia, Canada", in *Educational Research*, Vol. 53, No. 2(2011), pp. 151-164.

与社会生活,表达个人观点。2013 年,安大略省人权委员会(Ontario Human Rights Commission)颁布了《安大略省人权教育》(Teaching Human Right in Ontario),在插图和案例研究中使用真实案例,教导儿童学会保护自身权利,帮助儿童在学习活动中得到支持和尊重,保护学校不同文化群体的儿童免受歧视、欺凌与威胁,培养儿童同理心。[①] 2016 年,艾伯塔省在修订后的《学校法》(School Act)中,强调儿童价值观教育应注重培养不同儿童群体的权利意识,使其具备正确的自我认知,形成强烈的民族归属感。[②] 儿童价值观教育将注重儿童权利意识与强调加拿大多元文化相结合,通过加强权利意识教育,达到对加拿大多民族、多元文化国家的文化体认,凝聚多元共识,契合加拿大价值观,建立高度的国家认同,促进社会团结。

第四节　加拿大儿童价值观教育的实践路径

价值观教育的实施关系到其教育功能发挥的实效性,加拿大学校通过构建基于系统课程的教化涵养、基于社区活动的实践培育、基于家校联动的合作共育等路径,促进儿童价值观在思想上的内化和行为上的外化。

一、基于系统课程的教化涵养

加拿大学校通过规范的课程教学,建构系统的价值观教育课程,实现价

---

① Froese-Germain, B. & Riel, R., "Human Rights Education in Canada: Results from a CTF Teacher Survey", https://files. eric. ed. gov/fulltext/ED544250. pdf,访问日期: 2023 年 12 月 24 日。

② Council of Ministers of Education, Canada, "Canada's Response to the Sixth Consultation on the Implementation of the UNESCO Recommendation Concerning Education for International Understanding, Cooperation and Peace and Education Relating to Human Rights and Fundamental Freedoms", https:// www. cmec. ca/Publications/Lists/Publications/Attachments/368/CMEC-Canada-responses-to-UNESCO-questionnaire-1974-Recommendation-Peace_EN-Final. pdf,访问日期: 2023 年 12 月 28 日。

值观教育的有机衔接和有序递进。系统课程主要包括显性课程与隐性课程，显性课程是指为实现一定的教育目标正式列入学校教学计划的各门学科与课程，具有计划性与目的性。加拿大教育部理事会制定《从幼儿园到中学12年级的社会研究共同课程框架的基础文件》（In the Foundation Document for the Development of the Common Curriculum Framework for Social Studies Kindergarten to Grade 12），将价值观教育融入从幼儿园到中学12年级的一体化课程，提出社会研究课程的作用是"帮助儿童成为积极负责的公民，从事民主理想的实践"[1]。在安大略省，1—6年级的课程为社会研究（Social Studies），7—8年级的课程为历史和地理（History and Geography），9—12年级的课程是加拿大与世界研究（Canadian and World Studies）。1—6年级的小学社会研究课程主要通过价值教化、行为规范帮助儿童学习社会期待的道德标准和价值原则，培养其正确的认知、良好的品德和行为；7—12年级的中学社会研究课程则涵盖24节品格教育课，更加强调学科化和系统化学习，传授关于国家历史、公民知识等内容，颂扬历史上杰出的英雄人物，讲授加拿大的国际贡献，培养国家认同与民族自豪感。魁北克省将跨文化、公民教育、国际价值观等内容纳入地理、历史课程中，提供有关和平与冲突、权利与责任以及全球问题的价值观教学资源，帮助儿童交流人文知识。[2] 不列颠哥伦比亚省学校将舞蹈与公民、科学与受教育的公民、社会与受教育的公民、技术与受教育的公民等课程章节

---

[1] Council of Ministers of Education, Canada, "Quality Education for All Young People: Challenges, Trends, and Priorities", https://www.cmec.ca/Publications/Lists/Publications/Attachments/66/47_ICE_report.en.pdf，访问日期：2023年12月15日。

[2] Council of Ministers of Education, Canada, "UNESCO Seventh Consultation of Member States on the Implementation of the Convention and Recommendation against Discrimination in Education", https://www.cmec.ca/Publications/Lists/Publications/Attachments/105/Canada-report-antidiscrimination-2007.en.pdf，访问日期：2019年10月15日。

一体化衔接,加强社会生活与公民价值观的联系。艾伯塔省学校的教师则对儿童表达明确期望,引导其树立正确的价值观念,在课程教学中构建积极和谐的师生关系。① 此外,加拿大针对原住民儿童开设了相关的教育类课程和生态学课程,其目的是通过将原住民所具备的权利、文化传统、公民身份和价值观念蕴涵于学科课程中,向加拿大全体儿童讲述不同群体如何生活在加拿大社会这一统一体中,宣扬多元文化观。② 加拿大联邦教育部重视发展中小学阶段儿童的科学素养,发布《K‑12 科学学习成果共同框架》(Common Framework of Science Learning Outcomes K to 12),框架中提出科学素养培育的四个立足点:科学、技术、社会和环境;思维习惯;技能和程序;知识。不列颠哥伦比亚省、安大略省均将其融入学校 7—8 年级的科学素养课程培养中。科学素养课程的培育目标旨在通过科学文化的学习,儿童能够理解社会和文化背景在科学知识生产中的作用,拓宽儿童认识世界的眼界,为所有儿童带来更加具有多样性、更广阔的价值观。③ 隐性课程是与显性课程相对的潜在课程,能够传播优秀道德品质与先进价值理念,在潜移默化中积淀价值观,涵养儿童优良精神内核,是承载价值观教育的另一重要阵地。加拿大学校重视隐性课程的价值观教育作用。一是开设体育课程,将价值观教育融入体育运动之中。安大略省为小儿童提供每日至少 20 分钟的体育运动或体育课,如

① Antaya-Moore, D., "Supporting Positive Behaviour in Alberta Schools: A Classroom Approach", Alberta Education, 2008.
② Wager, A. C., Ansloos, J. P., Thorburn, R., "Addressing Structural Violence and Systemic Inequities in Education: A Qualitative Study on Indigenous Youth Schooling Experiences in Canada". in *Power and Education*, Vol. 14, No. 3(2022), pp. 228-246.
③ Kim, E. J. A., Dionne, L., Traditional Ecological Knowledge in Science Education and Its Integration in Grades 7 and 8 Canadian Science Curriculum Documents. in *Canadian Journal of Science Mathematics and Technology Education*, Vol. 14(2014), pp. 311-329.

跑步、气排球、沙滩球①；在中学开展健康和体育教育（Health and Physical Education，简称 HPE），课程分为三大领域：积极生活、健康体验和运动能力。积极生活注重身体活动、健身锻炼和安全意识；健康体验集中了解健康概念、做出健康选择、与健康生活建立联系；运动能力包含了解运动概念、运动原则和策略以及培养运动技能。HPE 教育融入包容性和多样性价值观念，儿童在体育运动中学习如何成为健康、积极的公民。② 魁北克省积极开展足球运动，儿童通过踢足球，培养团结、公平与合作意识。③ 二是营造有利于价值观教育的校园环境。不列颠哥伦比亚省学校反对校园欺凌与暴力，保护儿童不受歧视与偏见，违者将受到相应惩罚。关注儿童心理健康，加强尊重、包容、公平等价值观念的渗透，努力构建安全、积极、受欢迎的校园环境。④ 2019 年，艾伯塔省在《教育法》中强调学校要帮助儿童建立健康、相互尊重的人际关系，使全体儿童尊重并理解文化多样性，建立高度的同理心与共情能力，增强归属感与安全感。⑤ 通过隐性课程的持久性熏陶，价值观念逐渐内化为儿童的道德认知，最大限度地提高儿童的成就感与幸福感。

---

① Ontario Ministry of Education, "Policy/Program Memorandum No. 138", https://www.ontario.ca/document/education-ontario-policy-and-program-direction/policyprogram-memorandum-138，访问日期：2023 年 12 月 24 日。

② Petherick, L. A., "Race and Culture in the Secondary School Health and Physical Education Curriculum in Ontario, Canada: A Critical Reading", in *Health Education*, Vol. 2(2018), pp. 144-158.

③ Camiré, M., Trundel, P., "Using High School Football to Promote Life Skills and Student Engagement: Perspectives from Canadian Coaches and Students", in *World Journal of Education*, Vol. 3(2013), pp. 40-51.

④ British Columbia, "Safe, Caring and Orderly Schools: A Guide", National Library of Canada: Ministry of Education, 2008.

⑤ Alberta Ministry of Education "Education Act", https://www.Alberta.ca/safe-and-caring-schools.aspx，访问日期：2019 年 10 月 30 日。

二、基于社区活动的实践培育

丰富的社区活动是加拿大学校教育的一大特色,同时也是价值观教育的重要途径。通过与社区文化建构紧密联系,儿童认识到自己是社区的一部分,个人选择会影响社区发展,从而充分调动自身主动性与积极性,发挥最大潜力,在躬行实践中树立正确价值观,为学校、社会做出贡献。学校鼓励和支持儿童参加社区活动,如志愿者服务、爱护老人、为残疾儿童提供援助、为贫困儿童捐款以及参加慈善机构组织的活动;儿童开展社区调查活动,如实地考察和现场访谈,参加夏令营、社区体验、提交反馈表和开展反思性实践。在活动中高效参与,承担责任,学会思考,培养技能,积累经验。① 艾伯塔省规定中儿童必须进行 40 个小时的社区服务,参加社区举办的活动。② 安大略省学校开展环境教育活动,儿童收集关于环境和生物信息,教朋友或家人如何回收与有效利用资源;参加社区的节水工作;参加循环艺术展览,感受艺术熏陶;参与社会调查,创建电子社区,在面临挑战时展现出持久的毅力与坚韧性。③ 魁北克省组织广泛的社区活动与志愿工作,鼓励儿童积极参与,如签署与起草请愿书,为报纸或杂志撰写文章,并将其视作"为所珍视的价值观而奋斗"。④ 儿童在社区活动中与同伴合作,组建团队,担任倡导者或领导者,发

---

① Gallant, K., Litwiller, F., Hamilton-Hinch, B., et al., "Community-Based Experiential Education: Making It Meaningful to Students Means Making It Meaningful for Everyone", in *Schole: A Journal of Leisure Studies and Recreation Education*, Vol. 2(2017), pp. 146-157.

② Pashby, K., Ingram, L. A. & Joshee, R., "Discovering, Recovering, and Covering-up Canada: Tracing Historical Citizenship Discourses in K12 and Adult Immigrant Citizenship Education", in *Canadian Journal of Education*, Vol. 2(2014), pp. 1-26.

③ Gallagher, M. J. & Griffore, J., "School Effectiveness Framework" Ontario Ministry of Education, 2013.

④ Quéniart, A., "The Form and Meaning of Young People's Involvement in Community and Political Work", in *Youth & Society*, Vol. 2(2008), pp. 203-223.

表自身见解,提出具有多样性和创新性的想法,积极响应并参与丰富多样的实践活动,展示出以行动为导向的全局意识。加拿大开展户外教育(Outdoor education)项目,通过开展户外的短途旅行、探险和环境保护,且在项目开展中穿插有关原住民文化、加拿大历史的变迁,并在探索的过程中思考加拿大价值观与其发展历史、公民身份的联系,加深儿童对加拿大价值观的理解。①海岸山区学院(Coast Mountain Academy,简称 CMA)在不列颠哥伦比亚省 11—12 年级第二学期的周一至周四举行实践项目,11—12 年级组成 14 人队列,与年纪较小儿童共同合作,开展划船、爬山、远足、骑自行车等活动,并为学校中所有 7 年级儿童设计和实施为期一个月的社区宿营计划,旨在培养儿童实践技能,提升服务精神,凝聚公民意识,促进品格发展。② 通过参与广泛而丰富的社区活动,加拿大的中学毕业生能习得社会所需的知识与技能,加深对他人、社会以及世界的全方位了解,发展多元、合作、自由和民主价值观。

三、基于家校联动的合作共育

价值观教育需要学校和家庭形成联动机制,合作共育。教师作为儿童价值观教育的主要倡导者和践行者,其专业素质和思想品德的高低关系到儿童能否建立高度的价值认同和崇高的道德理念。加拿大高度重视教师队伍建设,通过加强教师职前培训,全面提高教师专业素质。安大略学校建立有助于激发教师专业成长的机制,在教师入职后制定教师指南,鼓励教师参加学校组织的培训班,培训班一到两天不等,教师每周至少完成一次培训课程,为

---

① Asfeldt M., Purc-Stephenson R., Zimmerman T., "Outdoor Education in Canadian Post-secondary Education: Common Philosophies, Goals, and Activities", in *Journal of Outdoor and Environmental Education*, Vol. 25, No. 3(2022), pp. 289-310.

② Johnston, J., "Integrated Curriculum Programs in British Columbia", in *Pathways: The Ontario Journal of Outdoor Education*, Vol. 1(2011) pp. 24-27.

期 15 周。此外，教师在日常的学习活动中注重对儿童价值观念的引导，发挥育人功能最大化，建立正确的价值导向，为儿童提供榜样示范，以实际行动引导儿童提升思想道德水平。不列颠哥伦比亚省学校建立良好的师生沟通机制，教师为儿童设立明确的行为规范，针对儿童出现的具体问题进行有效沟通，以自身优良道德品格感染全体儿童，通过合适的教导、示范和鼓励，使儿童学会对自身行为负责。① 教师一视同仁对待所有儿童，以多种方式满足不同儿童的学习需求，开展多样化的教学活动，提供具有不同文化背景、价值观、生活经历的儿童都能学习和参与的课堂材料，传递公平与包容性教育观念。魁北克省规定学校教师与每位儿童的互动交流必须公平、公正、互相尊重。② 艾伯塔省学校与社区合作，建立价值观教育模型，营造相互尊重的环境氛围，与儿童进行平等的沟通对话，传递共同价值观。③ 专家与专业教师为中小儿童提供专业心理辅导，对儿童在人际、社会、学业等方面遇到的各种问题进行心理咨询，将道德教育融入与儿童的访谈和沟通交流中，以无条件接纳的态度对待所有儿童，建立平等友好的合作关系，帮助儿童形成正确的价值观。家庭是孕育个体价值观的早期摇篮，加拿大学校在价值观教育中积极发挥家庭教育的作用，形成家校合作共育的良好局面，有力促进儿童价值观教育的积极转变。安大略省的学校教师积极与家长沟通交流，使用规范语言，

---

① British Columbia, "Safe, Caring and Orderly Schools: A Guide", National Library of Canada: Ministry of Education, 2008.

② Audet, J. L., Magnan, M. O., Potvin, M., et al., "Comparative and Critical Analysis of Competency Standards for School Principals: Towards an Inclusive and Equity Perspective in Québec", in *Education Policy Analysis Archives*, Vol. 1(2019), pp. 141.

③ Alberta Education, "The Principal Quality Practice Guideline: Promoting Successful School Leadership in Alberta", 2009.

相互信任、包容与尊重。① 学校会在举行颁奖典礼时邀请儿童家长参加,由此对儿童品性发展产生激励作用,为价值观教育提供动力支持;家长每两年对学校进行一次深度访查,全体教师和教育工作者向家长报告儿童价值观教育的实施情况,家长了解儿童的思想与情感发展状况,并就存在的问题建言献策。在魁北克省,家长参与学校的决策委员会、董事会、家长委员会以及信息交流会,参加培训班和学校活动,参观学校教室,教师定期以书面形式向家长报告儿童的思想状况和教育情况,使其牢牢把握儿童价值观教育进程。② 在艾伯塔省,家长以如实反映儿童情况的方式为学校找寻促进儿童品德发展和支持儿童社会化发展的方法。2017 年,不列颠哥伦比亚省举行家长社区会议,学校、社区与家长对儿童思想情感、道德水平发展等相关问题进行讨论,为价值观教育提供方向。③ 通过构建家校共同体,推行家校合作共育,传播价值观教育理念,形成携手育人的强大合力。

---

① Ontario Ministry of Education, "Equity and Inclusive Education in Ontario Schools", http//www. Edu. gov. on. ca/eng/policyfunding/inclusiveguide. pdf,访问日期: 2019 年 9 月 18 日。
② Beauregard, F., Petrakos, H. & Dupont, A., "Family-School Partnership: Practices of Immigrant Parents in Québec, Canada", in *School Community Journal*, Vol. 1(2014), pp. 177-210.
③ British Columbia Ministry of Education, "Your Kid's Progress Engagement Summary Report", https: // www2. gov. bc. ca/assets/gov/education/administration/kindergarten-to-grade-12/reports-and-publications/ your-kids-progress-oct2017. pdf,访问日期: 2023 年 12 月 13 日。

第四章　法国儿童价值观教育研究

价值观不仅是人格结构的核心,也是社会文化形态的反映,价值观教育既关系个人成长和发展,也关系国家前途和民族命运。儿童时期是价值观形成的关键时期,法国社会各界重视儿童价值观教育,其政府在承认族群差异、维持文化多样性的基础上于 2016 年公布了"马赛曲之年计划"(Projetde Lannee De La Marseillaise),通过打造"马赛曲与法国'自由·平等·博爱'价值观之间的联系"等六个主题和推出"在中小学增加道德与公民教育课程"等十一条政策举措①,帮助法国儿童理解并内化价值观,进而凝聚价值共识,有效解决了法国在现代化进程中面临由多元价值观引起价值观混乱和行为方式错位的问题,形成一套具有法国特色的儿童价值观培育模式。

第一节　法国儿童价值观教育的发展脉络

法国儿童价值观教育可以分为兴起时期、形成时期、发展时期和深化时期。18 世纪末的启蒙运动催生了法国共和价值观,儿童价值观教育也应运而生,直至 19 世纪 60 年代是兴起时期;从 19 世纪 70 年代至 20 世纪 60 年代,法国中小学在世俗性原则指导下进行价值观教育,不断摸索实现路径,处于

---

① Ifop, "Les Francais et leurs perceptions de l'immigration, des réfugiés et de l'identité", http://www. Ifop. com/media/poll/3814-1-study_file. pdf,访问日期:2020 年 10 月 3 日。

形成时期;在经历 20 世纪 40 年代的社会动荡之后,儿童价值观教育遭受忽视并走向低谷,直至 20 世纪 70 年代才逐渐恢复,进入了一个社会价值多元化时期,这一时期被称为发展时期;2015 年法国教育部采取一系列举措,加大儿童价值观教育力度,从此进入深化时期。

一、法国儿童价值观教育兴起期

启蒙运动解放思想直接推动了法国大革命,并在大革命时期颁布纲领性文件《人权宣言》,宣告了人权、法治、自由、平等等原则,自由、平等的思想传遍法国,影响每一位法国人,并最终被确立为法国共和价值观。法国国家领导人为了巩固革命胜利果实,维护统治,意识到对全体公民,尤其是儿童传递共和价值观的必要性,因此把公民教育纳入学校教育的范畴,将学校设为公民教育的基本场所,并在 1793 年制定的《公共教育法》规定《人权宣言》是公民教育的必修内容。随后委托法国作家查尔斯·雷努维尔(Charles Renouvier)编写了一本介绍公民教育的教材《人格与公民的共和国读本》,该书以师生对话的方式详细阐明了法兰西共和价值观,细致分析了自由、平等、博爱的内涵,表述通俗易懂,具有传播共同价值、人权、民主和共和主义的功能。[1] 法国的儿童价值观教育也由此拉开序幕,早期儿童价值观教育的主要内容是公民教育和人权教育,主要培育人格与公民意识,虽然有了价值观教育的教材,但是尚未开设正式的价值观教育课程,也未形成正式的价值观教育体系。

二、法国儿童价值观教育形成期

第二次工业革命促进法国资本主义的发展,稳定的政治和繁荣的经济给儿童价值观教育提供稳定发展的条件,法国哲学家、政治家朱尔斯·巴尔尼

---

① 赵明玉:《法国公民教育述评》,《外国教育研究》2004 年第 6 期。

（Jules Barni）受政府委托于 1872 年编纂出版《共和国读本》①，该书进一步讲授共和价值观念，以及自由、平等、博爱的本质内涵，其和《人格与公民的共和国读本》共同成为儿童价值观教育的主要教材。法国第三共和国时期颁布的《费里法案》规定在全国实行十年义务教育制度，教育部部长费里在致全国小学教师的信中特别强调对学生进行价值观教育的重要性②，并同时强调教学内容和形式也要随着社会的发展而变得更充实和丰富。1882 年，《义务初等教育》颁布，规定在学校中开设公民训导课来取代宗教课，这是法国正式的价值观教育课程，其内容以共和价值观为主，具体包括国家政治制度、法律法规和道德品质等方面的知识，教师通过精心策划课堂教学与课外实践促使学生将价值观教育标准渗透于价值观教育的每一方面，注重培养其自由和平等的观念，在实践中从基本知识技能出发加深对共和价值观的理解。③ 1923 年，小学各年级公民教育课的教学大纲里均加入公民权利和义务的内容④，促使学生具备必要的政治生活常识。1939 年，"二战"在欧洲爆发，为了培养忠于国家和对国家承担公民义务的人，中小学通过开设《公民爱国教育课》加强对学生的爱国主义教育。但"二战"给法国社会的政治、经济、文化、科技和教育等各个方面造成重大创伤，儿童价值观教育走向低谷。总体而言，这一时期的儿童价值观教育以公民教育和爱国教育为主，开设了专门进行价值观教育的公民课程，也拥有丰富的价值观教育教材，教学形式增加了课外实践环节，着重培养学生权利与义务的意识、自由平等思想和民族精神，儿童价值观教育体系初具规模。

---

① Barni, J. R., *Manuel Républicain*, Hachette Bnf, 1872.
② 吕一民：《法国通史》，上海社会科学院出版社，2008 年。
③ Sénat, "Loi du 28 mars 1882 sur l'enseignement primaire obligatoire", https://www.education.gouv.fr/media/20942/download，访问日期：2023 年 12 月 11 日。
④ Ibid.

三、法国儿童价值观教育发展期

法国在"二战"后经历了恢复重建的漫长阶段,社会价值体系也随着战争的结束发生了重构,法国的儿童价值观教育也逐渐恢复。20世纪70年代,法国经济和科技高速发展,学校过分追求智育而忽视了德育导致部分学校道德心缺失,因此,政府要求学校以课程为载体,在教学中努力将知识、道德与教学三者衔接。教师也试图通过课堂教学将道德教育与各学科相融合,增加道德教育方面的内容,促进三者相配合,而且在这一时期,受美国价值观澄清学派、认知主义学派和道德相对主义学派的影响,法国学校在培育方法上纷纷效仿美国儿童价值观教育模式,取得一定成效。2004年"头巾法案"中写道:"学校是学习和传播共和价值观的最佳场所,通过学校开展价值观教育有助于让共和观念深入学生心中。"并在2013年颁布的《学校的宗教中立性宪章》中重申国家赋予学校向学生传播共和价值观的使命,强调所有学科的教学以及教育行为都是为了共同完成这一使命,向学生传播共和价值观的含义、内容和基本原则是学校全体职工的职责,这是首次以法规的形式确定了学校进行价值观教育的必要性。[①] 法国教育部前部长佩永在政府工作报告中也认可了儿童价值观教育的必要性,他指出,"在学校进行价值观教育是对共同生活规范和价值的认识与思考,这些规范与价值应该存在于实践教学中"。[②] 2013年,阿兰·贝尔古纽(Alain Bergounioux)和一些学者遵从《学校的宗教中立性宪章》的基本精神,共同完成了《世俗性原则下的道德教育报告》,重点阐述了目前法国儿童价值观教育的状况,并就目前的状况确定了儿童价值观教育

---

① Duclert, V., La République, ses valeurs, son école: Corpus historique, philosophique et juridique, 2015.

② Ibid.

的目标导向和教学方式,要求在法国中小学实施《公民与道德教学大纲》①,在价值观教育中增加道德教育的内容。这一时期的儿童价值观教育重视道德教育这一内容,无论是教育政策还是课程大纲都强调了学校应加大力度培养学生的品德,并且还接受了美国价值澄清学派和道德相对主义学派的理念,模仿其儿童价值观教育模式,拥有丰富的理论和可行的教学方法,更加强调对学生个人价值观的塑造,儿童价值观教育体系不断发展完善。

四、法国儿童价值观教育深化期

面对复杂的社会形势,法国开始意识到当今社会正失去方向感,出现了一种道德相对主义,缺乏权威的价值观评判标准导致各种价值观鱼龙混杂、良莠不齐。显然旧的价值观教育模式已经无法满足时代的需求,价值观教育模式亟待推陈出新,于是从温和策略转向激进策略,大力加强共和价值观的教育和传播,呼吁全国人民共同捍卫共和价值观,号召社会各界全力配合儿童价值观教育,以保证共和价值观的生命力。为了改变过去价值观课程缺乏连贯性和一致性的问题,法国教育部于 2015 年年初提出建立从小学至中学的新型道德与公民教育课程体系,要求学校开发教材和视频资料等教学资源、加强教师关于价值观课程的培训和考核以及严格监督学生的纪律。② 从2015 年 2 月起,法国教育部在各个学区举行推广共和价值观的工作会议,会议强调强化世俗教育与传播共和价值观的重要性,提倡学校通过加强法语的学习或开展相关体现共和价值观的仪式增强学生的共和国归属感,增加学校

---

① Duclert, V., La République, ses valeurs, son école: Corpus historique, philosophique et juridique, 2015.

② Ifop, "Les Francais et leurs perceptions de l'immigration, des réfugiés et de l'identité", http://www.Ifop.com/media/poll/3814-1-study_file.pdf,访问日期:2020 年 3 月 5 日。

与家长和社会的交流互动,充分调动社会资源辅助儿童价值观教育,促进社会融合。所有教师齐聚一堂相互交流情况和分析,确保教育部宣布的第一批价值观教育措施落实到位。2015 年 6 月,政府推出《公民与道德教学大纲》(Character & Citizenship Education〔CCE〕Syllabus),增加了公民与道德教育在学校教育中的比重,并于当年 9 月正式实施新公民道德课。① 法国教育部还将 2016 年定为"马赛曲之年",确立了培养学生爱国意识的目标。② 要求学校通过举办各种形式的爱国教育活动帮助学生了解《马赛曲》的起源,理解国歌的实际内涵、探究《马赛曲》与法国价值观"自由、平等、博爱"之间的内在联系,以达到深入理解和内化共和价值观的教育目的。由此可见,法国儿童价值观教育在这一时期以爱国主义教育为主要内容,着重培养学生对共和国的认同与忠诚,从宏观的国家政策到微观的课程体系无不体现法国为塑造青年一代价值观所做的努力,并且在今后的发展中,法国各个学区还会进一步完善工作会议的部署,将要求更细致化,确保法国全部儿童价值观教育共同推进且保持一致。这一时期主要是加强价值观课程的一致性和连贯性,通过丰富相关课程资源、培训教师、举办"马赛曲之年"等方式进一步强化共和价值观的重要性,让新时代的学生理解和内化共和价值观。

第二节　法国儿童价值观教育的文化归因

　　社会文化的深层要素以及内在底蕴集中体现为价值观,其在发展和演变

① 张梦琦、高萌:《法国公民与道德教育课程一体化:理念、框架与实践路径》,《比较教育研究》2020 年第 11 期。
② 同上。

过程中形成的主要格局和基本样态一定程度上决定社会价值观体系和公民价值追求,法国儿童价值观形成主要受其中的启蒙运动萌发的思想文化、巩固教育的制度文化和多元共和的异质文化影响。

一、启蒙运动催生儿童价值观教育萌芽

法国启蒙运动倡导的理性主义和自由精神为近现代法国社会各领域进步提供最初动力,也为儿童价值观形成提供思想原料:理性主义崇尚科学和宽容的品质,提倡提升自我意识,反对束缚个性,弘扬人本主义精神;自由精神则反对专制主义、教条主义,呼吁消灭王权独裁统治与等级制度,追求政治民主、权利平等和个人自由。在启蒙运动中涌现了一批主张"法律下人人平等""主权在民""自然教育取代强制灌输"等理念的思想家,例如,伏尔泰(Voltaire)提倡天赋人权,任何人都有追求生存和幸福的权利,权利意识应从儿童时期培养。[1] 卢梭(Rousseau)在肯定人的自然本性的基础上提出自然教育,主张教育应该尊重人的天性,培养自然人性与人格。为了促进儿童身心健康发展,家长和教师在其成长过程中的职责只需防范不良影响和创造良好的学习环境,不应成为压迫者。[2] 狄德罗(Diderot)认为儿童价值观教育应包括阅读、习字、算术、道德等方面的教育内容。[3] 启蒙思想家在出版的著作和公开发表的言论中无不透露"自由""平等"的思想,深刻影响人们的观念,也催生了法国共和价值观,为儿童价值观培育目标、内容、原则和方法提供理论指导和实践探索,对儿童价值观培育具有导向作用。在培育目标方面,主张

---

[1]　Plane, C., "National Cultural Values and Their Role in Learning: A Comparative Ethnographic Study of State Primary schooling in England and France", in *Comparative Education*, Vol. 33, No. 3(1997), pp. 349-373.

[2]　Ibid.

[3]　Ibid.

让每位儿童自由形成意见并毫无保留发表意见,着重培养其价值判断能力;在培育内容方面,尊重儿童的个性发展,培养其自我意识、自主判断和自主选择的能力;在培育原则方面,倡导儿童尊重文化和民族的多样性,养成开放的心态和批判的思维包容同伴在人种、民族、信仰、家庭背景上的差异;在培育方法方面,主张尊重儿童的天性,以启发引导替代压迫灌输。法国儿童在此氛围中成长,在历史积淀与时代整合中逐渐萌生自由、平等、博爱的价值观。

二、政权法令巩固儿童价值观教育实践

法国共和价值观在启蒙运动中孕育,初步形成于 18 世纪末的法国大革命时期,并在一系列法令探索与实践过程中逐渐巩固,儿童价值观也在这一过程中不断发展完善。1871 年,法国第三共和国通过公民教育和爱国教育来培育儿童价值观,规定发展道德和社会教育,以公民意识的学习代替宗教教义的灌输,建立具有普遍性的公民价值观和公民行为准则,培养人格健全的公民。[1] 1882 年,法国为了促进道德和社会教育系统化,面向小学三年级以上的儿童开设"公民训导"(Education Civique)课,传授国家政治制度、法律知识、社会公德及公民权利与义务等方面的内容,并将该课程列为各科目之首,以区别教会儿童[2];19 世纪末的法国民众虽然接受了共和、公民资格和科学进步等新观念,但培育儿童价值观仍以促使其政治社会化、培养现代国家意识和公民意识为目标。例如,法国小学公民教科书的主要篇目为国家及其行政、纳税、人权文告等。对儿童价值观培育过分强调国家主义和民族主义导致儿童产生极端偏激心理遭到社会各界批判,直至"一战"结束后开始主张多

---

[1] Saint-Matin, I., "Teaching about Religions and Education in Citizenship in France", in *Education, Citizenship and Social Justice*, Vol. 8, No. 2(2013)pp. 151-164.

[2] Ibid.

元文化教育,倡导儿童尊重文化和民族的多样性;1945 年出身抵抗派的教育者为了让儿童加深了解共和价值观,在中学教育大纲中制定了专门的公民教育计划,规定了该课程的内容和课时数,真正落实了公民教育;于 1985 年在公民教育课程中融入道德教育,并将课程更名为《道德与公民教育》(Enseignement Moral et Civique),重新确立了"培养儿童集体利益意识,尊重法律意识,爱国意识"的目标①;2015 年,法国教育部在中小学实施《新道德和公民教育》(Enseignement Moral et Civique)课程,使儿童在认同共和价值观和尊重民主制度原则的同时,接受了多元化的思维方式和专业实践,进而发展批判性思维并采取正确道德行为,成为负责任的自由公民。法国儿童价值观形成受社会背景和政府法令的影响,并在政治制衡中不断巩固与发展。

三、民族多元丰富儿童价值观教育内容

作为多元民族国家,法国民族构成不但包括本土的法兰西民族和少数族裔,还包括"二战"后大量迁入的非洲裔和亚裔移民,迅速增加了法国社会的族裔与文化异质性,异质文化互动进而对其社会形态、观念产生愈加强烈的影响,法国儿童在多元文化环境中成长,更能深刻体会平等与博爱的价值观。异质文化主要包括两类:一是美国文化。美国凭借其强大的经济实力和文化软实力,自 20 世纪 60 年代起占领世界文化市场,控制国际媒体按其价值观来制造舆论导向,以好莱坞电影、摇滚音乐、肯德基快餐和迪士尼乐园等商业形式占领法国市场,影响法国儿童的衣食住行,进而影响其价值观,促使大多数儿童接受美国文化。二是移民文化。法国自建国以来经历了四次移民浪潮,移民将母国价值观带入法国,形成多元价值观格局。1945 年,为了引导移

---

① Saint-Matin, I., "Teaching About Religions and Education in Citizenship in France", in *Education, Citizenship and Social Justice*, Vol. 8, No. 2(2013) pp. 151-164.

民价值观与法国共和价值观相融合,给移民向上流动、更好地融入法国社会提供平台,法国政府成立国家移民管理局(Office national de l'immigration)处理移民问题,实行国家管制下的多元文化主义,给予移民组织经济资助,为其修建基础设施,并要求其组织机构内设公共文化区域,承担传输法国价值观的使命,有利于缓解法国儿童与移民儿童在价值观上的冲突。① 法国政府既未拒绝美国文化,也未排斥移民文化,而是探寻具有异质性、多样性的文化在一个民主法治国家内和平共处并蕴含于国家认同中的良策,采取"共和模式",包容那些被隔离的种族社群,允许其在语言、生活习惯等诸多方面继续保持原有特色,形成多元文化的社会环境,法国儿童在此氛围下甄别、筛选和接受不同文化,不断增强价值观判断能力,其价值观也变得多元且丰富。正如法国前总统萨科齐所说:"法国尊重差异,但是定居法国的新移民必须认同法国共和价值观,因为只有传承共和价值观,才能保障个体自由与个人尊严共存,并维护共同福祉所必需的个人美德。"②

第三节 法国儿童价值观教育的内涵与特征

法国为了促进儿童价值观教育发展,充分发挥政府、家庭和社会机构对儿童价值观教育的辅助作用,在实施路径方面不断深化探索,提出了许多新

---

① Amiraux, V., "There are No Minorities Here: Cultures of Scholarship and Public Debate on Immigrants and Integration in France", in *International Journal of Comparative Sociology*, Vol. 47, No. 3-4(2006), pp. 191-215.

② Institut Musulman del Grande Mosquee de Paris, "Proclamation de l'islam en France", http://www. mosqueedeparis. net/wp-content/uploads/2017/03/Proclamation-IFR-par-la-Mosqu% C3% A9e-de-Paris. pdf,访问日期: 2023 年 12 月 25 日。

理念和新举措,例如,法国教育部于 2015 年年初要求强化世俗化教育与传播共和价值观,并公布了《公民与道德教学大纲》,提出建立从小学至高中的新型道德与公民教育课程体系、提倡贯彻共和价值观以增强公民归属感等 11 项举措加大儿童价值观教育力度①,通过开设独立的价值观教育课程增强价值观教育的凝聚力,增加课外实践活动提高价值观教育的实效性,运用网络传媒等手段加大价值观教育的辐射力度,有效地解决了法国在现代化进程中面临由多元价值观引起价值观混乱和行为方式错位的问题,形成了一套具有法国特色的儿童价值观培育模式。

一、法国儿童价值观教育的具体内容

法国中小学价值观教育的内容体现在学校教育的方方面面,具体包括爱国主义教育、公民教育、人权教育、道德教育和民主教育。

(一)爱国主义教育

爱国主义教育作为儿童价值观教育的主要内容,不仅维护国家的繁荣稳定,还能增强学生的归属感、增进团结意识和培养爱国情怀。民族和国家进步的前提条件之一便是统一语言,早期法国为了稳定政权通过普及法语来促进团结意识,加强爱国主义教育。1648 年颁布的《威斯特伐利亚条约》规定法语作为外交语言,没能从实质上保证法语的普及,尤其在经济发展缓慢的地区,法语并不是通用语言。法国当时竟然有将近一半的人不懂或者不能科学规范地使用法语,至少还有 30 种不同的方言,在这种状况下,国民公会规定"一切公文和公证书均必须使用法语",同时还规定法语为学校的必修课,确保每一个学生都会说法语。随着法兰西第一共和国建立,国家开始通过庆

---

① 车琳:《法国核心价值观在国内外的传播》,《法语学习》2017 年第 4 期。

祝国家纪念日来增强学生归属感。法国大革命期间设立了许多具有爱国主义教育功效的纪念日,比如国庆节、联盟节和最高主宰日等大型的国家纪念日。法国领导人认为如果一个国家没有节日,那么就没有精神载体去教育下一代,把民族放进铸模的希望最终湮灭,而国家信仰与理念也会随着一代代人的交替而消失殆尽,因此将庆祝革命节日视为重要的爱国教育方式,通过开展庆祝节日活动把每个人团结在一起,凝聚国家共识,增强学生的自豪感和归属感。① 例如,法国学校每逢法国国庆节或者公共假日都会举办各种形式的庆祝活动,十分注重对物质环境与精神环境的营造,例如在校园里悬挂国旗、在教室里张贴地图、开展主题演讲等培养学生爱国主义情怀。法国经过多年发展,具有浓厚的历史积淀,新时期的爱国主义教育通过保护历史文物来培养学生爱国主义情怀。法国凡是有成就的文学家、艺术家或科学家生活和工作过的地方都被完好地保存下来建成名人博物馆,每个市镇都有博物馆,除了博物馆之外,各种各样的纪念馆和纪念碑也数不胜数。法国政府规定凡是国立博物馆都必须对中小学生半价,每周日则对外免费开放。从 1984 年起,法国把每年 9 月最后一个周末定为全国"文化历史遗产日"②,在这个周末,全国的博物馆以及总统府爱丽舍宫、总理府马提翁宫和其他政府部门的古建筑等全部对外开放。正是由于法国对历史文物的珍视才让许多文物得以流传,也给学校爱国教育提供了课外教室,让学生能近距离接受历史文化教育,感受国家的瑰宝,激发自豪感和爱国情怀。法国还是文学艺术的殿堂,文学艺术的发展与繁荣在一定程度巩固了法国自由、平等和博爱的共和价值观。教师通过在课堂上教授文学艺术作品,例如戏剧和革命歌曲,有利

---

① 潘晨康:《法国爱国主义教育及其启示》,硕士学位论文,武汉理工大学,2017 年。
② 同上。

于启发学生个人心智，给感情增加新的活力进而促进个人全面发展。

（二）公民教育

公民教育是法国儿童价值观教育内容的重要组成部分，也是由课堂教学、课外活动和社会活动三部分组成的综合体系。[①] 在课堂教学中，学校安排专门的课程和规定一定的课时，从时间上保证了公民教育内容被学生掌握。小学阶段开设的公民教育课程以"尊重"和"责任"两个价值观为指导，在教学中强调法兰西每位公民都应该尊重多元与差异，有责任和义务维护国家的稳定与和谐，通过这一阶段的学习促使学生获得公民教育知识和行为能力，明晰个人应承担的责任。中学阶段的公民教育课程主要围绕"团结"和"博爱"两个价值观来组织教学，小到同学间的互帮互助与学校志愿者活动，大到社会保障制度和国际人道主义援助，引导其系统地学习法国所推崇的共和价值观，与他人交往时待人友善，与他人建立起良好关系，学习如何成为一名合格的公民；在课外活动中，法国学校为学生安排形式多样的课外活动，如体育活动、文艺活动和志愿者服务活动等，课外活动也承担了公民教育的部分职责，培养学生的公民意识和社会道德实践能力。公民教育并不局限于学校教育，在校外活动中，法国社会也承担着对学生进行公民教育的义务，如各类博物馆、纪念馆和图书馆都免费向学生开放。法国几乎每一街区、市镇和村庄都立有为国捐躯者的纪念碑，将公民教育内容渗透于社会的每一寸地方，形成无处不在的公民教育氛围，让学生感受学校所教与社会所示相一致，更易于渗透于心。

（三）人权教育

法国以"人权"命名大革命的宣言，是近代以来最关注"人权"的国家之

---

① 赵明玉：《法国公民教育述评》，《外国教育研究》2004 年第 6 期。

一,已经基本完成《欧洲理事会民主公民教育与人权教育大宪章》的目标与要求,因此人权教育在儿童价值观教育中占有重要地位。① 法国学校开设的价值观教育课程中关于人权教育理念主要是"基本自由与权利"（Libertés et droits fondamentaux）,内容主要包括三个方面：第一,两者的内涵外展。深入了解权利与自由的内涵和概念、历史溯源和法律溯源、人权与其他基本权利的区分等。第二,两者的保障方式。探讨国内外的保障制度,尤其是司法保障制度、人权保障与救济的途径。第三,两者的具体内容。了解生命权、人格尊严权、人身安全权、宗教信仰、参会集会自由等权利。学校注重培养学生权利意识和法律意识,积极引导其在日常生活中树立个人权利意识,如隐私权、知情权等,当权利受到侵犯时,要学会运用法律程序维护自己的合法权利。同时也注重学生成长的自主选择,要求学生通过学校教育获得关于人权宣言中包含的权力原则、产生的历史背景以及国际人权组织发展史的知识,了解人权是人与生俱来的基本权利和自由,任何人都无权任意剥夺和侵犯人权,学会尊重人身安全、尊重自由表达的权力,同时还应包容差异。

（四）道德教育

法国学校主要通过开设《新道德与公民教育》课程进行道德教育,该课程在世俗性框架下,根据课程目标与课程标准确定了预备阶段、基础阶段和强化阶段的学生应掌握的道德相关内容,每一阶段都包含"情感表达与尊重他

---

① 吴世勇：《中国中小学思想政治教育与法国中小学公民教育比较研究》,硕士学位论文,贵州师范大学,2008 年。

人"、"法律和规则"、"批判与判断"和"责任、参与和主动精神"四个维度的内容①,每个维度的内容会随着年级升高而逐渐加深,以此满足不同年龄段学生的需要。在"情感表达与尊重他人"这一维度,预备阶段的内容是"了解喜悦、愤怒、哀伤和欢乐等基本情绪并能说出关于情绪或情感等词语,体验情绪或情感多样化的表达方式""了解交流沟通规则";基础阶段的内容是"了解著作、书画或雕塑等作品中传递的多样化情感或情绪""掌握交流沟通的规则";强化阶段的内容是"运用关于道德情感的知识和词语""在规则中进行交流沟通"。在"法律和规则"这一维度,预备阶段的内容是"了解班级生活规则、学校生活规则和交通规则,学会服从规则、条例及处罚";基础阶段的内容是"介绍法律法规中的词语,以及在不同情况下服从规章制度、条例及处罚";强化阶段的内容是"了解司法机关的原则和功能,了解《人权宣言》及其他相类似的法案,明晰法律与国际条约的关系"。在"批判与判断"这一维度,预备阶段的内容是"做出选择,并为其辩解,了解一些简单的论证词语并能够解释做出对或错的判断""班级和学校中有关集体利益的概念,个人和集体的价值观";基础阶段的内容是"熟悉故事、报告文学或证词等不同题材类型的表述、了解小组讨论的规则(倾听、尊重他人的观点)和论证方法""共和价值观(自由、平等、博爱)以及欧盟的价值观";强化阶段的内容是"民主国家的原则和民主政治制度的表达""世界性和平与战争问题、冲突的根源"。在"责任、参与和主动精神"这一维度,预备阶段的内容是"道德约束:信任、承诺、忠诚""民主参与、责任、可持续发展""帮助他人,学会操作与营救

---

① 赵明辉、杨秀莲:《法国义务教育新道德与公民教育课程:内容、特点及启示》,《外国中小学教育》2018 年第 4 期。

（APS）有关的设备"；基础阶段的内容是"道德承诺（信任、承诺、忠诚、互助、团结）""民主参与并表决""团结集体和个人，共和价值观中的博爱"；强化阶段的内容是"面对重大风险时个人和集体道德责任""参与政治、工会、社团、人道主义的动机、形式与问题""法国的欧洲参与和国际参与"。法国旨在通过系统地传授道德知识，培养学生善良、正义、宽容等品德，促使其认同公民身份、认同国家共和价值观，最终塑造积极向上的价值观。

（五）民主教育

法国学校的民主教育主要是对共和价值观中"平等"的教育。民主教育首先要让学生获得民主知识，然后促使其形成民主意识，并将民主意识融入校园生活中成为自觉行为，逐渐营造校园民主氛围，主要内容包括：第一，培养学生平等、尊重的意识。[1] 人人生而平等，每个人都应该受到平等的尊重和对待。在学校体现为师生关系平等，学生尊重教师，教师也爱护学生，彼此相互尊重与欣赏。例如在课堂教学中，鼓励学生养成质疑精神，敢于挑战权威，使其明白教师的观点不是绝对正确，当遇到自己不同意的观点可以勇敢发问。第二，培养学生思想自由、独立思考的意识。[2] 学校在课堂教学、课后思考和小组讨论中培养学生独立、自由的精神。例如教师要求学生在讨论问题之前，应查阅充足的资料并独立思考形成自己的观点，在讨论过程中，以开放、友好的方式进行辩论，善于思考他人的观点，不迷信权威，不唯书只唯实。第三，培养学生主动参与民主决策的意识。[3] 学校中有效的决策都需要师生

---

[1] 赵明辉、杨秀莲：《法国义务教育新道德与公民教育课程：内容、特点及启示》，《外国中小学教育》2018 年第 4 期。

[2] 同上。

[3] 同上。

共同参与制定,只有这样才能反映大多数师生的意愿,因此法国学校充分给予学生参与校园管理的权利,促使其明白学校和班级是一个大集体,作为集体中的一员要具备高度的校园主人翁意识和集体意识,把集体的事当成自己的事,积极参与学校决策。另外学校还规定凡是集体的事都要确保学生的知情权,允许每位学生关注民主决策,体现民主决策的公开性、透明性;凡是集体的事都由集体协商,保证每一个学生对校园民主决策的参与权、知情权和决策权。

二、法国儿童价值观教育的显著特征

通过对法国中小学价值观教育外在表现出的目标、内容和实现路径的深入挖掘,可发现法国中小学价值观教育具有以下特点:教育理念崇尚人权至上性、管理方式强调集中统一性、课程结构呈现一体两翼性和参与主体注重交互多样性。

(一)教育理念崇尚人权至上性

"人权至上"是法国从大革命时期承袭至今的政治口号,在学校则表现为以学生为本,尊重学生的权利。学校无论是课程教学还是校内管理均无形中灌输了民主参与思想:在课程教学上,规划安排不同阶段的价值观教育内容,由浅入深,相互衔接,符合不同阶段学生的知识水平、生活经验和心理条件,形成了"个人—社会生活—公民"这样一条清晰的脉络。教师以学生日常发生的事情作为教育素材来启发学生,使其将日常生活与塑造价值观相联结,积极思考在集体中如何正确行使权利与责任等现实问题,更容易理解并践行正确的价值观;在校内管理上,教师尊重学生的知情权和自由表达权,鼓励其积极参与学校事务和民主生活中,给予其充分的自主权和管理权制定校规校纪与行为准则,培养其参与意识、权利意识和责任意识,体现平等、民主的师生关系。如,法国中小学校由学生通过选举的方式选出学生代表,代表全校学生参与学校管理,并及时向学校反映学生诉求。这些举措很大程度体现了法国教育理念人权至上的价值取向。

（二）管理方式强调集中统一性

法国是一个中央集权体制国家,国家意志与民族处于至高地位,这使得每一代法国人的内心都积淀着浓厚的民族自豪感与自信心,儿童价值观教育就是要使这种自豪感世代相传,使学生在受教育的过程中认同"共和价值观"并以身为法国人而感到自豪,顺利地融入共同的民族文化中。学校作为培育学生价值观的主阵地,受高度集中的权力体系影响,形成一种自上而下、高度统一的教育组织体系,管理方式集中统一性体现在两方面。第一,强调中央政府设置统一管理儿童价值观教育工作的机构。法国政府依据《教育指导法案》设置"教育高级委员会"统一领导法国价值观教育工作,地方教育部门还成立诸如急救训练指导小组和环境教育指导小组等不同类型的指导小组来指导学校开展价值观教育,确保价值观教育工作稳步推进。统一的机构既有利于全国各校在进行价值观教育上步伐一致,又有利于监督、考察各校儿童价值观教育情况,促进各校在比较中不断完善。第二,强调中央政府统一设置和指导儿童价值观教育课程和标准。法国政府规定各校统一使用《新道德与公民教育》课程进行价值观教育,使法国中小学价值观教育在课程目标、内容标准和考试评估方面均保持统一性。这个举措具有较大的统一性和强制性但又给学校和教师的教育积极性和创造性留下较大的自主空间,学校可以根据实际情况安排辅助活动,而教师可以充分结合授课风格选择适当的教学方法。

（三）课程结构呈现一体两翼性

《新道德与公民教育》课程是法国进行学生价值观教育的指定课程,该课程由"道德"（Moral）和"公民"（Civique）两方面构成,关注个体之美和社会之善,既重视通过道德教育培养个体真善美的品格,又重视通过公民教育培养遵守社会法则的好公民。教师常常因为公民教育更为精确和具体而忽略了道德教育,然而公民教育只有通过道德教育才能具有意义和价值,因为保障全体公民政治自由,制定为社会平等做准备的宪法的灵魂在于尊重人以及尊重人的尊严,因此,学校将"道德"与"公民"的内容融合形成了"一体两翼"协同发展的课程结构,为学生提供价值观的基本理解工具。"一体"指以法国共和价值观教育为主体,要求学生在理解共和价值观核心内涵的基础上,学会以批判性思维看待社会多元与分歧,逐渐意识到个人在社会中扮演的角色,提升融入社会的能力,形成个人的价值观。"两翼"为"道德教育"和"公民教育","道德教育"不仅指向个人的心灵领域,也强调民主社会中个体和群体必须遵守的规范,是一种治理方式,要求学生通过分享、认同自己与他人的感情获得道德良知;"公民教育"指宪法规定的共和国范围内行使公民身份,行使公民的基本权利和自由,履行公民义务等,要求学生形成一种实践自主、合作、对他人负责的精神的承诺。

(四)参与主体注重交互多样性

法国教育部通过在各学区推行价值观教育计划来促进各方机构相互衔接、加强合作,形成由政府、学校、家庭和社会组织共同组成的、广泛参与的价值观教育体系,促使法国学生价值观培育呈现参与主体交互多样的特点。在宏观上,法国政府加入财政支出,从物质上为学生价值观教育提供保障;每所学校都开设了《新道德与公民教育》课程,并组织相关主题或课题活动;社会组织机构也密切配合儿童价值观教育,为课程提供大量的学习和实践机会,使学生能够学以致用;父母也通过提高自身思想文化素质和科学文化素质发挥榜样引领作用,鼓舞学生效仿,无形中塑造正确的价值观,成为可靠的后方力量。在微观上,法国学校既开设独立的价值观教育课程《新道德与公民教育》,又运用跨学科教学方法和渗透教学法,将价值观教育融入各学科教学中,两者相互配合共同促进。通过采取价值澄清、道德困境、角色扮演等多样化的教学组织形式,创建虚拟情境或基于真实问题促进学生价值观发展。法国儿童价值观教育在不同参与主体的联合配合下,被置于整个社会背景和学习过程之下,影响范围得以扩大,实效性得以提高。

第四节　法国儿童价值观教育的实践路径

法国中小学价值观教育主要通过显性的正式课程教学和隐性的课外生活渗透实施,既通过《新道德与公民教育》课程,以及其他学科课程直接传递价值观念,又充分借助教师示范、课外活动和家庭培育等隐性活动施以间接的价值观渗透。

一、开设价值观课程加深学生理解价值观

不同个体对同一事物有不同理解,为了促进儿童形成与社会要求相一致的价值观,关键在于开设统一的价值观教育课程。2014 年 7 月,法国课程高级委员会发布"道德与公民教育计划"(Projet Enseignement Moral et Civique),2015 年 9 月确定在中小学正式启动《新道德与公民教育》课程,规定该课程为培育儿童价值观的指定课程,在小学阶段为每周一课时,从时间上确保儿童有目的、有计划地接受价值观教育。① 课程内容是课程教学和儿童学习的重要载体,该课程根据儿童的年龄特征和心理动态特点,遵循由浅入深的教育规律来综合制定课程内容,旨在渐进地加深儿童对价值观的理解。基本涵

---

① Ministère de l'Éducation nationale, "Valeurs de la République et laïcité (rapport IGEN)", Lycéehotelierde Beuvry, 2015, pp.15-16.

盖了社会生活的道德准则、承认并尊重共和国的信条、认识民族统一的重要性和法国的制度以及在世界上的地位等内容,并随着年级升高而逐渐加深,具有连贯性。① 在课程教学上,根据儿童不同阶段采取不同教学方式。预备阶段是社会化的起点,首要目标是在课程框架内帮助儿童成为学生。教师在考虑儿童敏感性、节奏以及社会心理技能的基础上,通过玩游戏、讲故事等形式掌握其想法并引导其遵守共同生活的一般要求,学会理解自己与他人的关系、包容差异和设身处地为他人着想,形成诸如懂礼貌、分享和自控的基本道德态度;基础阶段的首要目标是帮助儿童学习社会期待的道德标准和价值原则。教师将课程内容与日常情境相关联,如文学读物、图像和电影等多样化材料,科学运用有利于提升价值观教育效果的价值澄清模式、道德认知发展模式、社会行动模式和体谅模式,通过价值灌输、行为规范培养其正确的价值观和良好德行,有能力优先做出利益及价值选择;强化阶段在前两个阶段培育的基础上,着重帮助儿童将他人约束的道德行为提升至自发形成的价值观,促使其成为在遵守普遍价值观和社会规则的同时对社会产生一定作用力的合格公民。三个阶段的教学体现了课程内容的逻辑顺序与学习的心理逻辑顺序相统一。在课程评价上,法国教育部于2016年公布了该课程配套的评价原则、评价工具和细则。评价主要采用形成性评价方式,重视儿童参与评价过程并确保过程的连续性。以"反思文件"(Portfolio Réflexif)②和"评价表格"(Grille d' Évaluation)作为评价工具对儿童的道德和公民知识、能力和

---

① Ministère de l'Éducation nationale, "Valeurs de la République et laïcité (rapport IGEN)" Lycée hotelier de Beuvry, 2015, pp. 15-16.

② "反思文件"指学生准备诸如报告、辩论论点等个人或集体创作作品的文件,先由学生选择和评论文件,再由教师或学生评价其在知识和能力获取过程中的进展情况。

态度进行诊断。① 在校园生活中，主要采用观察法对儿童进行评价；在具体的学习情境中，常以测试与提出意见的形式评价儿童的能力，并以四级评价量表（"未实现""部分实现""实现""超过"）描述评价结果。通过评价儿童学习《新道德与公民教育》课程的情况，有助于掌握其对各个阶段的知识、能力和态度等理解程度，从而更好地改进课程内容与教学方式，促使其理解并逐步形成社会要求的价值观。

二、设置课外体验活动促进学生践行价值观

参与课外活动是帮助儿童增进价值观体验，更好地理解和掌握其内涵的有效手段，也是将共和价值观转化为自身品质、外化于行的重要路径。学校通过带领儿童参加课题活动或社区服务，在实践中磨炼，增进儿童对共和价值观的认同度与践行力，促使其成为共和价值观的努力践行者和积极传播者。课题活动（Activités du Projet）是法国儿童参与课外活动的主要形式，鼓励以同伴合作为基础，跨学科交流的学习形式有利于其在课外践行价值观。② 课题活动在准备阶段由各个学科的教师随机组成指导小组，各小组罗列关于小组成员所授学科中蕴含价值观内容的话题并制定行动策划书，由儿童根据兴趣选择参与课题。不同学科背景的教师和儿童组成课题小组，融合不同学科领域的理论视角和思维方式以及自身文化和认知水平来审视相同的价值问题，从不同学科角度提出不同的价值省思，进而在讨论和实践中形成共识，

---

① Busch, Mu, Morys, Nancy, "'Mobilising for the Values of the Republic'-France's Education Policy Response to the 'Fragmented Society': A Commented Press Review", in *Journal of Social Science Education*, Vol. 15, No. 3(2016), pp. 47-57.

② Le Bulletin officiel de l'éducation nationale, "Programme d'enseignement moral et civique de l'école et du collège", https://www.education.gouv.fr/bo/18/Hebdo30/MENE1820170A.htm?cid bo=132982.pdf, 访问日期：2023 年 5 月 24 日。

达到建构自身价值观体系和行为规范体系的目的。课题实施阶段,为了使抽象的价值观具体化,教师将已确定的蕴含价值观内容的话题延伸至实景中,带领儿童到福利院或社区服务站观光学习,使其融入其中体验助人为乐、关爱他人的乐趣,践行"博爱"价值观。对儿童而言,这种体验式活动既易于接受又能调动积极性。通过小组研讨和听取他人分享等形式丰富了对各学科价值观的认知,亦在实践中体验不同社群的现实需要,增进对社会价值观的理解。法国教育部为了将自由、平等、博爱的价值观运用到儿童自身管理过程中,要求学校每月必须安排一次涉及儿童安全、健康、人权等内容的主题活动,学校通过放权给儿童独立组织开展,强调从策划、组织、参与到总结的全过程自我管理,使其在组织过程中深刻体会共和价值观的思想内涵和意义,践行在课堂上学到的民主价值观,完成价值观教育的相关内容。学校通过制定社区服务计划(Programme Communautaire de Services)定期安排儿童参与社区服务[1],促使其在参与过程中学会与人共事,获得个人学习和社会性发展的重要资源,有利于改善价值观念和态度行为。价值观教育过程是一个需要儿童智慧参与的过程,法国教师抛弃说教、灌输、强迫执行等非理性方法,通过让儿童体验课外活动,培养其独立思考的能力,在组织、参与活动的过程中认同学校及社会所倡导的价值观并外化于行,促进道德自律和个人自治。

三、社会组织机构辅助提升学生价值判断能力

价值判断是指个体在对社会价值规范理解、践行的基础上,根据自身内在尺度,对客体进行多方面分析、比较、权衡、取舍的行为过程。2007年,法国政府颁布的课外活动教育章程(Charte Éducation des Activités Périscolaires)指

---

[1]　Kahn, P., "L'enseignement Moral et Civique: Vain Projet ou Ambition Légitime? Éléments pour un Débat", in *Carrefours de l'Éducation*, Vol. 1, No. 39(2015), pp. 185-202.

出：学校与家庭外的时间也属于教育时间,社会应提供知识实践的场所来丰富儿童的生活,促进其提升价值判断能力。① 在多元价值观的背景下,儿童只有增强价值判断能力,才能筛选和接受符合自身发展的价值观。法国社会组织机构为儿童提供各项帮助,促使他们拓宽视野,增长见识,形成正确的价值判断。例如,博物馆、纪念馆等公共机构对儿童优惠开放,并且规定每周日对儿童免费开放,给学校和价值观教育提供了课外教室,让儿童近距离接受历史文化教育,感受国家瑰宝,凝聚爱国情感;为了更好地激发儿童阅读兴趣,法国随处可见为儿童免费开放的图书馆,仅巴黎市区就有 75 所公立图书馆,还有许多私人图书馆遍布商场和社区。② 法国大部分出版社还开发了数字阅读资源,通过数字媒体实现音画同步,将书籍中难以理解的内容通过图画生动演绎,增加互动环节,让儿童融入画面中加强参与感,改善其对传统纸质读物专注度不高的问题。这体现了法国社会组织机构对儿童阅读的支持力度,阅读是文化和价值观传递的重要手段,儿童通过阅读提高探究个人情感和思想之间内在联系的能力,即使面对多元价值观,也能进行权衡与取舍,进而自我形塑正确的思想和观念,这也是形成认同法国共和价值观的内生动力。法国民意调查机构(Institutfrancaisd Enquête d'Opinion)公布的调研数据显示法国人年均阅读量为 14 本书③,这表明法国公共机构提供的完善福利在一定程度给儿童价值观培育提供了可靠的物质保障,促使儿童切身接受正确价值观熏陶,进一步提升其价值判断能力。法国教育部通过多种渠道与专业组织、

---

① Ministère de l'Éducation nationale, "Bullet in official-année", http://www. education. gouv. fr/bo/BoAnnexes/2007/22/22. pdf,访问日期: 2020 年 10 月 21 日。

② Ibid.

③ Ibid.

国家资助的教育协会建立联系,彼此资源互补,旨在为儿童价值观培育寻求专业领域的合作伙伴。例如,法国参议院为了配合儿童价值观教育,借助互联网平台来建立价值观教育网站——少年参议院,并设置一个名为迪高的卡通形象以人机互动的形式为儿童提供咨询与解答,还为师生提供关于价值观课程的资源与主题,师生均可利用素材开展有意义的价值观培育活动,为儿童开阔视野,增强价值判断能力创造条件。学校有教师指导,社会机构也有优秀工作者,在双导师教育模式下增强价值观培育效果。

四、家庭培育引领学生树立价值取向

价值整合是个体从自身发展出发,调整、修正和完善社会以及学校所传递的价值观的过程。家庭既是培育儿童价值观的发源之地,也是社会和学校价值观培育的后方基地,法国家长在儿童价值观培育过程中发挥榜样示范作用,同时积极参与学校为家长开设的培训以强化自身道德素养,启发儿童理解、引导践行、帮助判断,最终实现价值整合,为其在学校生活或步入社会奠定坚实基础。卢梭在《爱弥儿》中提到思想和行为上的束缚都会影响儿童形成正确价值观,法国家长深受其自然教育思想的影响,在与儿童相处的过程中不会权威专制地要求其听从教导,而是采用渗透式教育法,注重自身的行为示范。只有当儿童自身行为与家长行为形成对比才能引起其注意,并主动向家长的价值观准则靠拢。法国著名的家庭育儿专家阿涅丝·杜德耶(Agnès Dutheil)提出每个家庭通过画与日常生活相联结的专属"家庭使命图"来培育儿童价值观。① "家庭使命图"作为家庭核心指导原则,由父母带着儿童一起践行,帮助其建立最稳定的内在价值系统,从而拥有面对变化和

---

① Kelly-Ann Allen, Christopher Boyle, et al., "Creating Culture of Belonging in a School Context", https://ore. exeter. ac. uk/repository/bitstream/handle/pdf,访问日期:2020 年 11 月 8 日。

实现自我的最本质动力。具体分为五个步骤：第一，全家在纸上写下最本能和最想要跟家联系在一起的价值观念；第二，从中找出全家最大价值理念公约数；第三，大胆地关联处理每个关键词，形成分支，并在分支上细致地表达需求和价值理念；第四，把价值理念融入日常生活，把本质需求付诸实践；第五，家庭成员在画好的"家庭使命图"上签字确认以表明承诺，并贴在显眼的地方帮助家庭成员坚定信念和应对分歧。① 为了增强学校价值观培育的效果，法国家长定期参加"家长学堂"掌握儿童身心发展规律，解读儿童行为背后的原因，学习前沿的价值观培育理念与方法，确保家庭价值观培育符合学校与社会的要求；每学期参加学生家长联合会（Fédération des parents délèves）开展的志愿活动②，与儿童共同承担校园绿化、清洁以及装饰等任务，在增加与儿童相处时间的同时也融入学校价值观培育中，进一步与学校培育形成共识。当家庭所育与社会所示、学校所教相一致后，儿童更容易认同并整合个人价值观。

---

① Kelly-Ann Allen, Christopher Boyle, et al., "Creating Culture of Belonging in a School Context", https://ore. exeter. ac. uk/repository/bitstream/handle/pdf, 访问日期：2020 年 11 月 8 日。
② Ibid.

第五章　土耳其儿童价值观教育研究

在全国初等教育课程改革的契机下,土耳其于 2005 年依托以社会科学课程为核心的新课程体系实施价值观教育。土耳其初等学校课程的价值观教育目标以认知为基、能力为主、情感为核。土耳其初等学校课程的价值观教育内容体现在社会价值观促进社会融入、科学价值观提升理性精神和情感价值观熏陶道德情感。土耳其实施价值观教育的主要路径有:改变认知导向,由被动接受改为主动建构;调整行为示范,由言语说教改为以行为影响;唤醒驱动力,由强制灌输改为合作学习,等等。探究土耳其儿童价值观形成的文化归因与培育路径对我们深刻认识土耳其的族群政策和立法,继而分析与把握土耳其民族国家构建过程中出现的诸多问题具有不可替代的作用。

第一节　土耳其儿童价值观教育的发展脉络

作为一个多元文化国家,土耳其非常重视儿童价值观教育,在价值观教育萌芽、探索和确立的过程中出台了一系列政策文件,以使其符合时代发展的要求,满足国家教育发展的需要。

一、土耳其儿童价值观教育萌芽期

在全球重视价值观教育的背景下,世界各国无不探索一条将价值观融入国民教育制度体系的有效路径。土耳其作为追求世俗现代化的民族国家,重视价值观教育的重要地位,将价值观教育列入法律规定的国民教育目标之一,并在学校教育中融入符合自身国情的价值观教育。1973 年,土耳其《国民教育基本法》第 1739 号规定了土耳其教育的总目标和基本原则。总目标明确提出向学生传递价值观,促进土耳其国民的幸福与繁荣,推动社会文化的发展,维护国家团结与统一,将土耳其建设成现代世界具有创造力的国家。基本原则包括普遍性、平等性、个人利益和社会利益相结合、方向性、教育权、发展机会的平等、可持续性、革命与原则、民主教育、世俗主义、科学教育、计划性、混合教育、家校合作和教育的普及性。

二、土耳其儿童价值观教育发展期

为了实现国家教育目标,2003 年土耳其教育部从土耳其语、数学、科学与技术、生活科学、社会科学 5 个学科领域着手推进初等教育课程改革,并于 2005 年依托以社会科学为核心的新课程开展价值观教育。由此,土耳其价值观教育发生新的变化:其一,价值观教育在学校课程中被明确提出,并成为土耳其初等教育课程最重要的目标之一。在此之前,价值观教育往往被学校正式教育所忽视,也并未在课程中清晰阐述,但这并不意味着价值观教育不存在于学校,而是以隐性的方式对学生的价值观形成产生潜移默化的影响,表现在校园建设、班级文化和教师的是非判断等方面。其二,价值观教育与新课程目标相契合。新课程实施价值观教育的基础在于其课程目标,即培养具有尊重人权和支持改革的幸福公民,使其形成基本的民主观念和批判性思维,拥有解决问题、决策和终身学习的能力。其三,价值观教育融入课程内容有良好的基础。不同于传统课程,新课程注重学生在教育中的主体地位,强调培养学生的个人和社会价值观,重视提升学生的能力,如批判性思维、创造性思维、交流能力、问题解决能力、研究技巧、决策能力、运用信息技术的能力和企业家精神,等等。① 其四,价值观教育实施路径发生转变。2007 年,土耳其在欧盟的帮助下开展"基础教育支持计划",该计划旨在通过建构主义教学法改变教师单向灌输的现象,使学生独立思考、主动参与课堂,培养具有批判性思维的人才。

第二节　土耳其儿童价值观教育的内涵与特征

土耳其 1982 年修订的《宪法》规定将宗教教育置于国家的监督和控制下,并设立宗教文化和道德课为小学和中学的必修课。该宗教课程面向所有人提供了更一般意义上的宗教知识和伦理文化,涵盖伊斯兰教和其他宗教的客观信息,强调学生对宗教知识的理解与记忆,旨在让学生正确了解宗教文化和伦理价值观,提高基本技能,帮助学生认识多元社会,尊重社会差异,促进社会团结。② 2018 年土耳其发布 2023 年教育愿景文件,将价值观教育明确为教育系统中最重要的发展内容,致力于让学生获得民族和精神价值观并向社会传递价值观。③

一、土耳其儿童价值观教育的基本内涵

生活科学课程和社会科学课程有独立的价值观教育内容,向学生直接传

---

① Demirel, Melek, "A Review of Elementary Education Curricula in Turkey: Values and Values Education", in *World Applied Science Journal*, Vol. 7, No. 5(2009), pp. 670-678.

② GENÇ, M. F., "Values Education or Religious Education? An Alternative View of Religious Education in the Secular Age, the Case of Turkey", in *Education Science*, Vol. 220, No. 8(2018), pp. 1-16.

③ Huseyin, U., Aygün, B., Öznacar, B., "2023 Eğitim Vizyonu Belgesi'nde Değerler Eğitimi Tasarımı: Mutlu Çocuklar Güçlü Türkiye", in *Uluslararası Sosyal Bilimler Akademik Araştırmalar Dergisi*, Vol. 6, No. 1(2022), pp. 1-15.

递价值观念,而数学、土耳其语、科学与技术课程的价值观教育则发挥着隐性作用。价值观教育体现在课程单元的学习主题中,而不同学习主题反映了不同的价值观类型。根据不同课程的学习主题,土耳其初等儿童价值观教育内容主要表现为社会价值观、道德价值观和科学价值观。社会价值观是个体对人类社会的认识,主要由社会科学课程传递,旨在促进个体的社会化,提高学生的公民素养;道德价值观是个体对精神社会的认识,主要由生活科学和土耳其语课程传递,提供善恶评价的正确标准,培养学生形成良好的社会公德和个人品德;科学价值观是个体对自然社会的认识,由科学与技术、数学课程传递,强调科学的态度,注重学生的理性精神和批判意识。其中,土耳其语作为母语课程,也潜在传递着社会价值观和科学价值观(详见图 5-1)。

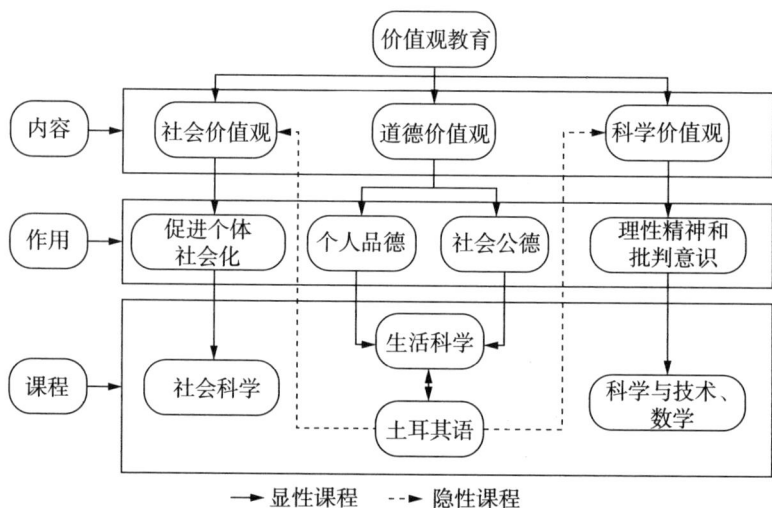

图 5-1　土耳其初等儿童价值观教育内容与新课程体系

(一)社会价值观:促进社会融入

个体不可能脱离社会而生存,每个个体都要经历从自然人到社会人的转变。因此,儿童价值观教育重视培养学生的社会意识,促进其融入社会。社会科学课程尤其强调社会价值观的传递。该课程对价值观的定义是："价值观是被社会大众所接受的基本道德原则和共同信念,以维持社会或群体的存在、团结与运转。"因此,价值观教育让学生明确作为社会人可以行使的权利和必须履行的义务,为走向社会做准备。社会科学课程在 2005 年初次确立时关注 20 种价值观,包括:公正、关心家庭成员、独立、和平、科学、勤奋、团结、敏感、诚信、美学、宽容、好客、自由、重视健康、尊重、热爱、责任、清洁、爱国和仁慈。① 价值观的具体内容并非一成不变,而是得到了不同程度的调整,以提高价值观教育效率,让教师教学获得更为明确的指导。2018 年,社会科学课程中最新确立价值观调整为 18 种,并提出一种新的价值观分类概念——根本价值观。现行的价值观剔除了宽容、好客、重视健康、清洁四种价值观,新增平等、节约两种价值观。新设的十大根本价值观分别是:公正、友谊、诚信、自制、耐心、尊重、爱心、责任、爱国和乐于助人②,其更加包容且更具普适性,囊括了传统和现代精神,要求学生在持有民族精神的基础上践行普适价值观,意识到德行的重要性并悉知如何成为有德之人。

这些价值观最大的特点是满足了个体和社会的双重需求,是土耳其价值观教育的重要组成部分。社会科学课程重视培养学生的公民素养。根据全国社会科学理事会(National Council for the Social Studies)的定义,"社会科学的目的是帮助年轻人在相互依赖的世界中,做出有根据的、合理的决定,成为文化多样的民主社会的良好公民"。在民主社会中,公民的政治参与活跃。

---

① Keskin, Yusuf, " Phenomenological Study of Social Studies Teachers and Values Education in Turkey", in *Procedia-Social and Behavioral Sciences*, No. 116(2014) , pp. 4526-4531.

② Alaca, E., " Values in Social Studies Curriculum: Case of Turkey", in *Open Journal for Educational Research*, Vol. 6, No. 2(2022) , pp. 155-164.

公民权指参与公共管理的权利,包括阅读公共议题、讨论政府的公共服务能力、选举权、在政治组织表现活跃、参加会议等。相应地,社会科学课程将人权教育放在首位,尤其是政治权利教育。在土耳其社会科学课程中,人权和公民问题以跨学科的形式出现,将学生培养为知晓权利,并使用权利和履行义务的个体。土耳其社会科学教材的"政治权利"这一主题单元分为三个子维度,分别是"个体自由""参与度""民主"。其中,"参与度"这一维度占比最大,具体内容包括:"我该如何表达自己的想法和情感? 我与我的想法和情感共存""积极公民权""我们有权利和义务""我们的基本权利"等。①

(二)道德价值观:熏陶道德情感

道德价值观是价值观教育的核心内容,学生在课程学习的过程中得到道德情感的熏陶,形成良好的社会公德和个人品格。语言是人类交流和表达思想情感的主要工具,语言学习可以成为表达和传达价值观的过程。土耳其语中学课程中共有496项习得目标,尽管只有17项(3%)与品德教育相关,但均为直接相关,如学生在指定时间内结束发言并表达了感谢、学生不会打断他人的发言等具体化的道德培养目标。考察不同年级的相关情况,低年级(4%)又高于高年级(2%),低年级的土耳其语课程强调尊重、自律、合作等价值观,高年级强调尊重、善良、耐心等价值观。② 语言学习为培养学生道德情感方面提供了资源和机会。生活科学课程是培养学生道德认知和情感的基础课程,课程计划、课本和教学参考用书由土耳其国民教育部出版。通过对

---

① Merey, Zihni, "Political Rights in Social Studies Textbooks in Turkish Elementary Education", in *Procedia-Social and Behavioral Sciences*, No. 46(2012), pp. 5656-5660.

② TEKİN, Ö. G., BEDİR, G., "Ortaokul Öğretim Programlarındaki Kazanımların Karakter Eğitimi Analizi", in *Değerler Eğitimi Dergisi*, Vol. 17, No. 38(2019), pp. 139-169.

生活科学的课程计划、课本、教学参考用书的调查研究,可以发现生活科学课程的道德价值观所占比重较大,主要分布在二、三年级的教材中。生活科学的课程计划中爱国价值观出现频次最高,紧接着依次是情感、宽容、尊重、公正以及保护和发展文化价值观。和平、正直和真诚等价值观很少出现在生活科学课程计划中。生活科学课本中情感价值观内容最多,紧接着依次是保护和发展文化价值观、乐于助人、爱国和尊重,和平、正义、宽容、正直和真诚等价值观内容最少。例如,课本"个人品德"学习单元包含自尊、自信、社会化、耐心、宽容、喜爱、尊重、和平、仁慈、真诚、正义、公正、诚实、爱国和有能力保护文化遗产等价值观。从价值观种类数目的年级分布来看,二年级最多,有145种价值观,紧接着是三年级105种和一年级61种。一年级和二年级情感价值观内容最多,三年级爱国价值观内容最多。和平价值观只出现在三年级的课本中。生活科学教学参考用书中情感价值观最多,紧接着依次是尊重、宽容、互助和爱国。另外,和平、正义、正直内容较少。三年级尊重价值观最多,二年级情感价值观最多,和平价值观仅出现在三年级教学参考用书中。总之,生活科学课程的价值观教育大多出现在三年级的课程计划、教学参考用书和二年级的课本中。研究结果显示,课本和教学参考用书并未包含所有的价值观,而且价值观的分配不平衡。在生活科学的课本和教学参考用书中,情感价值观内容最多,和平价值观最少。例如,爱国、情感、包容、尊重、正义、互助、保护和发展文化价值观等内容最多;责任、和平、自由、科学、主权、勤奋、审美、好客、整洁等价值观念未出现在生活科学课程。①

---

① Ünal, Fatma, "Life Science Curriculum in Turkey and the Evaluation of Values Education in Textbooks", in *Middle-East Journal of Scientific Research*, Vol. 11, No. 11 (2012), pp. 1508-1513.

（三）科学价值观：提升理性精神

科学价值观又称理论价值观，表现为重视知识，热爱科学和真理；重视能力提升，追求真才实学；重理轻利，注重理性思考。这与土耳其初等学校课程注重学生能力提升、培养理性幸福公民的改革理念一致。通过研究不同年级科学与技术课程的价值观内容，结果显示，大多数科学价值观出现在科学与技术教材中，价值观的种类随年级、学科内容和单元主题而变化。科学价值观主要出现在教材的子维度，如：关心家庭、努力工作、尊重国旗和国歌、爱国、负责、真诚、正直、自尊、热心和勇敢。与社会科学课程的价值观内容相比，科学与技术课程填补了理论价值的空白。根据研究结果，八年级科学与技术课程的政治价值观与其他年级存在显著差异，即随着学生年龄的增长，政治价值观的内容出现并增多。但是科学与技术课程忽略了环境伦理和美学价值。研究发现，与环境伦理相关的主题是尊重、价值、责任、参与和补偿，该课程强调责任和参与的主题，忽视尊重、价值和补偿主题。[①] 在《态度和价值观》一章中，科学与技术课程强调科学的态度和价值观念，从易到难大致可以分为五类：善于观察环境的变化、做出合适的反应、有积极的价值观、能独立组织这些价值观念、形成积极的生活方式（包括积极的态度和价值观念）。这些积极的态度和价值观念包括，"学生坦率诚恳，无任何歧视，尽全力承担责任，相信逻辑、科学和技术，自尊且尊重他人（如不制造噪声、不破坏环境、不损害他人的权利、真诚善良），仔细认真，能对自身行为的后果负责"。总之，科学与技术课程的理论价值观占据主导地位，价值观种类不够丰富。随

---

① ŞİMŞEK, C. L., "Investigation of Environmental Topics in the Science and Technology Curriculum and Textbooks in Terms of Environmental Ethics and Aesthetics", in *Educational Sciences: Theory & Practice*, Vol. 11, No. 4(2011), pp. 2252-2257.

着学生个体权利和社会期待之间的联系越来越紧密，不仅要培养学生思考问题的独立性和批判性，而且要传递国家统一和民族团结等社会价值观念。为了保证教育的国家统一性，价值观的设置标准需要满足社会期待，涵盖社会价值观。同时，应该增加小学科学与技术课程的价值观内容，处理好不同种类价值观之间的关系。①

二、土耳其儿童价值观教育的显著特征

从土耳其初等学校课程改革下价值观教育的背景、目标和实施来看，新课改下的价值观教育特征可以归纳为关注国际和国内的现实需求，注重学生个性化与社会化的共同发展，强调学校、家庭和社会的协同合作。

（一）关注国际和国内的现实需求

土耳其自独立以来，追求世俗化和现代化的发展道路，并将加入欧盟作为重要的政治目标之一。学校教育质量是衡量土耳其是否符合欧盟标准的重要指标。2003 年按照新视角开展的课程改革和开发工作以欧盟的规范、目标和教育观念为参照，取得显著的变化和进步。借助这一改革契机，于 2005 年依托新课程开展的价值观教育包含欧盟所要求的教育规范、民主意识和理念。同时，价值观教育旨在实现土耳其初等教育总体目标涉及的个人品德，这些品德也是联合国教科文组织和联合国儿童基金会所要求的。土耳其初等学校新课程体系具有创新性的话语和结构。新课程的设计强调开放、理解和包容的全球互动形式，更新教学方法，注重学生的自主学习能力，凸显学生的主体性思维，引导学生通过理解获得概念、形成价值观和提升能力。在土

---

① Benzer, Elif, "Investigation of the Values Found in Primary Education Science and Technology Textbooks in Turkey", in *Education Research and Reviews*, Vol. 8, No. 15（2013）, pp. 1331-1336.

耳其现代化进程中,教育领域最有意义的是课程发生的一系列深刻变化,包括国内和全球视野的并重、人权和言论自由概念的出现、多元灵活的思维模式的发展等。① 新课改下的价值观教育在适应全球教育发展大势的同时,对促进土耳其传统社会结构的现代化和培养人民的公民意识有积极作用。土耳其国家教育部在 2010 年 53 号通知中强调土耳其教育制度向学生传授普遍接受的社会价值观的作用,并为儿童价值观的发展提供了一些范例活动。通知强调的价值观念包括尊重、意识、公平、清洁、爱国、合作、宽容、好客、诚实、协作、分享、坦率、善良和勤奋等,力图通过教育来重构社会语境。新教育体系的优势在于统一教育框架、提高教育质量和促进教育普及。新课程传递出丰富的价值观和制度优势。通过管理、变革和提升教育推动创造目标明确、理性规范的协同社会。在全球范围内,所有个体和社会都正经历政治、社会和文化的融合和变革,并相互影响。针对国内现实需求和国际发展趋势更新学校课程的价值观教育,有助于土耳其现代化教育体制的建设,对构建民主的现代化社会具有重要的意义。

(二)注重学生个性化与社会化的共同发展

土耳其初等学校课程改革建立在社会基础、个人基础、经济基础和历史文化基础之上。改革的基础表明土耳其教育部不仅重视社会根源,而且关注学生的个性养成。依托新课程开展的价值观教育意在促进学生个性化和社会化的共同发展。社会化发展是指学生的价值观教育在土耳其共和国宪法的约束和监督下开展,价值观教育内容须符合宪法确立的民族价值观和道德价值观。土耳其在《国民教育基本法》中对全体公民提出"培养一个符合民

---

① Akinoglu, Orhan, "Primary Education Curriculum Reforms in Turkey", in *World Applied Sciences Journal*, Vol. 3, No. 2(2008), pp. 195-199.

族、精神和普适价值观的人"的教育目标,强调学生应具有责任意识,忠于国家,朝着这个方向发展自身的道德行为。①《国民教育基本法》从国家和社会层面概括出理想的公民类型,《学前教育和初等教育机构条例》和《中等教育机构条例》则对处在学校教育阶段的学生行为做出详细说明,让这些价值观期望可在课程中落实。个性化发展是指土耳其初等学校课程改革下的价值观教育对个性的强调。第一,课程的社会基础假设儿童是社会个体。基于这一假设,儿童受到包括家庭、学校、同龄人和周围人等多元群体环境的影响。课程提供了一系列指导学生适应社会环境的方法。新课程的目标是促进学生的道德发展,强调包括社会规范在内的特定价值观,诸如谦虚、公平、诚实、耐心、忠诚、宽容和尊重等。社会基础的课程目标关注学生在社会文化环境中的心理、道德、社会和文化发展;培养学生作为国家公民的权利与义务意识;引导学生正确处理个人与社会内部机构(如家庭、学校和政府)之间的关系。第二,基于经济的课程目标是让学生了解经济和财务知识,具备批判创新精神,适应多元变化的国际社会。第三,基于历史文化的课程目标则着眼于土耳其的历史文化背景,鼓励以史为鉴,让学生树立正确的历史观。第四,个人基础的课程强调培养学生解决现实生活问题的能力,提高学生的认识水平,并制定合适的解决方案。同时,课程承认学生个性的多样性和独特性,通过加强学生的内在动机来提高其批判能力、科学创造能力和创新精神等终身性技能。②

---

①　Bektaş. K., Şirin, B., Sirem, Ö., "Milli Eğitim Bakanliği Mevzuatina Göre Öğrenci Ahlakinin ğncelenmesi", in *Milli Eğitim Dergisi*, Vol. 51, No. 234(2022), pp. 1381-1394.

②　Koc, Y., Isiksal, M., Bulut, S., "Elementary School Curriculum Reform in Turkey", in *International Education Journal*, Vol. 8, No. 1(2007), pp. 30-39.

（三）强调学校、家庭和社会的协同合作

学生价值观的形成不仅受学校教育的影响,而且是家庭和社会等周遭环境潜移默化的结果。当今社会,价值多元,瞬息万变,家庭和社会难以适应持久性变化。学生起初会受到周围环境存在的错误价值观的不良影响,并逐渐脱离儿童价值观教育所强调的尊重、情感、责任和忠诚等价值观念,最终导致传统美德被剥离。当儿童价值观教育与学生日常经验发生冲突时,学生可能难以内化和践行所学的价值知识。同时,儿童价值观教育内容应涵盖社会道德规范。与社会规范冲突,甚至是截然相反的价值观教育很难保证其实施的有效性和持续性。因此,许多国家的父母、教育者、非政府组织重视学生的价值观教育。教育强调一致性原则,即学校、家庭和社会对学生教育方向的一致。互相矛盾的学校教育、家庭教育和社会教育,只能让学生陷入价值混乱,使儿童价值观教育成果功亏一篑,这也是学生价值观实践行为不够持久的深层次原因。因此,保证学校、家庭和社会价值观教育的一致性,建立三方联动系统,有利于保证价值观教育体系的全面性。作为有目的、有计划的教育机构,学校在价值观教育中占据主导地位。作为价值观教育的实施者,教师责任重大,在课堂教学中是否守时、准备充分、有责任心、仪表整洁和信守承诺等,将直接影响学生对整洁、诚信和责任心等价值观念的理解和践行。实践表明学生往往对个人品质优良的教师给予更多赞美,受其价值观影响最大。所以,要想提高价值观教育对学生的影响力,教师应树立良好的榜样,与人为善,处理好与家庭、社会之间的关系。价值观教育在土耳其家庭的实施明显缺失。为了增强家庭的价值观教育意识,德尼兹(Deniz Tonga)开展了"价值观教育计划"研究,选择来自 10 个家庭的 25 人为研究对象,每个月根据家庭的需求选择某一价值观念,并用所选价值观念的四个子维度制作价值册子。

研究发现,道德发展、沟通技巧等价值主题对家庭成员内化与践行价值观有重要的作用。[①]

第三节　土耳其儿童价值观教育的实践路径

土耳其初等学校课程改革的基本原则是建构主义、学生中心、主题教学和主动学习。因此,土耳其学校课程改革下的价值观教育也随之经历了从被动接受到主动建构、从言语说教到行动影响、从强制灌输到合作学习的变革。

一、认知导向:从被动接受到主动建构

对价值观念的认识与理解是价值观教育的第一步,也是实现价值观教育目标的基础。以认知为导向的价值观教育经历了从传统讲授法和奖惩法到注重个体自主建构的价值澄清法、价值分析法和道德两难故事法的革新。传统的课程实施强调教师通过品德教育、直接教育、训诫法和奖惩法进行社会伦理道德的代际传递。为了培养学生良好的道德品质,符合社会的价值观、法律规范和权威制度,需要传递诚实、勤奋,遵循法律权威,善良、爱国和负责等价值观念。最常用的传统方法是直接教学法。直接教学法的假设和前提是教师有义务和责任用直接的方法教给学生道德观念,以塑造学生的行为,养成良好的习惯。这种方法通过成人经验的直接传递来帮助年轻人习得价值观。但只有传递的价值观念对个体有持续不断的影响,直接教学法才有效。

受新课程改革理念的影响,价值观教育方法发生了进步性和创造性的变

---

① Tonga, D., "Transforming Values into Behaviors: A Study on the Application of Values Education to Families in Turkey", in *Journal of Education and Learning*, Vol. 5, No. 2(2016), pp. 24-37.

革。有效的价值观教育应以实践为导向。47.3% 的社会科学课程教师认为让学生参与实践是塑造价值观的有效途径,在教学中积极融入日常生活中的例子,让价值观教育变得生动活泼,让学生从现实生活中获得经验。[1] 学生不再是被动接受价值观念而是主动推理和解释的学习主体,学生进行价值决策与选择,并审慎讨论道德两难故事,进而实现反思进步。课程改革下的价值观教育强调通过社会互动和道德论述来帮助学生自主建构道德意义、承诺公平原则、关心他人福祉。具体实施方法包括价值澄清法、价值分析法和道德两难故事法等。这些方法有助于促进学生道德自觉、培养民主观念,提高理性分析水平和道德推理能力。[2] 使用价值澄清法时,个体不是基于他人的建议,而是根据自己的价值观念自由地选择。个体在调查或者实践之后自由自主地判断什么是有用的,什么是没用的,不需要别人的指导或建议。当个体选择出自身认为重要的价值观念时,要对其选择做出评价。具体方式有口头活动,例如小组讨论、有效倾听、基于活动的生活经验学习、戏剧表演等;还有书面活动,如论文、自传等。价值分析法是通过科学研究和逻辑思考帮助学生对价值观问题进行抉择,强调科学的逻辑和推理。该方法是由社会科学教育者提出,并在社会科学课程的教学中广泛使用的方法,具体方式为专题研习和绩效项目。学生在对案例进行思考和区分的基础上进行判断,并列出同一事件的不同结果。道德两难故事法由科尔伯格(Kohlberg)提出,学生对包含多种道德冲突的故事进行分析与解读,教师由此来判断和发展学生的道德

---

① Avci, E. K., Melike, F., Turan, S., "Etkili Vatandaşlık Eğitiminde Değerler Eğitimi: Sosyal Bilgiler Öğretmenlerinin Düşünceleri", in *Değerler Eğitimi Dergisi*, Vol. 18, No. 39(2020), pp. 263-296.

② Thornberg, R., Oğuz, E., "Teachers' Views on Values Education: A Qualitative Study in Sweden and Turkey". in *International Journal of Educational Research*. Vol. 59. No. 1(2013). pp. 49-56.

发展水平。该方法虽然可运用到所有学生,但是由于学生道德发展水平的差异性,活动设计应该遵循学生的身心发展特点。在道德两难故事中,学生如何想到解决策略往往比解决方案本身更重要。①

二、行为示范: 从言语说教到行动影响

价值观教育仅仅使用认知法是不够的,需要通过榜样人物的行为示范对学生的言行产生潜移默化的影响。美国心理学家班杜拉(Albert Bandura)着眼于观察学习对人行为的作用,提出观察学习模式,即人的行为可以通过观察学习过程获得,但是获得什么样的行为以及行为表现如何,则有赖于榜样的作用。榜样示范已成为土耳其价值观教育必不可少的方法之一。由于价值观涉及强烈的情感因素,道德品质优秀、专业成就卓越或社会声誉良好的人往往容易得到他人情感上的尊重和敬仰,成为模仿的榜样。个体通过观察和模仿榜样获得相应的行为。而且,"价值观"和"榜样"存在概念联系,"榜样"是价值负载的概念。榜样人物完成伟大的任务,基于正当的理由做正确的事情,拥有良好的道德品质,如心胸宽广、爱国、勇敢、坚持不懈等美德。榜样的道德品质具有普遍性,反映了社会共同接受的价值观和情感。真正的榜样不只是受欢迎的名人或明星,普通人为了社会公众利益所表现的无私奉献精神和自我牺牲精神对他人同样有鼓舞激励作用。借助榜样人物的故事进行价值观教育,需要将故事以文学作品、艺术品或电影电视等形式融入课程内容讲授给学生,深入细致地描绘榜样的多维品质,通过视觉和听觉的感官

---

① Demirel, Melek, "A Review of Elementary Education Curricula in Turkey: Values and Values Education", in *World Applied Science Journal*. Vol 7. No. 5(2009). pp. 670-678.

刺激带给学生更深刻的情感体验。① 一项针对社会科学课程教材中榜样人物的研究发现,73.6%的榜样人物是国内的,26.4%的榜样人物是国际的。社会科学课程教材中最重要的国内榜样人物是凯末尔(Mustafa Kemal Atatürk),即现代土耳其的开创者。正如吉本(Gibbon)所言,每个国家的创建者往往被社会广泛视为英雄。这一结果揭示了土耳其教育体系的意识形态和价值观基础。然而,一个有趣的现象是,社会科学课程教材中的榜样人物没有土耳其社会广为人知的宗教领导人物,例如梅夫拉那(Mevlana)、米马尔·希南(Mimar Sinan)。关于榜样的性别,男女比例不平衡。以社会科学课程为例,教科书中97.4%的榜样是男性,2.6%是女性,尽管当代有很多广为人知的女强人,尤其是在音乐、体育和艺术等领域,但在教科书中都未出现。② 教科书还存在潜在的性别歧视和明显的性别偏见,小学和中学使用的教科书在描述妇女权利和性别平等方面缺乏实质性内容,女性的职业塑造十分有限,角色多为家庭主妇,几乎没有获得政治权威或权力地位的女性形象。③ 此外,社会科学课程教师在榜样教育中占据着重要的地位。一方面,社会科学课程教师依其性格特征、沟通技巧、教学方式和个人偏好选择榜样人物进行教育。另一方面,教师在师生交往中表现出的世界观、决心、诚信、宽容和耐心等品质和性格也会潜移默化地影响学生。④ 同样,家庭作为学生的"第一学校",家

---

① Sanchez,T. R.,"Using Stories about Heroes To Teach Values, ERIC Digest", https://files. eric. ed. gov/fulltext/ED424190. pdf,访问日期: 2022 年 7 月 19 日。

② Yazici, S., Aslan, M., "Using Heroes as Role Models in Values Education: A Comparison between Social Studies Textbooks and Prospective Teachers' Choice of Hero or Heroines", in *Educational Sciences: Theory & Practice*, Vol. 11, No. 4(2011), pp. 2184-2188.

③ Çöker, B., "Girls' Education in Turkey: An Analysis of Education Policies from a Feminist Perspective", in *Online Submission*, Vol. 7, No. 9(2020), pp. 242-261.

④ Tonga, D., "A Qualitative Study on the Prospective Social Studies Teachers' Role-Model Preferences", in *International Journal of Academic Research*, Vol 6, No. 2(2014), pp. 94-101.

庭成员发挥着行为示范作用,深刻影响着学生的内在价值观,并促进其转化为日常行为。[1]

三、活动驱动：从强制灌输到合作学习

价值观教育不局限于某些特定课程,而是广泛存在于各门课程,并成为这些课程的目标与内容之一。新课程强调学生中心,注重学生本体的发展,通过主题教育激发学生学习的积极性,促进学生全面发展。在学科教学中,以活动为导向,将参与课堂的主动权由教师移交给学生,使学生在小组讨论和合作学习中实现认知、情感、意志和行为的全面发展。以土耳其数学课程为例,数学建模活动是数学课程进行价值观教育的有效策略。数学建模活动对数学教育有很高的实用性,为解决数学问题提供了新的方法。数学建模活动又称数学建模表演,是学生针对感兴趣的主题以小组的形式调查探索,在独立创造解决模型并利用证明工具向组员展示的基础上,集体讨论解决生活情境问题的过程。在这一过程中,学习者利用数学解决问题、发现模型、形成并管理关系、了解如何行动,并且作出选择。因此,建模活动不同于传统问题解决模式的开放性和无序性,而是起始于与学生密切相关的复杂生活情境,通过小组合作来大力促进数学课堂的价值观教育。数学建模活动脱掉了传统问题解决模式的人工外衣,学生在日常生活情境中自主发现问题成为数学建模活动的第一步。而问题的复杂性要求学生认真谨慎地选择解决策略。因此,建模活动在解决问题时要求学生具有坚持不懈和持之以恒的价值观。在日益复杂的当代社会,建模活动能帮助学生发展社会所要求的价值观和能力。如今,价值观教育最重要的问题是难以发展学生负责任的价值观念。在

---

[1]　Tonga, D., "Transforming Values into Behaviors: A Study on the Application of Values Education to Families in Turkey", in *Journal of Education and Learning*, Vol. 5, No. 2(2016), pp. 24-37.

数学建模活动中,每个学生都创造了自己的模型,并解释模型的功能,进而与小组成员自由讨论。这种方法有效地帮助学生获得责任这一价值观念。数学建模活动为学生课外生活做准备,帮助学生成为社会公民,提高其批判性能力。此外,数学建模活动使学生发现数学知识与现实生活密切相关,能提升学生学习数学的愉悦感和成就感。感受数学世界的精确、美感和力量是快乐学数学的主要来源,同时也为数学教育铺垫好了道路。如果没有这样内在的动力源,起初爱好数学的学生随着学习经历的增多,常常会出现学习兴趣的衰减。毕竟数学被视为一系列需要记忆的规则总和,学生难免心生恐惧和厌恶。学好数学,必须通过数学建模活动来培养学生的数学价值观。以活动驱动的合作学习整合了知识与社会,要求团队合作与交流,使学生学会在小组中讨论、合作和倾听。组内的交流增强了学生的信任与合作,组间的展示教会学生竞争与包容,这种学习环境有利于促进学生的社会化。①

---

① Doruk, B. K., "Mathematical Modeling Activities as a Useful Tool for Values Education", in *Educational Sciences: Theory & Practice*, Vol. 12, No. 2(2012), pp. 1667-1672.

第六章　新加坡儿童价值观教育研究

新加坡是移民国家,缺乏一般国家所具有的历史传统和共同文化基础,导致其呈现多样的习俗和多元的价值观。多元的价值体系导致价值观冲突和道德相对主义,价值观冲突中传统文化与现代文化、本土文化与外来文化的矛盾交织,道德相对主义中缺乏权威的价值观评判标准引起价值观、信念和行为方式等方面的混乱和错位,导致学生缺乏价值选择的能力,使儿童价值观教育面临难题。新加坡自 1967 年独立以来,成功地解决了各民族所固有的不同价值观之间的冲突,建立起各民族一致认同的"共同价值观"和具有自身特色的道德规范体系,其中新加坡成功的儿童价值观教育发挥了巨大功效。学校作为"儿童价值观"培育的重要场所,具备完善的价值影响方式和育人体系,依照学生年龄特征循序渐进地给予价值熏陶,促进学生价值观形成。想要更好地把握新加坡儿童价值观教育的价值意蕴,就必须沿着历史的轨迹更为深入、全面地了解其发展变化过程,探析其教育理念与实践路径,客观地总结其经验。

第一节　新加坡儿童价值观教育的发展脉络

新加坡儿童价值观教育分为混乱期、探索期、改革期和稳定期。1967 年独立前都是混乱期,这一时期新加坡儿童价值观教育充满混乱,缺乏统一标准;1967年独立后至1979年是探索期,新加坡努力淡化民众的移民心态,通过统一学制、颁布德育教材和制定德育课程等措施建立超越族群认同的共同价值观体系;1980年至1990年是改革期,尽管与西方密切交流促进经济腾飞,但也使新加坡陷入"西化"危机,西方极端个人主义价值观正侵蚀着国人尤其是儿童,这一时期在学校的价值观教育经历了倡导儒家思想和宗教思想—剔除儒家思想和宗教思想—寻求各民族认同价值观体系的转变;1991年至今是稳定期,围绕"共同价值观"的精神内涵,不断推动儿童价值观教育的新发展。

一、新加坡儿童价值观教育混乱期

1967年独立前,新加坡长期遭受殖民主义的压迫,殖民国家对于新加坡的教育具有很大的随机性和掠夺性,所传输的意识教育理念大多是为了服务于本国利益,这也就造成了新加坡国人缺乏自身的民族文化和民族价值观,国内公民的国家认同感十分薄弱,整个国家的凝聚力呈现出散状态势。这一时期,社会上活跃着多种类型的学校,不同类型的学校也具有不同的培育理念。(1)华人学校。新加坡的人口中以华人占比最大,在华商创办的学校里,教授中国传统儒家的四书五经,弘扬家庭至上、尊重长辈、克勤克俭等儒家传统价值观念;(2)新式学校。英国殖民入侵新加坡后,建立了新加坡最早的现代学校,英政府实行限制汉语教育的政策,将英语指定为学校的交流语言,学习的内容主要为宗教和自然科学的知识,并将西方自由、平等、民主、法治、人权的价值观渗透到儿童价值观教育中;(3)泰米尔文学校。移民来的印度人也通过在新加坡建立泰米尔文学校来宣传自己的语言、文化和宗教;(4)马来人学校。原住民马来人创办的学校是以伊斯兰文化进行价值观教育。新加坡种类繁多的学校导致没有形成统一的价值观评判标准,陷入道德相对主义,但这也为新加坡品格与公民教育的发展奠定了基础。

二、新加坡儿童价值观教育探索期

1967—1979 年,由于新加坡的地理位置处于马来半岛最南端的一个小岛上,存在资源匮乏、经济落后和失业率高等问题。同时它又是一个多民族的国家,国民存在集体感和归属感指向不明晰以及内在活力的整合爆发力欠缺的问题。因此在独立初期,新加坡政府深知当族群对本民族的认同高于对国家的认同时,狭隘的种族主义和族群认同容易造成种族之间的冲突,导致社会矛盾激化,而淡化民众的移民心态,解决多元种族带来一系列社会问题的办法就是培育"我是新加坡人"的国家意识,最有效的途径之一就是在学校里进行教育,促使儿童在国家建设早期就树立国家认同感、归属感和责任感。1968 年,新加坡在全国制定统一的学制,改善学制混乱的局面。1974 年,新加坡在小学开设"生活教育"课程,该课程以各民族的母语进行授课,课程内容涵盖国家的立国目标、东西方文化与价值观等诸多方面,帮助学生理解和评价东西方文化中的合理因素,旨在培养儿童爱国爱人民的家国情怀和对多元文化的包容精神。1976 年,新加坡推行公民教育。在中小学使用《好公民》教材,"好公民"课程注重培养效忠国家的公民意识,帮助学生树立对家庭、学校、国家的责任。新加坡还规定学校每天举行升旗仪式,唱国歌并背诵誓约。1979 年,新加坡教育部发布《道德教育报告书》,规定在中小学进行全面的道德教育,旨在培养学生树立正确的价值观,自觉抵制腐朽思想的侵蚀。教育内容包括个人行为、社会责任和效忠国家三个方面,小学着重培养学生良好的品格及习惯,中学注重教导学生树立对社会和国家的责任感;教学方法强调家—校—社的合作,并结合讲故事、使用视听教具、课外参观等多种教学形式;学校每年开展种类繁多的课外道德实践活动作为儿童价值观教育的有益补充。

三、新加坡儿童价值观教育改革期

1980—1990 年,新加坡为了提高公民对政府的满意程度,通过大力引进西方先进的工业技术来促进经济发展,但其在发展经济的同时一定程度上忽视了公民品格的发展,引发了一系列社会问题。西方资本主义奢侈腐化的生活方式和个人主义的价值观念等日益冲击着现代化进程中的新加坡,儿童缺乏辨别是非的能力,受西方价值观的侵蚀最为严重。新加坡领导人全面反思新加坡的品德教育,全国掀起一场自上而下的捍卫亚洲价值观,反对全盘西化的"文化再生"运动,希冀改变社会颓靡风气,重新唤起东方传统美德。1980 年,新加坡成立了"好公民"项目小组,它以汉语、马来语和泰米尔语编写了学生的教科书和工作簿,并编写了教师指南《好公民》。1982 年,新加坡在中小学校开设儒家伦理课程与宗教课程来应对西化的负面影响,儒家倡导的忠、孝、仁、爱、礼、义、廉、耻等美德对新加坡儿童的价值观起了很好的引导作用,儒家文化对新加坡推崇的主导价值观和道德标准具有重大影响作用。作为多元民族的国家,如果过分推崇儒家文化,容易引起其他种族的不满,因此在 1984 年,教育部要求中学三、四年级的学生必须从佛教、基督教、伊斯兰教、印度教或世界宗教中选一门作为选修课。宗教课程为价值观教育服务,目的是捍卫亚洲传统价值观,拯救新加坡学生的信仰危机,塑造行为规范,提高道德素养。1989 年,新加坡政府宣布各学校结束儒家伦理课程与宗教课程,提出创造各民族一致认同的价值规范体系。

四、新加坡儿童价值观教育稳定期

1991 年至今,新加坡为了使"我是新加坡人"的认同感深入人心,糅合东西方文化,融合民族差异,于 1991 年提出《共同价值观白皮书》。学校是践行共同价值观的重要场所,有了核心的价值观作为最高评判标准,儿童价值观教育在共同价值观的指导下稳步发展。1995年,新加坡前总理吴作栋宣布中小学在开展"国民教育"时,应更加关注儿童的品格教育。1997年,新加坡启动了最新的国家建设计划"国民教育",旨在塑造新一代公民对国家的归属感,增强公民的凝聚力,从而提升其对国家未来发展的信心。1999年,教育部在共同价值观理念指导下修订《中小学公民与道德教育课程标准》,并于2000年正式实施《公民与道德教育》中小学教学大纲,初次以完整的大纲形式对中小学公民品格教育的任务与责任进行导向型规定,重点向学生灌输共同价值观,首要目标是培养一个正直、负责任、为他人和国家的福利及利益着想,具有国家认同和国家意识的人。随着国际形势的不断变化,人才资源储备是一个国家重要的发展战略资源,把握人才品质的培育就能为国家经济建设注入活力,因此必须把人培养成品格端正,具有正确价值观的人。新加坡政府于2007年调整了《公民与道德教育》纲要,把价值观教育明确放在核心地位。2014年,教育部提出了把法律、道德与教育相结合的原则,要求儿童价值观教育在课程教学中努力将三者衔接,随后颁布《中小学品格与公民教育课程标准》,重点突出了"品格"教育,增加道德与价值观教育方面的内容和教学方法,以培养学生价值观为德育主线,要求教师遵循儿童身心发展规律,将价值观教育融入各学科教学中。在该标准的指导下,于2015年推出小学价值观教育的教科书《好品德　好公民》。

纵观新加坡儿童价值观教育的发展脉络,其核心变化主要体现在教育部发布的培养儿童价值观的课程标准上。新加坡依据时代与国家发展需要,在中小学开展的教育由"公民与道德教育"向"品格与公民教育"转变,先后经历了生存导向——效率导向——能力导向——价值观导向的变化,在以往爱国教育和道德教育中增加了品格教育,重点是培养学生的民族意识、公民意识、合作意识和宽容意识,以及对公共美德和家庭美德的教育等。

第二节　新加坡儿童价值观教育的实践路径

新加坡学校采用法治约束与德治教化结合,显性课程传授与隐性课程涵养融合,学校、家庭与社会三位一体化共育等价值观教育手段传授价值观教育内容,促使学生形成既适应社会发展要求,又有利于自身长远发展的价值观。

一、法治约束与德治教化结合

新加坡儿童价值观教育的成功,得益于其完善的法律体系和明晰的法律条目,法律明确"品格与公民教育"为学校必修课,保障了公民道德教育实施。新加坡的法律涉及生活方方面面,学校也有严格的规章制度且可操作性强。学生入学首要学习校规校纪,教师亦利用每周班会强调校规校纪并对学生的课堂行为、课外表现、是否遵守日常行为准则进行评价,学生之间也进行互评。表现欠佳的学生轻则会受到训话、参加特定辅导课学习、为社区义务服务等惩戒;重则会受到鞭笞、停课、开除的处罚。[①] 学校在严格贯彻规章制度的同时,注重培养学生法律意识,使其养成遵纪守法的行为习惯。如小学阶段,学校定期开展法治小游戏、小活动,激发学生学习法治知识的积极性和主动性。中学阶段,学校定期邀请当地司法机关工作人员、律师参与学校法治教育活动,如作为点评人参与模拟法庭活动等。学校教育学生学校里的生活如同社会一样,违背规章制度将会承担相应责任,这有助于学生进一步提高法治意识。

---

① Lye, L. H., "A Fine City in a Garden-Environmental Law and Governance in Singapore", in *Singapore Journal of Legal Studies*, 2008, p. 68.

新加坡一直把学校的价值观教育作为民族振兴的重要措施,2006 年,设立"道德培育奖"和"杰出道德培育奖",鼓励学校加强价值观教育。① 政府以学校为主阵地,开设贯穿小学至大学的公民道德教育课程,遵循"同心圆扩大法"原则,从个人、家庭、学校、社会、国家、世界这六个层次科学规划不同学习阶段的价值观教育具体内容,尤其重视儒家的道德传统和道德观念教育,在价值观教育教材中渗透儒家伦理道德观,内容涵盖仁、义、礼、智、信等。从 1979 年开始,新加坡每年开展一次礼貌运动作为儿童价值观教育的补充。② 此外,还有敬老周、睦邻周等品德教育活动,旨在通过各式各样的社会活动,将德育植根于社会的方方面面。借助良好的社会环境,学生理解学校"所教"与社会"所示"相契合,学校"所教"更具可信度与说服力。为了使学校价值观获得师生广泛认同并保持稳定性,新加坡有意识地将学校价值观理念纳入法律中,运用法律强制力推行儿童价值观教育,把社会道德内化为学生的价值取向,通过法治教育,把法律规范外化为学生的行为习惯,使新加坡呈现出道德法律化的现象,使学生从小养成依法办事和严于律己的良好品行。

二、显性课程传授与隐性课程涵养融合

显性课程是儿童价值观教育的主体,承担价值观教育的重任,最主要特征是计划性和连贯性。在教材方面,新加坡规定从幼儿园至中学,每一阶段都必须设有专门的价值观教育课程并配套相应教材。幼儿园使用的教材是《礼仪能量》,教授儿童必备的 58 种礼仪常识;中小学的指定教材为《好品德

---

① Ho, Li-Ching, "Sorting Citizens: Differentiated Citizenship Education in Singapore", in *Journal of Curriculum Studies*, Vol. 44, No. 3(2012), pp. 403-428.

② Ibid.

好公民》。① 同时,依据课程标准将中小学《好品德 好公民》教材内容设置为个人、家庭、学校、社区、国家和世界六个部分,每一部分下有知识、技能、价值观、态度四层架构,每一层面设置一个学生学习完成后需要实现的目标,并且在此部分需要关注的问题贯穿这一层面学习始终,根据每一个年级的差异,设置内容分级教学,具有内容具体化、可操作性强的特点。例如同是"责任",小学要求学生保护校园环境,维护社会设施;中学要求学生了解服兵役是每个公民的责任,明晰军人和警察的职责。总体来说,低年级的课程偏重个人修养提升,高年级的课程偏重培养公民意识和社会意识,由浅入深,层层递进,易于学生理解与运用。在课程方面,小学开设的课程为"品格与公民教育""级任教师辅导""品格与公民教育(校本课程)""品格与公民教育指导单元";中学开设的课程比小学少了一门"级任教师辅导"。"品格与公民教育"课主要传授学生价值观、知识和技能;"级任教师辅导"课通常教导学生社会与情绪管理技能;"品格与公民教育(校本课程)"是对品格与公民教育课的补充,由学校依据本校的教学理念、校园精神和价值观而编制,并采用周会与班会的形式向学生传授价值观;最后,"品格与公民教育指导单元"则为性教育课程,教授学生一些关于生理心理的知识。② 为了保证必要的上课时间,新加坡教育局对"品格与公民教育"课程时间也有严格的要求。总体上看,低年级课程总时间不低于 60 小时,高年级不低于 75 小时。在教学方面,

---

① Student Development Curriculum Division, "Ministry of Education, Singapore, 2014 Character and Citizenship Education Secondary", https://www. moe. gov. sg/-/media/files/programmes/2014-character-citizenship-education-secondary. pdf,访问日期:2023 年 1 月 1 日。

② Student Development Curriculum Division, "Ministry of Education, Singapore, 2014 Character and Citizenship Education Secondary", https://www. moe. gov. sg/-/media/files/programmes/2014-character-citizenship-education-secondary. pdf,访问日期:2023 年 1 月 1 日。

学校为了更好引导学生将价值观内化于心,构建了一套适应儿童发展的教学方法,主要有理论灌输法、价值澄清法、设身处地考虑法和道德认知发展法等。为了达到最优的教学效果,教师根据教学内容和学生的认知发展水平,在课程教学实践中不断开拓新的价值观教育方法,将学科教学与价值观养成相结合。如创设情境是低年级常用策略,通过采用道德两难法提升学生的价值判断能力,引导学生针对现实或假设的道德两难情境做出正确决定,从而帮助学生从个人主观层次提升至以社会和世界为主的更高层次。参与度高和探究性强的方式更适合高年级,资源整合是高年级常用策略,如通过采用实地考察法对学生进行爱国教育,充分利用展览馆和纪念馆等教育资源,让学生在课外实践中真切感受民族独立的艰难和来之不易的新生活。除此之外,教师还采用讨论、游戏、辩论等灵活多样的教学组织形式,通过师生互动讨论,共同探讨道德判断的背景以及道德动机的本性,倾听学生的观点,尊重学生的价值判断,借助由价值观冲突引发的争辩、反驳、否定与认可等对话内容,达到帮助学生思考、选择、判断、决定并形成新的价值观的目标。①

隐性课程具有非计划性和潜在性的特征。新加坡对中小学各学科需要隐性渗透的价值观内容作了细致规定。如音乐课程目标是使学生通过欣赏、表演音乐作品,与同伴交流自己的思想并学会理解他人想法,鼓励跨文化学习与合作借鉴;历史课程目标是使学生通过教材学习,了解人类社会发展过

---

① Drury, V. B., Saw, S. M., Finkelstein, E., et al., "A New Community-based Outdoor Intervention to Increase Physical Activity in Singapore Children: Findings from Focus Groups", in *Ann Acad Med Singapore*, Vol. 42, No. 5(2013), pp. 225-231.

程的多民族性和多文化性,培养学生包容精神。[①] 隐性课程还包括校风、校规校纪以及校园活动和课外实践活动等。新加坡学校的校规校纪都包含价值观取向,校园里墙壁张贴弘扬传统美德的标语,校园宣传栏表彰好人好事等,有利于师生将学校价值观内化于心。为了引导学生对学校价值观的理解,学校开展评选"学校价值观践行模范"的活动,塑造"名师"和"学生楷模"作为师生效仿的榜样,以榜样的力量带动师生积极践行学校价值观,启发和鼓舞他人向榜样看齐。除了校内活动,新加坡学校每年还开展形式多样且与学生实际生活联系密切的社区服务活动,社区服务活动包括社团活动、公益服务活动和社会实践活动等,各项活动包含若干个计划,例如"好朋友"计划、清洁环境计划、关怀与分享计划和儿童组织服务计划等。[②] 新加坡教育部规定学生每年必须完成至少 6 小时的公益活动,这是升学条件之一,目的是培养具有责任感、乐于助人、善于分享、关怀他人的高素质学生。隐性课程潜移默化的育人作用正是价值观教育不可或缺的有效教育方式。组织性强的显性课程与非组织化的隐性课程相辅相成,共同促进学生价值观的形成和价值推理、价值判断、价值实践能力的提升。

三、学校、家庭与社会三位一体化共育

学校是价值观教育的主阵地,教师是儿童价值观教育的主要施力者,教师素质高低直接影响儿童价值观教育的效果。新加坡在 2015 年召开的"教

---

① Student Development Curriculum Division, "Ministry of Education, Singapore, 2014 Character and Citizenship Education Secondary", https://www. moe. gov. sg/-/media/files/programmes/2014-character-citizenship-education-secondary. pdf,访问日期: 2023 年 1 月 1 日。

② Drury, V. B., Saw, S. M., Finkelstein, E., et al., "A New Community-based Outdoor Intervention to Increase Physical Activity in Singapore Children: Findings from Focus Groups", in *Ann Acad Med Singapore*, Vol. 42, No. 5(2013), pp. 225-231.

师教育会议"上强调儿童价值观教育要选择高素质的教师,要求教师以德治教,成为学生道德教育学习的楷模①,通过建设培育教师价值观的长效机制促进儿童价值观教育发展。一是建立教师弘扬学校价值观的激励机制。新加坡学校在进行教师评优和职位晋升等工作上,把师德作为一项重要的评判标准,以此激发教师参与价值观培育的热情。对师德高尚、教育工作突出的教师进行表彰,将其作为榜样人物宣传,同时还给予物质奖励,扩大社会影响。二是加强培育教师价值观的保障机制。新加坡在 2012 年第六届全国教师大会上推出"教师成长模式"(Teacher Growth Model),强调终身学习,将共同价值观内容纳入教师培训的课程体系并进行相关考核检测,形成以训促学,以学立德的机制。② 教师只有深入学习共同价值观的内容,才能更好引导学生理解、认同价值观并做出价值选择,最终实现价值整合。三是完善培育教师价值观的监督机制。新加坡实行师德问责制,在《好公民教师手册》中标注教师所必须坚持的高水平职业操守和伦理原则,规定教师的行为和态度标准,罗列教师失德行为,使问责有依。③ 对不遵守教师行为准则的教师给予纪律处分,包括劝告、警告和谴责,严重的违法行为还会被免除职务并接受相应的法律处罚。新加坡的师德问责制明确了教师对自身的准确定位和严格要求,确保教师道德素养整体提升。

家庭是儿童成长的原生态环境,父母是儿童的启蒙者。父母的思想与行为对儿童价值观念、道德品质与行为习惯的影响尤为重要。新加坡秉承

---

① Kelly, K. O., Ang, S. Y. A., Chong, W. L., et al., "Teacher Appraisal and Its Outcomes in Singapore Primary Schools", in *Journal of Educational Administration*, Vol. 46, No. 1(2008), pp. 39-54.

② Ibid.

③ Ibid.

儒家"修身齐家治国平天下"的思想,先"齐家"而后"治国",把家庭放在至关重要的地位,主张家庭教育与学校教育相结合,这使得家庭教育成为对儿童价值观教育的有益补充与深化。研究显示,家庭与学校之间的合作不仅能促进学生身心发展,也能帮助学生更积极地学习和面对生活。因此,学校应该与家庭建立良好关系,争取家长支持,帮助学生在家中巩固学校所教的价值观。新加坡家庭教育委员会启动"学校家庭教育计划",规定新加坡学校每年至少开设 100 小时的家庭课程,宣传积极向上的家庭价值观。① 为了达到理想的家庭教育效果,学校采取一系列措施对家长进行培训。如推出"教育伙伴网站"(Parents in Education),旨在为家长提供教育新闻、育儿策略、学校课程资源以及教学资源;成立"家长支援小组"(Parent Support Groups),家长促进员定期组织家长汇聚一堂讨论所遇到的困难;建立"家长教师协会"(The Parent-Teacher Association),促使家长和教师相互合作,充分发挥双方的智慧与力量,明晰家长在学校教育中的角色,强化家长的参与功能,走出"教育只是学校教育"的误区,有效整合家校资源,实现家校共赢。

社会是公民道德教育的大课堂,新加坡积极为儿童价值观教育营造良好的社会氛围,形成较完善的社会管理机制。一是法制健全,新加坡制定了覆盖面广且操作性强的法律体系,囊括了政府权力、司法责任、城市管理和公民生活各个方面。二是执法严格,新加坡推行与道德教育内容要求相一致的社会奖惩标准并严格执行。三是舆论引导,新加坡设置对新闻舆论、传媒的标准,要求社会媒体站在国家战略层面,以国家倡导和弘扬的主流价值观为根

---

① Ho, Li-Ching, "Global Multicultural Citizenship Education: A Singapore Experience", in *The Social Studies*, Vol. 100, No. 6(2009), pp. 285-293.

本遵循,全方位宣传共同价值观,就认同并践行共同价值观达成共识,营造文明健康、积极向上的舆论风气。① 新加坡儿童价值观教育要求学校、家庭和社会明确履行各自职责。李光耀指出,在学校灌输儒家伦理道德是一件困难的工作,因为这不仅仅是教科书的事,还得靠师长的典范、家长的影响、社会的提倡,从而产生潜移默化的作用,这犹如把枝干放入水中,水分慢慢渗透到叶子一样。② 儿童价值观教育不是一个孤立的过程,学校所推行的价值观教育要与家庭所倡导的、社会所弘扬的德育三位一体相得益彰,学校、家庭和社会要融合成立体化的价值观教育网络。

第三节　新加坡儿童价值观教育的主要特点

新加坡儿童价值观教育具有加强国家主权意识教育、进行全面的法治教育、改造传统儒家伦理思想、巩固道德教育核心地位和注重多元民族和谐教育等特点。

一、加强国家主权意识教育

"爱国"是"新加坡国民独特的气质和精神"。新加坡前总理李显龙把宣传国家观念、培养爱国意识放在中小学品德教育目标的第一条。新加坡规定学校每天进行升旗礼、唱国歌和背诵誓约;每年开展"国家意识周"凝聚国民的国家意识。1991 年,新加坡为增强国人凝聚力,使国民认可"新加坡人"身份,颁布《共同价值观白皮书》,提出适用于各族的"共同价值观"。"国家至上,社会为

---

① Pang, A., Yingzhi Tan, E., Song-Qi Lim, R., et al., "Building Effective Relations with Social Media Influencers in Singapore", in *Media Asia*, Vol. 43, No. 1(2016), pp. 56-68.

② Ibid.

先"一直是新加坡人对爱国的最高诠释,每所学校的教学楼楼道、走廊和教室都装饰有共同价值观的标语或画报,形成一种无处不在、无时不有的价值观教育氛围。2014年,新加坡在中小学开设"品格与公民教育"课程,对儿童进行国家意识教育,确保儿童理解"国家至上,社会为先"的内涵。对小学生要求是会唱国歌,了解新加坡独立的历史意义,明白爱国是每个公民的责任;对中学生的要求侧重于培养爱国认知和爱国态度,具体包括了解新加坡的国情、国家和政府管理、国家的生存与发展,以及忠于国家和保卫国家的意识。

二、进行全面的法治教育

曾任新加坡资政的李光耀认为,法治教育是一个国家长治久安的保障,法治观念深入人心得益于学校的法治教育。学校通过系统的课程和编撰中小学法治教材对儿童进行法治教育,具有事半功倍的效果。儿童正处于价值观形成时期,易接受新生事物,适时进行法治教育不但有利于预防儿童犯罪,还有利其形成依法办事的法治意识,从小知法、懂法、守法并依法保护自己的合法权益,维护社会秩序。学校法治教育强调讲授国家法律法规、权力机关和公民的权利与义务等知识;培养学生的交流与社会参与等技能;注重培养态度、信念和价值观;强化学生维护社会秩序、违法必严惩的意识。新加坡学校的法治教育巩固了儿童良好的行为规范,使其遵守社会道德的行为从他律转变为自律,营造了具有较高水平的法治环境,造就了新加坡井然的社会秩序。

三、改造传统儒家伦理思想

儒家文化作为新加坡多元文化中的一元,受到领导人的格外重视。李光耀曾指出:"国家发展经济,提高科技水平,需要向西方学习,但是人形成价值观念需要继承东方的优秀传统文化,发扬儒家伦理精神,必须加强对全体国民尤其是儿童传统伦理教育。"新加坡专门设立儒家教育与东方哲学研究所，从庞杂的儒家思想伦理体系中，甄别、筛选与新加坡国情相契合的儒家思想并加以改造、创新，赋予其符合时代特点的新含义。学校设"儒家伦理"课，课程内容主要重新阐述孔子的"三德"：智、仁、勇和孟子的"五常"：仁、义、礼、智、信，提出符合新加坡国情和现代价值观的"八德"：忠、孝、仁、爱、礼、义、廉、耻，要求学生忠于国家，具有民族意识；孝敬长辈，具有饮水思源意识；待人和善、关爱他人；待人有礼、诚实守信；为官清廉、有羞耻心。

四、巩固道德教育核心地位

儿童道德教育是新加坡价值观教育体系的核心，贯穿每一时期的儿童价值观教育。1979 年，教育部发布《道德教育报告书》，规定在中小学进行全面的道德教育，教育内容包括个人行为、社会责任和效忠国家，旨在培养学生良好的品格及习惯。1992 年，实施"公民与道德教育"（Civics and Moral Education）课程，课程内容包括成长的我、爱护家庭、统一中的多样性以及成为好公民。2014 年，教育部提出将法律、道德与教育相结合，要求儿童价值观教育在课程教学中将三者衔接，随后颁布《中小学品格与公民教育课程标准》，将中小学德育课程全部更名为"品格与公民教育"（Character and Citizenship Education），并于 2015 年推出德育教科书《好品德　好公民》。"品格与公民教育"课程是新加坡当前中小学道德教育的指定课程，课程主体内容围绕知识、技能、价值观和态度展开，通过身份、人际关系和抉择三大概念向儿童传递尊重、责任感、正直、关怀、应变能力、和谐六个价值观，进而引导其从个人出发延伸至家庭、学校、社会、国家和世界进行反思，从而成长为良好的个人和有用的公民。

五、注重多元民族和谐教育

如何在尊重多民族文化、社会阶层思想的同时,整合主流思想与少数族群的思想,促进社会和谐发展是新加坡亟待解决的重大问题。1964 年,为了提醒学生不分种族、语言,和谐共处,新加坡规定每年 7 月 21 日为种族和谐日。学校开展丰富的活动,要求学生穿着传统服饰上学,体现新加坡多元种族的社会文化;为了引导学生理解、尊重不同民族的价值观念和生活方式,各校设立多元文化周,通过演讲、表演的形式宣传不同种族的文化与习俗。1991 年,政府将"种族和谐,宗教宽容"列为价值观之一,目的是在多元化的价值观念中寻求人们共有的价值观念来指导行为,维护多元种族国家的团结和长治久安。2015 年,新加坡规定中小学开设的品格与公民课以培养学生价值观为德育主线,编订汉语、马来语、泰米尔语三种语言版本的《好品德 好公民》教材,用母语进行价值观教育,让学生从情感上更容易接受并将价值观内化指导实践活动。教材中多个章节讲述种族和谐和效忠国家的重要性,培养儿童欣赏文化多样性的意识,坚持主流价值观的同时尊重文化差异。

第四节 新加坡儿童价值观教育的主要经验

新加坡学校采取一系列实现路径有效解决了各民族固有的不同价值观之间的冲突,新加坡儿童价值观教育在其实践过程中呈现出了"德法并举可提高价值观教育的实效性,学科间相互配合形成价值观教育合力,学校、家庭与社会融为一体构建全方位价值观教育网络"等显著特征。

一、"德法并举",提高价值观教育的实效性

新加坡儿童价值观教育强调德治教化与法制约束相结合,将依法治国与以

德治国的思想贯穿儿童价值观教育始终,不仅重视学生道德品质的养成教育,还注重遵纪守法教育,最终实现"德法并举",提高了儿童价值观教育的实效性。新加坡德育在内容选择上以改造后的传统儒家思想为指导,着重培养学生成为一个有修养、有道德、负责任的人,法制教育则着重增强学生法律知识,培养规范意识。德育主要通过自上而下的思想道德教育引导学生行为,但缺少对学生行为的控制和检验与横向约束和规范,而法制教育弥补德育在教育管理过程中的缺陷,是德育的有效补充。德育为法制教育创造良好的思维环境,法制教育为德育提供法律约束,两者相互补充、紧密联系。通过德育疏导学生内在思想道德,通过法制教育约束和规范学生外在行为,将横向法制教育与纵向德育相结合,使儿童价值观教育体系日趋成熟和完善,有利于更好地发挥其育人作用。例如,新加坡学生犯错不仅要接受教师的规劝还要承担相应的校规惩罚,既提高了儿童思想道德品质,又巩固儿童良好的行为规范。

二、学科协同,形成价值观教育合力

课程是儿童价值观教育的主渠道,新加坡注重不同学科之间相互配合,从而形成教育合力推动儿童价值观教育。新加坡德育理论课程以"品格与公民教育"课为抓手,并在中文、历史、音乐等其他学科教学中融入价值观教育内容,发挥协同育人的作用,促使学生获取系统、连贯的德育知识,塑造与学校要求一致的价值观,为德育实践课程提供价值观教育的基础和方向。新加坡外化的实践课程为理论课程提供平台,充分发挥实践课程的直观引导作用,引导学生在社区活动中加深对价值观的理解并自觉外化于行。例如,以传统节日为契机,开展形式多样的节日活动,加深学生对优秀传统美德的理解与认同;通过组织爱心募捐活动,培养其关爱弱者的同情心,促使其养成良好的思想道德观念。另外,信息化学科可以服务于各学科,让各学科在渗透价值观教学中更生动。以爱国教育为例,历史课可以让学生以小组的形式围绕历史事件收集材料并在课上汇报,形成初步认知,教师再针对汇报内容总结,进一步加强国家主权教育;数学课可以将计算精准与航天事业相联系,通过播放短视频让学生更直观了解数学在航天事业中的作用,激发其民族自豪感。

三、学校、家庭与社会协同共育

新加坡以学校教育为主导,家庭教育为基础,社会教育为补充,既发挥各自独特性作用,又相互配合、渗透,构建学校、家庭和社会三方齐抓共管的价值观教育网络。新加坡学校通过组织学生参与生产劳动和社会实践活动促进价值观外化于行,进而维护社会和谐与稳定;通过成立家长联合会或家长支援小组等形式,定期开展讲座、座谈会等,搭建家庭德育与学校德育的桥梁,凝聚家校共育的力量,促使家长掌握正确的德育方式。新加坡重视家庭伦理教育,强调家庭与学校、社会互动。新加坡实施的"家庭教育计划"充分利用学校与社会的资源,形成了"榜样引领、环境熏陶"的家庭价值观培育模式,通过榜样示范促使孩子养成规范的行为习惯,确保家、校教育统一性与连贯性;通过加强家庭环境建设促进孩子德、智、体、美等均衡发展、最终成长为促进国家发展、具备良好品行的社会公民。为配合学校和家庭的价值观教育,新加坡运用各种传媒手段,大力宣传社会美德、道德规范和家庭礼仪,形成社会共识;深入挖掘本国历史文化传统,整合各方资源,长期给学生提供课外实践机会;利用爱国主义教育基地,对学生进行主权意识教育,为学校、家庭营造良好的社会氛围。儿童价值观教育是综合、长效的庞大工程,学校、家庭和社会是密切联系、有机结合的整体。社会教育为学校教育和家庭教育营造良好的社会环境,良好的学校教育和家庭教育进而促进社会和谐发展,三者彼此协调、相互影响,最终实现培养"新加坡人"的目标。

第七章 印度儿童价值观教育研究

自古代印度时期至今,印度重视儿童价值观教育,制定了一系列相关法律法规保障,不断更新和加强对儿童价值观教育的要求,在最新政策中强调挖掘自身文化资源中的价值观内容,以观念习俗等引导和加深儿童的价值观理解,重申印度传统和道德观念在印度现代教育中的重要地位。[①] 印度将基本价值观的内容融入学校各科课程,通过开展国家主导下的儿童价值观教育,挖掘传统文化和道德理念中蕴含的价值观教育资源,以文化育人贯穿价值观教育全程,在精神上塑造学生;在课程设置和课堂教学方面,兼顾全面发展和个性塑造,力图培育印度公民;在生活实践中,注重价值体验与行为转化,帮助学生建立起与社区、社会的联系,深化价值认知和认同。在儿童价值观教育的发展历程中,印度不断吸纳融合各类普遍价值观内容,同时保留印度传统的道德观念,体现出延续性、融合性、法制性、互动性的特征。

第一节 印度儿童价值观教育的发展脉络

印度儿童价值观教育的内容和价值取向深受一系列传统文化的影响。

---

① Ministry of Human Resource Department,"Government of India:National Education Policy 2020", https://www.education.gov.in/sites/upload_files/mhrd/files/NEP_Final_English_0.pdf,访问日期:2021 年 3 月 18 日。

近代由于英国殖民者的侵略与压迫,使得印度原有的初等教育遭到了破坏。印度殖民地时期的教育制度是英国殖民者的政治思想、教育文化的产物,致使传统价值观受到严重侵蚀。随着印度人民民族意识的觉醒,印度独立后,经过几个"五年计划"(Five Year Plan,简称FYP)的努力,在基础教育法规和政策、教育目标、教学设施、教学内容、经费保障和来源等方面进行了一系列的教育改革。印度基础教育改革重视在学校教育的各方面融入传统的价值观,涵养学生品格,培养合格的印度公民。这些有关政策、计划与推进义务教育政策的实施紧密联系在一起,极大推动了印度中小学价值观教育的发展。

一、生命道德价值观占主导地位

公元前1000年—1757年,古印度教育极为重视对生命道德价值观的培育。吠陀时期的教育在品格形成方面取得了巨大成功,标志性特点是道德和价值观教育得到了广泛传播。[①] 这一时期,教育被分为两种:世俗的(This Worldly)和超脱尘世的(Other Worldly)。古印度教育的终极目标不是为了获得为现世或者来世的生活做准备的知识,而是为了圆满的自我实现。[②] 教育被认为是实现自我救赎的一种手段,其重要性得到社会公认。因而,这一时期价值观教育的主要内容是围绕个人价值实现的生命教育。吠陀时期教育的主要目标是发展人类的身体、道德和智力力量,消除无知,达到自我实现。通过教育促进人们理解生命价值,帮助人们认识诸如真、美、善等永恒的价值。

---

① Guha, S., Sudha, A., "Origin and History of Value Education in India: Understanding the Ancient Indian Educational System", in *Indian Journal of Applied Research*, Vol. 6, No. 3(2016), pp. 109-111.

② 杨洪、车金恒:《印度教育制度与政策研究》,人民出版社,2020年,第5—6页。

　　公元前 1000 年至公元前 600 年,这一时期教育体系的核心是古儒库拉制(Gurukula,即寄宿制)。在"古儒学校"内,教师被称作"古儒"(Guru),学生被称为"希什亚斯"(Shishyas),学生住在古儒的住所里,通过虔诚的服务,在身体、精神和道德上发展个性、了解自己、自我实现,掌握"自信"和"尊重"的原则。此外,教师还会对学生进行道德品质教育,教导学生"不要说谎","保持诚实"。古儒库拉是学习和居住的中心,充当了家庭生活和学习的窗口,通过激发分享、关怀和全面发展的情感,帮助学生塑造品格。[①] 公元前 6 世纪左右,古印度的教育注重精神引领,主张学习、批判性反思和沉思渗透的学习方式,通过修行,达到自我解放。这一时期的重要修习方式是禅修和冥想,主张通过沉思增加满足感、超脱感、宽容度、耐心、非暴力和同情心,同时减少愤怒、烦躁和偏执的感觉。这一时期的教育认为,智慧(prajna)是觉醒,是从无知中解脱出来最重要的原因,拥有智慧不依赖于他人的帮助,更需要个人的变革性理解。这一时期的教育蕴含着丰富的生命价值观,其本质是众生自然地寻求"幸福",通过觉醒到世界的现实,有效地进化成一种"完美幸福"的状态。

　　在伊斯兰教育时期,以伊斯兰法律和社会规范为教育内容,教育方式是口授。这一时期教育主要分为基础教育和高等教育两个阶段。基础学校被称为麦克台卜(Maktab),教学内容主要包括诗歌、骑术、游泳、格言、算术、语法、礼仪、写作等。[②] 在完成基础教育后,学生可以进入高等学校接受世俗教

---

① Your Article Library,"Disha：Development of Education During Vedic Period in India", https：//www. yourarticlelibrary. com/education/development-of-education-during-vedic-period-in-india/44815,访问日期：2022 年 3 月 13 日。

② 王长纯：《印度教育》,吉林教育出版社,2000 年,第 50 页。

育。伊斯兰教育主要研究"生活价值文明",推崇和平、仁爱、忠信、慷慨、公平正义、谦让、忍耐等品德,反对其反面的德性,让学生选择真善美的道路,远离假丑恶的歧途。在学校中尤其主张和平、倡导善行、鼓励求知、克己恕人、诚实守信、中道和谐等观念,强调学生的国家意识、社会意识、法律意识和公民道德意识,从行为、言语、意念等方面具体规范学生的言行,培养良好道德品质。

二、国家认同与道德修养齐驱并进

1757 年—1947 年,参照印度、英国历史学家及我国众多学者的研究,大多学者将 1757 年普拉西战役作为印度近代史开始的标志。英国殖民者入侵之前,印度主要的初等教育机构是伊斯兰教的麦克台卜学校教育和印度教的帕斯沙拉(Pathshala)学校教育。这些学校大多只有一名教师承担教学任务,课程内容为简单的阅读、写作、算术等。[①] 英国殖民时期的印度教育是英国殖民者政治思想、教育文化的产物。为扩大思想和文化的影响,印度着手创办学校。当时的印度总督本廷克(Bentinck W.)在 1835 年签署的一项决议中提到,英国政府的目标是在印度居民中推广欧洲文学和科学,分配给教育的资金只能用于英语教育。据此,当时价值观教育内容大多与"民族进步"的价值观密切相关,学校内宣扬的是西方"民主主义""世俗主义""自由主义"等观念。[②]

随着印度人民民族意识的觉醒,民族英雄出现,领导了一系列民族运动,并推动印度教育改革。其中,甘地的教育思想对儿童价值观教育影响较为深

---

① Sharma, A. P., *Contemporary Problems of Education: with Special Reference to India*, New Delhi: Vikas Pub, 1986, p. 24.

② Majeed, J., "British Colonialism in India as a Pedagogical Enterprise", in *History and Theory*, Vol. 48, No. 3 (2009), pp. 276-282.

远。甘地强调道德修养，认为道德是一种自觉的和有目的的行为。他非常重视生活的道德价值和精神价值，反对暴力、性别歧视、种姓歧视和殖民歧视，他提倡生命的平等。[①] 甘地认为，真正的教育是给学生充分的乐趣，激发他们的精神、智力和体力，否则就无法使学生获得全面的发展。1937 年—1938 年，甘地提出了基础教育计划，主张教育以手工劳动为中心，通过劳动教育来拉近教育与平民的关系。劳动教育不同于职业教育，它不在于培养学生某一方面的职业能力和劳动技能，而是在于培养学生"尊重劳动"和"服务社会"的意识，最终是要改变"尊贵的人不劳动，劳动的人不尊贵"这种价值观念，从而实现人人平等、社会和谐的理想。[②] 在当时，通过劳动教育改变学校教育结构的设想具有一定的理想性，却为后续的印度教育改革提供了较为重要的思想依据。

三、基本价值观全面融入学程

独立以来，印度大力发展教育事业，重视学生的思想道德教育，并将道德教育纳入各学科课程计划。1947 年 8 月 14 日，印度摆脱了殖民统治，宣告独立。此后，印度转变国内各项事业的发展目标，开始为成为世界领先国家之一而奋斗，在教育层面的表现尤为突出。由于英国殖民政府的长期统治，印度独立后留下了文化传统的包袱，阻碍了学校的价值观教育。独立后，印度颁布了《宪法》（Constitution of the Republic of India），宪法规定任何公立学校都禁止宗教教育，公立学校不开设相关课程，但学校课程中仍包含一些相关的价值取向，尤其是德育课程，如"宽容""服务""奉献"等理念在德育课程中得以传播。在全球化时代的发展浪潮中，印度政府认识到教育对人才培养的

[①] 赵中建等：《印度基础教育》，广东教育出版社，2007 年，第 162 页。
[②] 杨明全：《印度劳动教育的政策演进与实践策略》，《北京教育学院学报》2019 年第 6 期。

重要性,意识到价值观和道德教育在品格养成中的不可替代性。因此,印度相继颁布多项法规,大力发展儿童价值观教育,从国家层面,规定了价值观教育的目标和内容,再次重申印度传统价值观在印度学校教育中的重要地位。1968 年制定的《国家教育政策》(National Policy on Education)强调弘扬道德价值,建立教育与人生的密切联系。① 1986 年印度的第二份《国家教育政策》(1992 年修订)(National Policy on Education)中进一步提出要对学生进行基本价值观教育,将德育和价值观融合于学校课程,将有关德育和价值观教育的内容编入各种学科教材中,对学生进行教育,从形式多样的价值观教育中多方面激发学生的内在兴趣,进而培养学生的个性。② 进入 21 世纪,印度相继颁布多项法规,进一步丰富了价值观教育的内涵。《国家课程框架 2005》(National Curriculum Framework 2005)将价值观教育明确列为基础教育阶段的课程内容,并贯穿于其余各科目课程中。③《2020 年国家教育政策》(National Education Policy 2020)建议修订和改革教育结构,在传承印度传统和价值体系的基础上建立一个符合本世纪印度教育理想目标的新的教育体系,④力求建立一个根植于印度精神的教育体系,激发印度社会的活力。

---

① Ministry of Human Resource Department, "Government of India: National Policy on Education, 1968", https://www. education. gov. in/national-policy-education-1968,访问日期: 2023 年 12 月 24 日。
② Ministry of Human Resource Department, "Government of India: National Policy on Education, 1986 (As modified in 1992)", https://www. education. gov. in/national-policy-education-1986-modified-1992,访问日期: 2023 年 12 月 24 日。
③ "National Council of Educational Research & Training. National Curriculum Framework 2005", https://www. academia. edu/39160639/NATIONAL_CURRICULUM_FRAMEWORK_2005,访问日期: 2023 年 6 月 30 日。
④ Ministry of Human Resource Department, "Government of India: National Education Policy 2020", https://www. education. gov. in/sites/upload_files/mhrd/files/NEP_Final_English_0. pdf,访问日期: 2021 年 3 月 18 日。

第二节　印度儿童价值观教育的内涵与特征

价值观教育在促进个体对自身价值观体系的审视、改进及实践方面，发挥着举足轻重的作用。价值观教育背后的核心理念是培养学生的基本价值观。在印度，价值观教育自古以来就占据着首要地位，从古儒库拉制开始，孩子不仅学会了阅读和射箭的技能，还学会了与世事无常相关的人生哲学。印度的教育诞生于这一愿景，即实现个人作为神圣火花的绝对体验，在这一实践过程中，个人伴随着获得丰富的知识和价值观念，诸如文化价值观、普世价值观、个人价值观、社会价值观、民族融合等。① 丰富的传统价值观念为印度儿童价值观教育提供了丰富内涵，并呈现出印度独有的特征。

一、印度儿童价值观教育的基本内涵

在学校中开展价值观教育是各国传承价值观、培养学生获得满足本国发展所需素养的重要方式。随着科技发展和社会进步，印度原有的道德教育体系受到一定冲击，在当前世界的发展局势下，为应对知识经济的挑战、服务国家的发展战略，解决当前儿童价值观教育存在的困境，亟须明确价值观教育目标，培育新一代公民，帮助本国成为"更加民主、更有凝聚力、具有更强大的文化和知识竞争力的国家"。② 印度时任副总统卡业·佘杜（M. Venkaiah Naidu）表示，新的国家教育政策的提出旨在寻求促进植根于印度文化的价值

① Patil, V. K., Patil, K. D., "Traditional Indian Education Values and New National Education Policy Adopted by India", in *Journal of Education*, Vol. 203, No. 1(2023), pp. 242-245.
② Ministry of Human Resource Department, "Government of India: National Education Policy 2020", https://www.education.gov.in/sites/upload_files/mhrd/files/NEP_Final_English_0.pdf, 访问日期：2021 年 3 月 18 日。

观教育。《2020 年国家教育政策》作为印度 21 世纪的第一项教育政策,取代了已有 34 年历史的 1986 年《国家教育政策》,旨在使中小学和大学教育更加全面、灵活、多学科,促使每个学生发挥其独特能力,以满足 21 世纪的需求,进而使印度向充满活力的知识社会和全球知识超级大国迈进。《2020 年国家教育政策》含有丰富的价值观教育内容,提出教育的目标是向学生灌输作为印度人在思想上、精神上、智力上和行为上的自豪感,同时也要培养学生的知识、技能、价值观和品格,使学生具有人权、可持续发展以及谋求全球福祉的意识,体现出真正的世界公民标准。① 据此总结印度儿童价值观教育在个人、社会、国家、国际四个层面的特殊意蕴。

（一）个人层面:追求和谐发展

自古以来,印度学校教育注重学生身心平衡与内外和谐,灌输和谐与可持续的价值观。印度人力资源发展部部长拉梅什·帕克里亚尔·尼香克（Ramesh Pokhriyal Nishank）表示,印度政府将致力于通过快乐的教学帮助孩子实现身体和运动发育、认知发育、社会情感和伦理发展、文化和艺术发展。② 可持续发展的理念在印度可以追溯到吠陀时期,内含人与自然的关系及各自的发展。印度古老智慧认为地球是一个大家庭,印度人尊重自然,与自然沟通对话,和谐共生。印度环境教育中心（Center for Environment Education）提出教育在可持续发展中占据重要地位,明确指出教育应提供两方面内容:一是

① Ministry of Human Resource Department, "Government of India: National Education Policy 2020", https://www. education. gov. in/sites/upload_files/mhrd/files/NEP_Final_English_0. pdf,访问日期: 2021 年 3 月 18 日。
② Bangay, C., "Protecting the Future: The Role of School Education in Sustainable Development – An Indian Case Study", in *International Journal of Development Education and Global Learning*, Vol. 8, No. 1(2016), pp. 5-19.

提高学生对环境恶化的"原因和后果"的认识；二是使学生具备应对将可能面临的环境挑战的能力。[①] 印度学校据此开展各类环保课程，在课程中嵌入绿色环保和可持续发展的价值观教育。如印度设立"清洁课程"，设计专门的课本，进行绿色理念的传播，呼吁学生提高个人修养，保护环境。除了对知识的教育和观念等灌输外，印度学校还注重通过实际行动培养学生健康生活的习惯。印度总理于 2019 年 8 月 29 日发起"印度健身运动"，目的是敦促每位公民抽时间进行健身活动，达到强健体魄的效果。在此运动的推进下，印度学校安排学生每周周一至周五通过瑜伽等传统体育活动来感受健身文化，同时辅以团队合作、家长老师参与的趣味运动等，在学生中养成健康生活、强身健体的习惯。[②] 对可持续发展的价值观教育还包括对文化遗产的保护、公民权利的保障等内容。环境教育中心帮助学校制定和实施了一系列教育计划，既对教师进行培训，使用各种方法在学校开展课程，又通过提供如生态俱乐部、露营教育等各种户外活动的机会，为学生带来实践的体验。[③] 印度儿童价值观教育从内在修养和外在环境两方面助力学生成长，实现可持续发展的教育目标。

（二）社会层面：增强民主意识

印度儿童价值观教育一直以来以"解放"作为其崇高的理想，鼓励每位学生不论出身与境遇，都能自由地追求自我救赎和实现个人价值。《2020 年国

---

① Bangay, C., "Protecting the Future: The Role of School Education in Sustainable Development—An Indian Case Study," in *International Journal of Development Education and Global Learning*, 2016。

② Department of School Education & Litericy, "List of Activities for Schools under Fit India Movement: View", https://pib. gov. in/PressReleseDetailm. aspx?PRID=1598423，访问日期：2023 年 12 月 15 日。

③ "Center for Environment Education, Education for Chirldren", https:// www. ceeindia. org/ education-for-children，访问日期：2021 年 1 月 25 日。

家教育政策》明确将人类及宪法价值观列入指导整个教育系统以及其中各个机构的基本原则,其中包含民主精神、同理心、平等和正义等。[①] 以教育公平问题为例,教育公平是印度社会公平问题中最为突出的一部分。2009 年,《儿童接受免费义务教育权利法》(The Right of Children to Free and Compulsory Education Act)提供了教育公平的法律保障,赋予所有 6 至 14 岁的学生免费和义务入学、就学和完成基础教育的权利。该法规定印度学生都可进入学校接受同等质量的教育。在 2019 年的改进方案《儿童接收免费义务教育的权利修正法》(The Right of Children to Free and Compulsory Education Amendment Act)中,明确规定学生未完成初级教育不得强制其退学。[②] 近年来,印度催生了《初等教育普及计划》(Sarva Shiksha Abhiyan,简称 SSA)等一系列国家级的方案和计划,以普及和保留入学率、缩小教育中性别和社会类别的差距,提高学生的学习水平。在一系列政策和计划的实施下,印度儿童价值观教育也在相应调整。印度传统观念认为:智慧的形成需要长期、艰苦的训练。在印度学校中,学生通过接受教师的指导,吸收各方面的知识,达到精神解放、品格完善的目标,从而认识到个体灵魂和普遍灵魂的差异,理解民主、平等、民族融合等观念。在《初等教育普及计划》等各类干预措施下,印度开设和建立各类新学校,并定期对在职教师进行培训,提升教师对残疾学生保育知识的储

[①] Ministry of Human Resource Department, "Government of India: National Education Policy 2020", https://www. education. gov. in/sites/upload_files/mhrd/files/NEP_Final_English. pdf,访问日期: 2023 年 12 月 18 日。

[②] Ministry of Human Resource Department, "Government of India: The Right of Children to Free and Compulsory Education (Amendment) Act, 2019", https://www. insightsonindia. com/2019/01/17/right-of-children-to-free-and-compulsory-education-amendment-act-2019/,访问日期: 2023 年 12 月 28 日。

备,同时为这些学生提供免费教科书和制服等,保障学生学习水平。① 印度学
校在课程中加入了平等和团结的内容,灌输性别平等、受教育机会均等的理
念。除此之外,印度学校给每个学生都提供职业培训,帮助特殊群体获得平
等生活的权利,并在学校内大力倡导公平公正的观念,创设了平等包容的学
习和生活环境。

(三)国家层面：维护国家认同

《2020 年国家教育政策》提出教育的目标是向学生灌输作为印度人在思
想上、精神上、智力上和行为上的自豪感。② 自独立以来,印度追求本民族的
发展壮大,通过集体活动宣扬民族意识,不断强化学生的公民责任感,创造稳
定的发展环境,如学校定期组织各种文化活动,庆祝各类节日等,在学生中灌
输精神理想,增强学生对印度文化的认同。这项教育传统延续和发展到现
在,被赋予了新的含义——在传承文化传统中培育学生的印度归属感和自豪
感。印度前总统卡拉姆(A. P. J. Abdul Kalam)认为:"要使一个民族和一个国
家达到最高境界,他们就必须对过去的伟大英雄以及伟大历史和胜利的功绩
具有共同的记忆。"印度学校注重对民族英雄和历史的传颂,如在印度马哈拉
施特拉邦,所有学校都定期举行"晨祷",每逢开学之初,由教师宣讲国歌、赞
歌、道德故事、好人轶事等,在学生中宣扬优良的爱国主义精神理想,促进爱
国风气的形成,持续强化学生的爱国情感并激发爱国行为,这项活动在全国

---

① Ministry of Human Resource Department, "Government of India: Samagra Shiksha Abhiyan", https: //www. mhrd. gov. in/ssa,访问日期: 2021 年 3 月 18 日。

② Ministry of Human Resource Department, "Government of India: The Right of Children to Free and Compulsory Education (Amendment) Act, 2019 ", https://www. insightsonindia. com/2019/01/17/right-of-children-to-free-and-compulsory-education-amendment-act-2019/,访问日期: 2023 年 12 月 28 日。

得到推广。① 印度学校教师还鼓励学生绘制、雕刻或制作象征国家符号的模型，就国家符号的重要性进行头脑风暴，并描述如果没有国家符号他们会有什么感受。此外，印度儿童价值观教育以"晨祷"等活动为载体创设爱国主义氛围和情境，通过宣扬优秀传统文化、民族英雄等向学生传播民主、统一和爱国思想，培养其祖国尊严感、自豪感、荣誉感，推动学生树立鲜明的国家认同感，培育具有"共同价值理想"的公民。

（四）国际层面：促进国际理解

印度价值观高度重视全人类的幸福权，反复灌输人类价值观，希望让每个人都过上和平和谐的生活。印度文化的两个最重要信条是人类价值和集体主义，人类价值是指道德、精神和伦理价值，而集体主义意味着同一性或统一性。② 随着印度国际地位上升和国际国内和平形势的发展，印度学校教育向学生灌输全球一体的价值观，力求扩宽学生的国际视野，同时输出人才，以便在国际舞台上占据一席之地。印度总理纳伦德拉·莫迪（Narendra Modi）在联合国大会第 69 届会议上致辞时表示："印度从吠陀时期起，就把世界认为是一个大家庭。印度为自己发声的同时，也为全世界的公正、尊严、机会以及繁荣发声。"③这一观念表明了印度具有追求国际认同的强烈意愿，让学生在世界大家庭中加深对命运共同体的理解，明确国际交流与合作的必要性。

---

① Munir, S., Aftab, M., "Contribution of Value Education towards Human Development in India: Theoretical Concepts", in *International Journal of Asian Social Science*, Vol. 2, No. 12(2012), pp. 2283-2290.

② Sanjeevankarpavithra, Sanjeevankarvittal, Pal P., "The Role of Indian Ethics and Values". in *International Journal of Engineering and Management Research*, Vol. 7, No. 2. (2017), pp. 560-569.

③ United Nations, "General Assembly Sixty-ninth Session", https://singjupost.com/pm-narendra-modis-speech-69th-un-general-assembly-full-transcript/, 访问日期：2023 年 12 月 28 日。

尽管印度是一个等级制社会,其推崇多样性的传统由来已久。在印度,组成国家的每个邦和地区的语言、民族人口等具有多样性,所谓的"多样性统一"模式代表着多元文化的体验。① 意识形态的多样性对文化环境的要求极高。在印度的学校课程设置中,就注重发展对不同文化观念的宽容和理解,让学生尝试在了解各国文化、各民族文化的基础上平等交流。慢慢地,学生开始认识到本国文化的丰富和多样性,认识到国家、社区、语言和文化等对自己的学习来说是一种财富,并开始意识到进行国际理解教育是有价值的。《国家课程框架 2005》将国际教育嵌入学校各学科课程,不仅期望从学校课程层面促进国家认同和统一,而且希望以此增强学生对促进国家间和平与理解之必要性的认识,进而促进全人类的繁荣。② 这一框架提出后,印度学校积极将国际理解融合到各科课程,在课程设置目标和内容中体现全人类价值观,将全人类价值观烙印在学习者的心中。此外,印度政府将"培养学生有意识地认识到自己在不断变化的世界中的角色和责任"③作为政策愿景的一部分写入《2020 年国家教育政策》。印度政府和学校合力搭建平台,鼓励学生参与国际竞赛,积极参加 PISA 测试等,走进国际视野的同时着重推出自己。让学生充当印度社会变革的推动者和国际和平使者,在国际舞台上发挥自己的力量,凸显了印度新时代儿童价值观教育培育和输出国际人才的

① Lakshimi, C., "Value Education: An Indian Perspective on the Need for Moral Education in a Time of Rapid Social Change", in *Journal of College and Character*, Vol. 10, No. 3(2009), pp. 1-7.

② NCERT, Government of India: National Council of Educational Research & Training, National Curriculum Framework 2005. http://www.ncert.nic.in/welcome.htm,访问日期：2020 年 6 月 23 日。

③ Ministry of Human Resource Department, "Government of India: National Education Policy 2020", https://www.education.gov.in/sites/upload_files/mhrd/files/NEP_Final_English.pdf,访问日期：2023 年 12 月 18 日。

发展目标。

二、印度儿童价值观教育的显著特征

在印度,儿童价值观教育并没有归集于某一单一的学科,也没有局限于一种教育形式,而是渗透所有课程中,体现在学生作为一个人和公民的整个生活方式中。印度儿童价值观教育以法为纲,教育内容融合传统与现实,多元主体协同治理,帮助学生形成良好的价值观。

(一)延续性:教育内容源自传统

印度价值观教育与印度传统文化有着不可分割的关系。印度所衍生的文化价值观,主要是从以梵语写成的传统史诗文学演变而来,例如《罗摩衍那》(*Ramayana*)、《摩诃婆罗多》(*Mahabharata*)、《宇宙古史》(*Puranas*)、《薄伽梵歌》(*Bhagavad Gita*)等。① 在此基础上,印度清晰界定了基本的民族价值观,如热爱国家、团结社会、崇尚劳动、发扬创造力、热爱艺术和文学、保护自然等。② 印度儿童价值观教育有意识地保护和发展印度传统道德和价值观念,例如,印度学校教师大多选择以传统文学作品作为价值观教育的课本,向学生传授道德和价值观。在传统文学作品中除记载着丰富的印度原始社会农业和经济知识之外,还时常赞美农业劳作、祈祷丰收,表达中也涉及诸如治愈疾病、延长生命的愿望,包含了最古老的印度劳动价值观和生命价值观的内容。③ 在文学故事方面,以印度的两大史诗——《摩诃婆罗多》和

---

① Venkateshwar, M., "The Influence of the Epics (Ramayana & Mahabharata) on Indian Life and Literature", in *Anukarsh*, Vol. 1, No. 2(2021)pp. 29-33.

② Alur, Mithu, "Some Cultural and Moral Implications of Inclusive Education in India—A Personal View", in *Journal of Moral Education*, Vol. 30, No. 03(2001), pp. 287-292.

③ Vedicfeed, "Sashi, The Vedas-Origin and Brief Description of 4 Vedas", https://vedicfeed.com/the-four-vedas/,访问日期:2022 年 8 月 3 日。

《罗摩衍那》为例。这两大史诗集历史、传说与神话故事于一体,全书在列国时代错综复杂的斗争中塑造了智勇双全、圣明的主人公罗摩,表现出颂扬正义、抨击邪恶势力的思想,表达了对"善良""美好""正义"等价值观的追求。①

同时,印度儿童价值观教育也注重将传统的文化与现代生存发展的目标和要求融合,力求贴近学生的现实生活,在生活中体悟价值观。在印度,学校进行价值观教育注重发展学生的智力、文化和道德水平,通过向学生灌输传统道德观念,以促进学生身心和谐发展为基础,不断地推动学生实现道德成长和人格的和谐发展。印度中小学价值观教育致力于使学生了解与珍视传统文化,促进学生智力、道德和身体的自我完善,积极传播有关价值观和社会存在的文化基础知识,鼓励学生时常自我反思和批判性地看待社会事件,以及注重培养学生的同理心和奋斗精神。除此之外,学校还向学生传授印度社会公认的精神、道德和文化价值体系。在印度学校内的俱乐部,师生注重保留印度的民族价值观和文化,灌输爱国主义和民族融合等精神,通过举行演讲、讲座等发掘其民族价值观在世界空间中的作用、地位和重要性。

(二)融合性:课程设置丰富多元

在印度道德教育理论界,基本价值观一般分为个人价值观、社区价值观、社会价值观、国际价值观和普世价值观五个层次,层层递进,逐步发展。印度儿童价值观教育特别重视基本价值观教育,并整合了相关教材中列出的几乎

---

① World History Encyclopedia, Anindita Basu: Mahabharata, https://www.worldhistory.org/Mahabharata/, 访问日期: 2022 年 8 月 11 日。

所有价值观。[①] 1999 年《加强人类价值观教育财政援助计划》（Scheme of Financial Assistance for Strengthening Education in Human Values）中规定了价值观的概念，该计划指出，印度价值观侧重于真理、和平、爱、正直等共同价值观，以及印度《宪法》（Constitution of the Republic of India）所载的价值观。[②] 从初等教育阶段的课程设置来看，儿童价值观教育的主要内容是通过在相应的学科中融入价值观来体现的。

根据印度全国教育研究与训练委员会的建议，小学全年最低学时为 240 学时，其中包括 220 学时的授课时间，20 学时的校园和社区服务时间，以及每天 1 小时用于参加例会或自由活动的集合时间。语文课程、常识课程和工作课程都有丰富的德育内容，例如，在《自私的巨人》中隐含着爱、宽恕和忏悔；《蝎子的夜晚》突出了母亲的坚忍和对孩子的爱；创造性的写作练习也能帮助学生接触更深的自我以及学会反思。中学教育课程旨在巩固高中所学的知识、技能、行为准则和道德价值观。6—8 年级增加了历史、公民、地理和社会学科等课程。通过历史课，学生能够学会欣赏和承认他们过去的文化遗产，并将它与现实社会联系起来，公民教育可以向学生灌输公民的价值观、义务和权利。在地理课程中，学生可以关注可持续发展、环境保护等问题，学会相互依存，共享自然资源。9—10 年级增加了伦理和经济课程，以培养学生最基本的道德理解、民族精神、道德行为准则、生活态度以及社会和历史责任感。

---

① 赵中建等：《印度基础教育》，第 158—167 页。

② Ministry of Human Resource Department, "Scheme of Financial Assistance for Strengthening Education in Human Values", https://www.education.gov.in/sites/upload_files/mhrd/files/upload_document/SCHEME_EHV.pdf, 访问日期：2022 年 3 月 11 日。

表 7-1　10+2+3 学制下印度初等教育阶段的课程科目和学时(部分)①

年级	课程	学时
1—5 年级	印地语、英语、地方语言	30%
	数学	15%
	环境常识	10%
	劳动实践	20%
	艺术教育(音乐、舞蹈、绘画)	10%
	卫生教育和体育	15%
6—8 年级	印地语、英语、地方语言	32%
	数学	12%
	自然科学	12%
	社会常识	12%
	劳动实践	12%
	艺术教育(音乐、舞蹈、绘画)	10%
	卫生教育和体育	10%

(三)法制性：推进治理以法为纲

印度中小学价值观教育主要由国家领导、印度《宪法》、专门法等法律来统摄,这些法律为各级各类教育事务的决策和管理提供依据。印度儿童价值观教育法制化,体现在具体的法律规定中。印度于 1968 年颁布《印度政府国家教育政策》(National Policy on Education),提出要"加强道德教育与公民责任感教育"②,从国家法律层面强调了印度儿童价值观教育的重要性。此后,

---

① 马加力:《当今印度教育概览》,河南教育出版社,1994 年,第 52—53 页。
② Ministry of Human Resource Department, "Government of India: The Right of Children to Free and Compulsory Education (Amendment) Act, 2019 ", https://www.insightsonindia.com/2019/01/17/right-of-children-to-free-and-compulsory-education-amendment-act-2019/,访问日期:2023 年 12 月 28 日。

印度政府相继出台教育政策和国家课程框架等文件,明确要求学校进行价值观教育,规定将价值观教育的内容融于各科的课程。各学校据此修正价值观教育的内容和形式,针对性地部署儿童价值观教育体系。价值观教育的经费主要来源于国家政府,以此保障教学材料和视听辅助材料开发、教师培训、组织社区服务活动和宣传印度价值观等活动的顺利开展。印度从 1988 年起开始实行《加强文化和价值观教育的财政资助计划》(Scheme of Financial Assistance for Strengthening Culture and Values in Education,简称"资助计划")。① 政府通过此计划,加强对艺术教师、工艺教师、音乐和舞蹈教师的培训,鼓励学校和非正规教育系统对学生进行文化和价值观教育的灌输,从文化教育的角度修复印度正规教育制度和其丰富多样的文化传统之间的裂痕。1992 年,印度政府颁布了《国家教育政策修正案》(National Policy on Education 1992)及新的《行动计划》。《国家教育政策修正案》行动纲领建议,在印度中央政府和各邦成立道德教育机构,以促进真诚、尚美、忠诚、奉献等基本道德价值尤其是印度传统美德的教育。② 1998 年的《印度国家教育政策》(NPE‐1998)指出:"我们处在一个文化多元的社会,应当通过价值观教育传授普遍而永恒的价值观,以适应我们国家和人民的需要,并与之相互融合。"1999年,印度政府根据查范委员会(Chavan Committee)关于人类价值观的报告,提出重视实践活动的建议,指出学校应组织学生参加社会服务,让他们在实践中体会各种社会责任和道德价值;应有意识地开展校园活动,营造良好的环

① Mefodeva, M., Fakhrutdinova, A. V., Zakirova, R. R., "Moral Education in Russia and India: A Comparative Analysis", in the Social Sciences, Vol. 11, No. 15(2016), pp. 3765-3769.
② Ministry of Human Resource Department, "Government of India: National Policy on Education, 1986 (As modified in 1992)", https://www. education. gov. in/national-policy-education-1986-modified-1992,访问日期: 2023 年 12 月 24 日。

境,对学生进行价值观教育。印度政府通过颁布多项政策法案确立儿童价值观教育的工作目标和任务,明确相关责任主体,保障学校开展价值观教育工作经费,将其纳入教育经费年度预算,以满足儿童价值观教育的各类工作需求。

（四）互动性：参与主体协同联系

印度儿童价值观教育形成了政府主导下的学校、家庭、社区的协同治理模式,以此加强对学生价值观的教育。印度基础教育中的私立学校大多是由某些委员会、企业出资举办,为印度基础教育治理增加了新鲜血液。此外,还有一些智库和非政府组织积极加入教育治理团队。学校教师是价值观教育的主体。《国家课程框架 2005》指出,教师应该培养和发展学生的积极性和创造性能力,挖掘学生内在的兴趣,使其通过行动和创造的方式与世界和他人联系。[1] 教师通过自身价值判断,挖掘课程中对学生有价值的内容,将学生兴趣和课程相联系,培育学生独特的个性。此外,学校大多由工业界、校友或其他外部资金资助,教学和研究受到社区等非正式教育体制的影响,形成学校主导下的价值观教育多元协同共育。在印度,学校是由整个社区提供资金的,因此学校需要通过创建基于价值的设计解决方案来服务社区,以灌输来自社区所在地的价值观。印度学校组织学生参加社区服务,宣传计划生育、防治疾病,进行街道清洁、修路植树,培养学生尊重劳动人民、热心参与社会活动,关心社会福利等精神,让学生了解和认识社会现实,相较于传统的注重灌输背记的德育方法来说,这种强调学生参与社会实践的价值观教育方法使

---

[1]　"National Council of Educational Research & Training. National Curriculum Framework 2005", https://www. academia. edu/39160639/NATIONAL_CURRICULUM_FRAMEWORK_2005,访问日期：2023 年 6 月 30 日。

学生认识到自己的能力和潜力,并逐渐意识到自己的未来与社区服务有关。[1]
印度学校大力推进家庭教育,教师通过定期的会议,与学生父母和监护人的对话,
使父母意识到学生当前面临的问题,通过家庭的帮助,更好地培养学生。[2]

第三节　印度儿童价值观教育的实施路径

印度社会本身具有对不同精神文化的广阔包容性,汲取历史积淀后,印
度儿童价值观教育仍保留了本民族的传统价值观和美德的部分。印度学校
借助印度传统语言、艺术等载体,通过文化育人、课程育人、实践育人,帮助学
生理解和保护印度文化,构建基于印度精神的价值体系。

一、文化育人：尊崇传统文化与道德理念

在印度,文化传统、社会规范的传承、道德和价值通常是通过文学来传递
的。《罗摩衍那》和《摩诃婆罗多》被称为"祖母的故事",是学生耳熟能详的
故事。寓言集也曾经被用来教导社会学和作为学习国家治理方法的教材。
在当今印度,学生价值观教育仍然与文学教育学紧密相连。印度学校将文学
纳入学校教育课程,为学生、学校和社会提供价值导向。以印度学校文学课
程为例,印度文化历史悠久,学校设置的民俗课、民间故事课等都是印度学校
用多元文化价值观取代单一价值来源,通过文学教育培养学生多元文化意识
的举措的体现。且文化课程设置与学习者的直接环境相适应,在课堂中能够

---

[1]　Mefodeva, M., Fakhrutdinova, A. V., Zakirova, R. R., "Moral Education in Russia and India: A Comparative Analysis", in the Social Sciences, Vol. 11, No. 15(2016), pp. 3765-3769.

[2]　Sahni, Urvashi, *Mainstreaming Gender Equality and Empowerment Education in Post-Primary Schools in India*, Policy Brief, Center for Universal Education at The Brookings Institution, 2018, pp. 1-20.

创设出一种融合物质、社会、文化的空间。这种空间环境对于传递多元文化的基本原理,学习价值观、态度,以及在多元文化社会中学习生活所需要的道德信仰,促进印度多元文化和谐发展都具有重要影响。在印度学习多元文化价值观的实践中,通过与民间故事的文学形式相结合的各种互动任务来发展和增强多元文化概念的实践得到了学生的积极响应。任务型学习与民间故事相结合,达到了引导学生学习文化多样性和多元文化观念的目的。不同的任务会产生对不同文化模式的认知,从而促进学生对文化多样性和多元文化的认识,培养学生对多元文化和多元文化价值观的理解和尊重。这种以任务为基础的民间文学课一定程度上能为世界价值观教育实践所借鉴。①

印度社会几百年来所遵循的道德价值体系是印度儿童价值观教育的精神源泉。一直以来,印度渴望建立一个植根于印度民族精神的教育体系,其教育制度的设立始终围绕维护民族尊严,激发民族精神,培养学生的道德品质,不仅为学生提供基本知识和实践技能,而且培养学生对创造力、自我发展和自我教育的兴趣,对印度国家发展、人民精神团结和维护政治、经济稳定都产生了重要作用。

二、课程育人:兼顾全面发展与个性塑造

印度社会组成较为复杂,种姓和信条的异质性导致难以在学校进行价值观教育。为了满足教育需求,印度学校通过完善各学科目标的内容和价值要求,提高综合教育的效果。② 在课程设置中,印度学校几乎把所有能列出的价

① Seshadri, C, "The Concept of Moral Education: Indian and Western—A Comparative Study", in *Comparative Education*, Vol. 17, No. 3(1981), pp. 293-310.
② Dua, S., Chahal, K. S., "Scenario of Architectural Education in India", in *Journal of The Institution of Engineers(India): Series A*, Vol. 95, No. 3(2014), pp. 185-194.

值观都融入了有关的教材,体现出全面培育学生品格的特点。《2020 年国家教育政策》要求课程必须包括科学、数学、基础艺术、手工艺、人文、游戏、体育、健康、语言、文学、文化和价值观,以便学生全面发展,提升学生的能力。①学校进行价值观教育的工作不局限于学生的智力发展方面,更追求促进学生的精神、道德和文化共同成长。印度学校开设各种课外活动,鼓励成立学生组织,优化学习环境。在印度学校内的俱乐部里,教师使用诗歌、舞蹈、音乐、讲座、演讲、文艺表演等多种方法进行价值观传播。每所学校的学生都有机会进行运动、瑜伽、跳舞、音乐、艺术和手工艺,全方位发展自身才能。②印度儿童价值观教育推崇自由发展的价值观,注重学生个人性格的形成,学生能最大程度展现自身独特的天赋。印度儿童价值观教育利用国家创造的条件进行人才培养,推崇精英教育,培养天才学生。在 1968 年制定的《国家教育政策》(National Policy on Education)中,针对发现和培养智力超常的学生提出了鼓励政策,要求各个地区为这部分学生创造一切机会。③ 1986 年印度的第二份《国家教育政策》(1992 年修订)(National Policy on Education)中进一步提出要为超常学生建立天才学校,在印度的各个区域内建立一所新星学校。④

① Ministry of Human Resource Department, "Government of India: The Right of Children to Free and Compulsory Education (Amendment) Act, 2019", https://www.insightsonindia.com/2019/01/17/right-of-children-to-free-and-compulsory-education-amendment-act-2019/, 访问日期: 2023 年 12 月 28 日。

② King, E. L., "The Problem of Moral Education in India", in *Religious Education*, Vol. 7, No. 01 (1912), pp. 36-41.

③ Ministry of Human Resource Department, "Government of India: National Policy on Education, 1968", https://www.education.gov.in/national-policy-education-1968, 访问日期: 2023 年 12 月 24 日。

④ Ministry of Human Resource Department, "Government of India: National Policy on Education, 1986 (As modified in 1992)", https://www.education.gov.in/national-policy-education-1986-modified-1992, 访问日期: 2023 年 12 月 24 日。

在印度,公办的新星学校是实行英才教育的主要阵地。新星学校特别强调对学生的基本价值观教育,将德育融合于学校课程,将有关德育的内容编入各种学科教材中,从形式多样的价值观教育中多方面激发学生的内在兴趣,发掘出学生个性。学校开设网络平台,将信息技术知识、技能和价值观教育融合,更是通过故事法、游戏课、课外活动和社会实践等多种形式开展价值观教育,吸引学生自主探索,自我发展。在课程设置上,印度新星学校以国家新课程大纲为标准,开设人文、科学、商贸和职业教育四大板块的核心课程,力求学生全面掌握基础知识。同时新星学校还为学生开设体育、瑜伽、历史与文化、艺术、计算机与网络技术等丰富多样的课程及教学活动,提倡学生在全面发展进步中找到自身擅长的领域。印度新星学校秉持国际和平交流的价值观念,实行"三语教学模式"(Three-Language Formula),将英语作为学生必须掌握的一门重要语言,举办各项英语演讲、国外交流活动,鼓励学生积极对外交流,开阔国际视野,继承地方语言文化的同时培养具有高水平国际交流能力的新型人才。

三、实践育人:注重价值体验与行为转化

印度儿童价值观教育注重在实践中提高学生的价值观体验,构建学生的价值观念。学校将把价值观教育细化为贴近学生的具体要求,并转化为具体行动,例如,结合传统节日和社会热点,开展以热爱祖国、文明礼貌、团结友爱、勤劳好学、节约环保等为主题的系列行动。社会传统影响下的印度文化极具包容性,体现在印度公民一视同仁对待国内各种精神文化、庆祝各类节日。宽容的精神教育环境为印度学生接纳国际文化减少了障碍。以印度多元化价值观的教育实践为例,印度学校倡导多元文化价值观,斯普林戴尔学校有一个名为高尔基的俱乐部,该俱乐部将深入研究中国语言和文学以及维

护印俄关系作为课程重点。通过电影、节日和传统习俗等载体,俱乐部成员对另一个国家的文化和遗产进行了解,同时,斯普林戴尔学校的学生也要学习许多其他国家的生活方式和风俗文化。① 学生看到多元文化是发展社会凝聚力和尊重共同价值观的需求,是学会尊重每个人的尊严和每个文化身份的信仰。印度儿童价值观教育注重以实践澄清学生的价值追求。以教育公平问题为例,从 2002 年的《宪法(第八十六修正案)》[The Constitution (Eighty-sixth Amendment) Act]到 2009 年的《受教育权法》(Right to Education Act)等各种国家政策文件实行以来,印度政府已将促进性别平等,增强妇女权利和受教育的机会作为其社会政策议程的核心。学校是社会变革和转型的重要场所,在入学率方面实现性别均等是迈向性别平等的第一步,更为重要的是学校调整教学内容和教学方式。在过去十余年的实践中,印度学校已经成功地开发和完善了基于权利的赋权教育模型,在学生中传播公平权利的意识,并以赋权工具包(Aarohini Toolkit)的形式浓缩了其课程和相关的教学法。印度学校通过开展教师培训,采用适当的教学法,并将性别研究作为课程的正式组成部分,进行"赋权"教育。基于保罗·弗莱雷的批判教育学理论,同时在促进性别平等的推动下,印度学校采用"批判女权主义教学法",提高女孩对压迫性的社会条件和规范、以父权制为基础的权力结构以及由于这些习俗造成的不平等性别关系的意识,通过在安全、交流性的教育环境中由老师协助进行批判性思维的实践来实现宽容、平等的价值灌输。此外,甘地的社会服务精神牢固地融入了印度人民文化生活中,也成了印度儿童价值观教育传承的重要部分。在印度思想中有一种强有力的传统,那就是寻求自我定义,

---

① Mefodeva, M., Fakhrutdinova, A. V., Zakirova, R. R., "Moral Education in Russia and India: A Comparative Analysis", in *the Social Sciences*, Vol. 11, No. 15(2016), pp. 3765-3769.

探索自己的原始自我并忠于自己的真实性。在实现自我并为他人服务的过程中,学生发现自己的人生、职业的意义与这种传统精神相匹配。[①] 学校认识到与社区紧密合作的重要性,为了培养学生的公平意识,必须佐以环境的转变。除了在学校内以教师为中心地位,激励学生在课堂上以及课堂之外进行创新和创造一种文化,这些实践会为学生,特别是那些被压迫和边缘化背景的女孩创造一个包容的环境。印度学校通过赋权教育、劳动教育等具体实践,帮助学生改变对自己和生活的看法,从而改变边缘化学生的社会观念,提高学生的公平意识,坚定学生对公平公正的价值追求。

---

① Gupta, A., "Foundations for Value Education in Engineering: The Indian Experience", in *Science and Engineering Ethics*, Vol. 21, No. 2(2015), pp. 479-504.

第八章 日本儿童价值观教育研究

日本作为亚洲资本主义国家的代表,融东西方文化于一体,传统文化与外来文化交织熔铸为日本民族价值观成长的土壤。日本民族文化发展史是纵向的多元文化融合史,其发展特点造就了日本文化独特的生长性。自第二次世界大战之后,日本废弃明治维新以来建立的极端民族主义导向的价值观教育,"移栽"自由主义导向的价值观教育,在多元文化中建立起价值观教育道路,致力于培育兼备国际意识与本国认同感的日本公民。近年来为探索多元文化背景下国家认同感培育的可行路径,日本中小学依托学校、家庭、社区三个场域,在校内以课程为媒介开展全学科覆盖的价值观教育,在校外积极开展以"育儿支持"为导向的家庭指导教育、基于社会服务与体验开展共感教育,构建起多层次、立体化的价值观教育体系。

第一节 日本儿童价值观教育的发展脉络

明治维新是日本近代教育史的转折点,依靠资产阶级革命建立起了真正意义上的现代学校制度。由于明治维新是一场并不彻底的资本主义变革,保留了天皇制度,伴随着近代日本国家实力的增强和野心的膨胀,逐渐形成了以军国主义导向的极端价值观教育(1868 年明治维新——1945 年"二战"结束);第二次世界大战后,在美国主导下日本进行去军国化改革,建构起以自由主义为导向的异质价值观教育(1945年"二战"结束——20世纪70年代初);20世纪70年代,日本开始新技术革命,进入经济高速增长期,传统教育面临诸多新的挑战,政府"以教育的个性化、教育的国际化和教育的终身化为主导思想"①推动建设适应多元文化时代的本土价值观教育(20世纪70年代初至今)。本节将日本基本实现教育现代化后的中小学价值观教育划分为三个阶段,试图揭示在不同时期日本教育界以何种手段开展价值观教育,重点在于各阶段的价值观教育改革动向、政策取向,以期厘清近现代日本中小学价值观教育的发展脉络。

一、资本扩张期扭曲价值观教育

明治维新是日本资本主义扩张的开端,日本以"富国强兵"为口号开展了资产阶级革命,在极端民族主义和"脱亚入欧"思想影响下走向对外扩张道路。在教育领域,日本政府通过颁发教育令、编制和审定教科书等形式推进教育改革,但在普及教育的同时借机强化极端民族主义价值观,扭曲了正常的价值观教育,"将全部教育从培养目标到教育内容及教育方法,皆纳入为侵略战争服务的教育体制"②。

(一)颁布法令,强化修身课程

1871年7月,明治政府设立文部省,以面向全体国民的教育为目标推行改革。1872年文部省公布《学制令》,新学制奠定了日本近代公共教育制度的基础,并规定于小学及中学设置修身科,课程名称来源于儒家"修身齐家治国平天下",修身科即日本最早的近现代化儿童价值观教育课程。在实际课程开展中,仅有下等小学一、二年级设置,其教学方法为"修身口授",即教师

---

① 梁忠义:《论日本教育之演变》,《外国教育研究》2001年第1期。
② 王桂:《日本教育史》,吉林教育出版社,1987年,第240页。

讲给儿童听的课，主要教学内容为道德知识。1879 年，以元田永孚为首的国学派在天皇授意下编撰《教学大旨》，指出教育不可全盘西化，应重视日本传统道德和传统文化，以儒教为依据，加强仁义忠孝的教导。1880 年文部省发布《改正教育令》，要求把修身科放在各科首位，翌年颁布《小学教规纲领》（『小学校教则纲领』），规定小学全学年设修身科，此后价值观教育成为学校教育的首要目的，忠君爱国成为最重要的价值观指标。1886 年《师范学校令》再次强调"师范学校的学生应当具备三种品德：服从、信仰、尊严"[①]。1889 年，日本政府颁布宪法，以国家根本大法的形式明确天皇至高无上的地位。次年颁布《教育敕语》，确立了近代日本教育总方针，其基本思想如下：一是"天皇与臣民之间的道德支配—服从的关系"，二是"天皇与臣民之间的伪亲和关系"，三是"祖先崇拜的思想"。[②] 可见，《教育敕语》是以近现代教育法律条文为外在伪装的国民价值观教育规范，通过近代化的修身课程灌输封建思想，标志着崇尚忠君爱国扩张的极端民族主义价值观成为日本教育领域主流。

（二）审定教材，排除异己思潮

1880 年文部省设立编辑局，着手编辑中小学教科书，同时设立教科书审查机构（教科書取调掛），开始教科书审查工作。明治初期具有代表性的修身教科书《泰西劝善训蒙》《修身论》等皆为外国传入教材。教科书编辑、审定制度颁布后，西村茂树着手撰写教科书，后元田永孚以儒家仁、义、忠、孝价值

---

① 文部科学省，師範学校令（明治十九年四月十日勅令第十三号），https://www.mext.go.jp/b_menu/hakusho/html/others/detail/1318073.htm，访问日期：2023 年 7 月 2 日。

② 豊泉清裕，「道徳教育の歴史的考察（1）：修身科の成立から国定教科書の時代へ」，『文教大学教育学部紀要』，No.49（2015），pp.27-38.

观为核心编写教材《幼学纲要》,开启了修身科教材本土化之路。1886 年,教科书审定制度正式于小学、中学和师范学校施行。教科书审定制度颁布初期,既重视传统的家庭价值观、国家价值观,也关注自由、公益、博爱等近代社会伦理。甲午战争、日俄战争之后,极端民族主义思想深刻影响日本教育界,左右教材价值观的取向,忠君爱国、伦理秩序等价值观频现于教材。1917 年,日本政府设立临时教育审议会等教育咨询机构,着手修改教育制度,临时教育审议会以贯彻国家主义教育、极端民族主义教育为己任,以维持明治末期确立的学校教育和社会秩序为首要任务。侵华战争爆发之后,修身书的内容以国体思想统一国民道德,历史性地将"臣民之道"体系化,将国民道德与"肇国精神"捆绑,强烈地体现了极端民族主义倾向。资本扩张时期的日本价值观教育虽然在形式上借鉴了欧美各国现代化的教育制度和课程体系,但在内容上受限于"极端民族主义"等思想,违背了和平的基本道德理念,导致其价值观教育扭曲发展,为日本罪恶扩张的失败与破产埋下了伏笔。

二、战后民主化改革时期异质价值观教育

第二次世界大战后,美国在接管日本后,于教育领域开展去极端民族主义改革,自由主义导向的有别于日本本土的异质价值观成为教育界主流。

(一)去旧迎新,复归教育常态

1945 年 8 月,文部省废除《战时教育令》,次月发布将战时教育转换为平时教育的指示,并发表《新日本建设教育方针》(『新日本建設ノ教育方針』),指出日本当下首要问题即清除战时教育体制,迅速恢复正常教育。自 1945 年 10 月,联合军司令部陆续发布《日本教育制度管理政策》(『日本教育制度ニ对スル管理政策』)、《关于开展教师及教育相关者调查、排查、认定的文件》(『教員及教育関係官ノ調査、除外、認可ニ関スル件』)《关于废止修身、

日本历史和地理的文件》(『修身、日本歴史及ビ地理停止ニ関スル件』)系列指令,划定了战后日本教育的基本走向:(1)关于教育内容,传递自由主义等符合基本人权的思想;(2)关于教育者,恢复因反战而遭免职的人员职务;(3)关于教学科目和教材,迅速重建教育制度,规划新式教学科目及教材;(4)关于宗教教育,禁止政府保护和支持、开展宗教教育;(5)关于价值观教育,停止学校修身、日本历史和地理课程。[①] 以上四个指令试图从学校教育中彻底清除与极端民族主义思想直接或间接相关的人员、课程、出版物(如教材)、设施和活动,传播民主价值观,成为启动新教育的基石。次年 3 月美国教育使团抵达日本,策划日本教育改革。代表团指出"民主教育的基础是承认个人价值和尊严,教育制度应根据每个人的能力组织教育机会,避免教育内容和方法以及教科书的统一,承认教师在教育中的自由"[②],奠定了教育改革自由主义、民主主义基调。1946 年 5 月,日本文部省发表《新教育指南》,前篇为理论篇,指出了新日本建设的根本问题:(1)反思日本的现状和国民;(2)消除极端民族主义;(3)尊重人性、人格和个性;(4)改进科学水平和哲学、宗教教育;(5)贯彻民主;(6)建设和平国家和教育家的使命。后篇为发展新日本教育的重点,指明了未来教育的实践方向。战后教育民主化改革的成果集中体现于《教育基本法》《学校教育法》之中:《教育基本法》将美国使团报告、《新教育指南》等改革理念固定为法律条文,至今仍是指引日本教育发展的基本法;《学校教育法》则将战后和平宪法精神、《教育基本法》理念落实于学校教育活动之中,恢复教育应有状态。两部法令的颁布,基本清除了

---

① 文部科学省,新教育の基本方針,https://www.mext.go.jp/b_menu/hakusho/html/others/detail/1317738.htm,访问日期:2021 年 9 月 7 日。

② 同上。

教育界的极端民族主义，划定了日本教育未来几十年的发展方向，树立了民主主义和自由主义教育旗帜。

（二）重构课程，旨归教育本源

日本课程体系在去极端化过程中支离破碎，废除修身科也使得儿童价值观教育失位。教育常态化期间，文部省重建中小学课程系统，小学课程包括国语、社会、算数、理科、音乐、图画、家庭、体育和自由研究，以崭新的社会、家庭和自由研究取代以往的修身科科目。社会科并非日本传统科目，而是以美国社会科为模本，基于日本社会状况新设的科目，承担新道德教育重任，其目标为使儿童正确适应社会，建立和谐的人际关系，养成良好的社会态度和社会能力。修身科废除以后，如何进一步加深学生对道德价值问题的理解成为教育改革的重点问题。自 1956 年起，文部省就课程修改展开多次会议，历时两年于 1958 年提出了包括道德在内的整个教育课程的改善方案，同年 9 月文部省发布道德时间（道徳の時間）实施方针，并将道德时间作为学校教育的重要组成部分推行。道德时间主要特点在于：（1）与其他教育活动中的道德教育保持密切联系的同时，进一步补充、深化和整合教育活动；（2）使用读物、教师故事、视听教材等各种教材、方法进行指导，不使用教科书；（3）原则上由班主任担任指导老师。① 值得注意的是，道德时间并非课程，因此没有专门的教材和专职教师，道德时间设立后逐渐取代了自由研究的位置。1958 年 8 月，文部省修订《学校法实施条例》，明确指出小学课程分为学科、道德、特别教育活动和学校活动四部分。以学科、道德为代表的理论路径，以特别教育活动、学校活动为代表的实践路径成为战后日本儿童价值观教育的基本路

---

① 文部科学省，新教育の基本方針，https://www.mext.go.jp/b_menu/hakusho/html/others/detail/1317738.htm，访问日期：2021 年 9 月 7 日。

径。1960年后,日本社会发展进步显著,战后改革所建立的价值观教育模式难以满足社会需求,文部省及教育委员会提出进一步推进中小学课程改革,强化人文性与规范性,强调学生作为人的基本知识、技能、健康、创造力、判断力等能力的培养,强调义务教育体系、学校教育的规范性。1965年文部省修订《学习指导要领》(学習指導要領),将小学、中学的特别教育活动和学校活动合并为"特别活动",改革再次指出学校课程必须包括国家规定学科、道德及特别活动。教学秩序的恢复、课程体系的重构使战后教育回归育人本源,价值观教育作为育人的核心部分也有所加强,以自由主义、民主主义为代表的西方价值观在美国主导的教育改革下融入日本教育系统之中并引领整个教育界。

三、文化多元化时期价值观教育

在日本,"多元文化主义"这一概念作为一种教育思想和方法首次出现于1970年,它的目标是"在中小学教育中增加对不同民族和族裔的文化传统的理解"。[①] 多元文化教育始于民族学习,即从对民族集团历史、文化相关的科学、人文学习开始,逐渐发展为多民族教育、多文化教育。[②] 多元文化于日本表征为现代中小学价值观教育中西方思维、东方哲学、日本传统的交织,而多元文化导向的价值观教育则意在培育适应多元文化、尊重文化差异、融于国际社会的日本公民。

(一)立足本土,完善价值体系

1977年,文部省修改小学、初中的《学习指导要领》,进一步完善价值观

---

① 王希:《多元文化主义的起源、实践与局限性》,《美国研究》2000年第2期。
② 田中圭治郎:「文化的多元主義の概念と実態:多文化教育の視座から」,『佛教大学教育学部学会紀要』,Vol. 14(2015),pp. 15-26.

教育相关内容,此次修改:(1)在目标上,加强小学、初中之间的连贯性,重视道德实践能力的培育;(2)在内容上,充实爱护自然、乡土等内容;(3)在指导计划方面,提出学校应与家庭和地区社会相互理解,谋求合作。① 1983 年,文部省首次就道德教育实施情况进行全国性调查,调查结果显示尽管学校积极开展价值观教育,但儿童规范意识低下和基本生活能力不足等问题仍普遍存在,培育儿童道德价值观的呼声渐响。 基于此,临时教育审议会就充实道德价值观教育的提议开展培育基本生活习惯、规范态度以及自我控制力的教育,通过促进自然体验学习、修改特设道德内容并将其重点化、鼓励使用适当的道德教育辅助教材、改善教师培养和在职研修等措施充实德育。② 1989 年文部省再次修改《学习指导要领》,首次就道德时间进行大幅调整:明确小学初中道德包括与自己,与他人,与自然和崇高事物,与群体和社会有关的道德内容体系,并根据学生道德发展阶段修订全年级的道德内容。③ 此次调整使得道德科价值观教育更为体系化、规范化。1998 年《学习指导要领》修订,提出彻底实施"一周 5 日制",试图通过削减中小学的课时和教学内容,为学生提供宽松的学习环境,培养学生的思考力与批判力。2006 年,日本修订《教育基本法》,提出教育发展的总目标为"教育必须以充分发展个性为目的,努力培养一个身心健全,具有组成一个和平民主的国家和社会所必需素质的

---

① 文部科学省,昭和五十年代の道德教育の施策,https://www. mext. go. jp/b_menu/hakusho/ html/others/detail/1318319. htm,访问日期:2021 年 9 月 7 日。
② 文部科学省,道德教育についての国民の期待,https://www. mext. go. jp/b_menu/hakusho/ html/others/detail/1318320. htm,访问日期:2021 年 9 月 7 日。
③ 文部科学省,平成元年の學習指導要領,https://www. mext. go. jp/b_menu/hakusho/html/ others/detail/1318322. htm,访问日期:2021 年 9 月 7 日。

人"①。此次基本法的修订为日本面向 21 世纪的新教育开辟了道路,详细筹划了新时代日本价值观教育的基本走向,使得现代日本中小学价值观教育目标基本定型。

（二）面向世界，培育国际公民

为适应全球化、信息化发展,日本致力于培育国际化人才,积极发展国际理解教育,并将其作为教育基本目标之一。所谓国际理解教育即"在国际化社会中,基于全球视野,培育主体行动所必需的态度和能力基础的教育"②。国际理解教育落实于学校,其一表征为国际教育实践,将国际交流贯穿于各学科、道德时间、特殊活动和综合学习时间等学校各项活动中;其二表征为丰富的国际教育相关资源,校内包括具备海外派遣经验的教师,如青年海外合作团教师、REX 计划(REX 計画,Program for Regional and Educational Exchanges for Mutual Understanding)派遣教师等;校外包括具有海外工作经验的企业界人士、外国学生、国际组织等。如为满足海外日语学习需求,促进日本学校教育的国际化和区域级的国际交流,日本自 1990 年起发布 REX 计划,派遣公立学校初高中老师前往海外教授日语,传播日本文化;其三表征为海外日本教育,如为满足海外日本儿童教育需求,自 20 世纪 50 年代起日本学校通过派遣教师、提供教材等形式为海外儿童提供与国内小学或中学同等的教育,以增强海外儿童的国家意识。2005 年,中央教育审议会发布《初等中等教育的国际化推进研讨会报告(草案)征求意见结果》,回答了国际社会必备素养为何的

---

① MEXT,"Basic Act on Education", https：// www. mext. go. jp/en/policy/education/lawandplan/ title01/detail01/1373798. htm,访问日期：2021 年 9 月 7 日。

② 文部科学省,国際教育の意義と今後の在り方,https：// www. mext. go. jp/b_menu/shingi/ chousa/shotou/026/houkoku/attach/1400594. htm,访问日期：2021 年 9 月 7 日。

问题,也回答了适应国际社会的日本公民必备价值观为何的问题,即包容不同文化和不同文化的人,具备共生的态度和能力;基于本国传统、文化确立自我概念;发表个人想法和意见,掌握具体行动的态度和能力。① 2006 年新修订的《教育基本法》卷首提出日本人民希望为世界和平和改善人类福祉做出贡献,明确说明了日本当代价值观教育的重点即文化包容和国际理解。

第二节　日本儿童价值观教育的文化归因

"文化"一词概念极为丰富,包含多个层面,依二分法指物质层面和精神层面②,其核心是精神层面的价值观念和民族心理意识。研究日本中小学价值观教育同样离不开日本精神文化,中小学价值观教育的历史演变应寄托于整个日本教育史,从历史文化的变革中探寻当代价值观教育的灵魂要旨。

一、传统文化奠定儿童价值观教育根基

神道是孕育日本人价值观的文化场域,是其"灵魂"和"心灵"的旨归。山村明义在《神道与日本人:寻找魂和心的源头》一书中提出日本神道是现代生活中具有广泛价值的、令日本人骄傲地行走于世界的精神方式,具有普遍适用性的日本人的价值观。③ 从一个民族的原始信仰和崇拜中,可以发现其价值取向,这种信仰与崇拜也会积淀为文化发展的方向、价值选择的决定力量,原始神道所透露出的价值倾向即可视作日本民族朴素的价值观萌芽。

---

① 综合教育政策局国际教育课,初等中等教育における国際教育推進検討会報告——国際社会を生きる人材を育成するために,https://www.mext.go.jp/b_menu/shingi/chousa/shotou/026/houkoku/attach/1400589.htm,访问日期:2021 年 9 月 7 日。
② 顾明远:《论学校文化建设》,《西南大学学报》(人文社会科学版)2006 年第 5 期。
③ 山村明義:『神道と日本人魂とこころの源を探して』,新潮社,2011 年,第 2 页。

绳纹时代,日本先民主要生产方式是狩猎、捕鱼和采集,在绳纹遗迹中所发现的带有乳房的女性形象,表明了当时母系社会的历史阶段和母神信仰。弥生时代,水稻自中国传入日本,水稻种植成为最主要的生产方式,生产方式变更催生了农耕生活共同体进一步发展为阶级社会。考古学者于遗迹中发现的诸多陶器、铁器以及青铜器,成为日本原始信仰存在的例证。如铜器是氏族共同体的祭器,表面铸有精美的花纹和狩猎、捕鱼等生活场景,将自然万物、氏族首领作为氏族崇拜对象。以自然崇拜为表征的自然观,以氏族崇拜为表征的集团主义,两者构成了日本神道萌芽期所流露出的价值倾向,奠定了日本民族传承千年的价值根基,后期社会发展过程中盛行的忠、孝、爱护自然等价值观与原始神道文化有着不可分割的联系。

"武士道"为何?字面意义上看,武士道是武士在其职业和日常生活中必须遵守的规范,即"武士的训条,也就是随着武士阶级的身份而来的义务"①,其本质为道德原则的规章。百年前,日本近代著名思想家新渡户稻造将武士道奉为大和魂,并将它作为日本民族精神向全世界加以介绍,近年来也有日本学者将"武士道"视为日本精神的核心②,视为"现代日本道德观的源流之一"③加以推介。如若将神道文化比作成日本价值观的土壤,武士道则是从中破土而出的第一根绿芽,是日本民众共同价值观的雏形。"武士道"起初被称为"弓矢之道""兵之道",是武士战斗的技巧、方法。随着武家社会的发展,武士道思想更为洗练,在佛教和儒教的影响下得以深化和提高。江户时代,

---

① 新渡户稻造:《武士道》,张俊彦译,商务印书馆,1993 年,第 14 页。
② 清水潔、佐藤武尊:「日本精神と武道」,『武道学研究』,Vol. 49, No. 3(2017) , pp. 213-221.
③ 吉原裕一:「道徳と倫理をめぐる思想史的考察:武士の思想を手がかりに」,『国士舘人文学』,No. 50(2018) , pp. 23-35.

武士道吸收朱子学得到进一步阐明和深化，反省战国乱世面貌，自觉追求武士应有之价值，升华为"武士道"，建构起完整的思想体系。武士道价值体系中的忠诚、武名、武勇、节俭、礼仪等对后世影响深远。"忠诚"是超越利害关系无条件的忠诚，当其他价值观与忠诚冲突时，应以效忠主公为第一位。"武名"源自日本先民自禊被中衍生而出的明净正直的伦理观，与武士阶级发展相结合生成为重视名誉的武名观，武名不仅关乎武士自身荣誉，也关系主君、家族荣辱。礼仪为范，儒家"君君，臣臣，父父，子子"的等级秩序成为日本统治阶级的行政理念之一，君臣观念转变为主从观念，遵守礼仪，就是明晰武士自我定位，明确主从的等级差异，强化武士忠于主君的观念。武士道从它最初产生的社会阶级经由多种途径流传开来，在大众中间起到了酵母的作用，向全体人民提供了道德标准。[①] 因此，武士道不仅仅是武士阶级的价值规范，也可视作中世、近世日本国民共同的价值观典范。

二、外来文化推动儿童价值观教育融合

在日本历史上，佛、儒文化对价值观教育发展影响甚大，其直接结果更多在于催生日本本土文化——神道与武士道，即佛、儒文化以日本本土化形式映射在神道文化与武士道精神之中，西方文化的影响则集中于明治维新之后的近现代阶段。

据《日本书纪》《古事记》记载，早在公元 285 年左右，儒学就传入了日本。随着日本对外交流的扩张，"遣隋使""遣唐使"等中介使得儒家文化在日本进一步传播。后圣德太子、中大兄皇子等政治家主动吸收儒学理论，试图将外来文化与日本本土文化相结合，建构日本国民文化基础。聚焦于价值

---

① 新渡户稻造：《武士道》，张俊彦译，第 91 页。

观教育,儒学"仁"的教育被视为一种人格教育,仁、智、勇与神道三神器八尺勾玉、神镜、草薙之剑相契合,被改造为国民道德教育的理论基础,儒家四书五经在日本历史上很长一段时间内被视作价值观教育教材。另一方面,儒家思想中的"君臣父子"的伦理阶级架构,被江户时期山鹿素行、中江藤树、贝原益轩等日本儒学家积极化用,从日本传统民族气质的角度重构了"杀身成仁""舍生取义"等儒家思想,建构了系统、完整的日本政治文化理论体系,统一了武士界思想,将"忠君"发展至顶峰。

自文艺复兴、宗教改革以来,诸多政治家、思想家高举自由民主、平等人权旗帜发起反封建统治之义举,经过长期发展,西方思想早已形成了相对成熟、完整的价值观体系。如前文所述,日本大范围接受西方文化影响始于明治前期,幕府封建统治遇到强盛的西方文化溃不成军,明治维新文明开化使得西方文化蔚然成风,但由于极端民族主义思想荼毒,自由民主、平等人权价值观种子未能萌芽。第二次世界大战后,美国对日本实行单独占领,以美国价值观为代表的西方价值观主导日本社会各界,至今仍可视为日本资本主义制度的价值根基。

三、制度文化明确儿童价值观教育导向

日本中小学价值观教育深受日本政府及政治导向的影响。天皇是日本民族政治和精神上的领袖,历史上天皇大约拥有一两百年实权,即7世纪到8世纪以天皇为中心建立起的中央集权制度,天皇为实际统治者。9世纪,日本出现了"摄关政治",外戚占据要职,世代垄断政治实权,天皇权威衰落。平安后期,日本采取"院政政治",天皇将皇位让给继任者,成为上皇(太上皇),继任者在政务上直接取代天皇。自此,从12世纪末镰仓幕府建立到大政奉还

（1867年），天皇权力被架空了近700年。① 明治维新使日本开启政治现代化，明治宪法规定日本实行君主立宪制政体。就整个国家发展历史而言，天皇权力一直是微妙的存在。一般而言，天皇拥有绝对的权威，也就是"神化"，即"造神运动"所产生的权威，为了保持天皇的神圣、权威和正统性，天皇一般采取政治"自律"的态度，因而象征意义大于实际作用。当然也有学者指出，"实际上，明治宪法体现出来的是一种将西方的立宪主义嫁接在日本传统的神政式的、家长式的政治哲学上的伪立宪主义"② 。正是这种不彻底的变革，导致明治时期中小学价值观存在遵循日本传统价值观与学习西方现代价值观的矛盾，启蒙思想、欧化主义、国家主义、民族主义等不同流派价值观在社会各界交织碰撞。后森有礼等人整改中小学教育体系，于1890年确定了以《教育敕语》为总方针，以忠君爱国为主体的主流价值观。

19世纪初，日本极端民族主义抬头，罪恶的扩张战争胜利暂时性地强化了政治、经济和文化领域的"天皇绝对主义制度"，更是将天皇权威纳为教育体制整改的总目标。第二次世界大战后的改革阶段，教育制度自由主义改革等举措致力于为日本教育领域清除极端民族主义。最为关键之处在于日本通过了《日本国宪法修正案》，这是一部包含主权在民、和平主义、尊重基本人权三项原则的划时代宪法，天皇绝对制正式转变为表征天皇制。③ 新宪法将天皇权力束之高阁，较好地实现了民族传统与民主制度的平衡，因而至今天

---

① 高蘭：「近代立憲君主制における明治天皇の権力の二重性の形成」，『社会科学研究』，Vol. 42（2022），pp. 25-48.
② 信夫清三郎：《日本政治史・第3卷・天皇制的建立》，吕万和等译，上海译文出版社，1988年，第225—228页。
③ 渡辺栄太郎：「日本統治機構の特質と矛盾Ⅳ」，『大東文化大学紀要』（社会科学），No. 56（2018），pp. 35-54.

皇仍旧作为历史文化遗产、历史文化象征存留于日本社会,尊崇天皇与自由民主等价值观和平共存。

第三节　日本儿童价值观教育的内涵与特征

前文从宏观角度梳理了日本中小学价值观教育的发展历程及文化归因,分析了不同时期中小学价值观教育的变革、政策导向及背后深层次的民族文化根源。本节将目光转向当代,当代日本中小学价值观教育以多元文化为导向,立足本土,完善价值体系,面向世界,培育国际公民,试图实现价值观教育日本化与国际化的结合,培育可融入世界的日本公民,本节重点围绕目标体系及内容架构来介绍日本中小学价值观教育的基本内涵,并从文化特征、教育目标及内容、教育路径三个层面探究其基本特征。

一、日本儿童价值观教育的基本内涵

日本中小学价值观教育的基本内涵蕴含于其教育目标体系及内容架构之中。国家法律从宏观层面制定了中小学开展价值观教育的基本目标和要求,地方政策在遵循国家方向的前提下,为地方开展价值观教育注入了具有区域特色的补充说明。从部分现行标准和教材中可以提取出中小学价值观教育的内容架构,并对其所包含的核心理念和价值取向进行深入的解读。

(一)日本中小学价值观教育的目标体系

日本中小学价值观教育的目标体系由国家方案和地方标准构成,《和平宪法》和《新教育基本法》的核心精神与理念融入中小学价值观教育中,为中小学价值观教育提供了发展方向和价值导向。地方教育政策在坚持国家标准的基础上,丰富和拓展了价值观教育的理念内涵,以开展具有区域特色的

地方中小学价值观教育。

1. 国家方案引领总体设计

日本现行宪法为《日本国宪法》，简称《和平宪法》。《和平宪法》以尊重基本人权、主权在民及和平主义为基本理念，人权意识、民权意识以及和平意识作为宪法精神贯穿于日本中小学价值观之中并成为基本目标之一。《教育基本法》与《和平宪法》一脉相承，具有教育宪法的性质，是教育法规中的基本法，指引日本教育发展方向。2006 年《新教育基本法》前言便提及根据日本宪法的精神，为了确立开拓日本未来教育的基本，谋求其振兴，制定此法律。①《新教育基本法》是基于社会发展修订的最新成果，揭示了新世纪教育以"为培育人格完善、身心健康的国民，并就理想国民"为基本目的所应具备的基础价值观做出说明：

（1）使学生获得广泛的知识和文化，培养求真、情感、道德价值观；

（2）发展个人能力，培养创造力，尊重个人价值，培养自主和独立精神，培养尊重艰苦奋斗的价值观；

（3）弘扬尊重正义、责任、男女平等、相互尊重与合作的价值观，弘扬以公共精神参与社会建设、发展的价值观；

（4）培养尊重生命、关心自然、保护环境的价值观；

（5）培养尊重传统文化、热爱国家和地域以及尊重其他国家、为世界和平与国际社会发展做出贡献的价值观。②

---

① 文部科学省，新しい教育基本法について，https：//www. mext. go. jp/b_menu/kihon/houan/siryo/07051111/001. pdf，访问日期：2021 年 9 月 7 日。

② MEXT, Basic Act on Education, https：// www. mext. go. jp/en/policy/education/lawandplan/title01/detail01/1373798. htm，访问日期：2021 年 9 月 7 日。

《新教育基本法》所提出的价值观教育目标囊括自我发展、与人合作、环境保护、社会生活四方面,既强调学生个人能力的塑造,也重视群体合作意识的培养,既包含乡土情怀,也存在国际理念。为贯彻《新教育基本法》教育理念,明确义务教育目标,加强学校管理与教学,2007 年文部省修订《学校教育法》,规定义务教育阶段的总目标为:

(1)促进校内外社会活动,培养以自主、自律、合作精神、规范意识、公正判断力及公共精神为基础,主动参与社会建设,并为社会发展做出贡献的态度;

(2)促进学校内外的自然体验活动,培养尊重生命和自然、保护环境的态度;

(3)引导学生正确认识国家和民族的现状和历史,培养尊重传统和文化、热爱国家和民族的态度,通过了解外国文化,培养尊重别国、为国际社会和平与发展做出贡献的态度。[①]

此外,修订法对义务教育阶段中小学生生活价值观(家庭及家庭角色认知、体育运动认知)、科学价值观(数量关系认知、观察实验学习)、审美价值观(音乐、艺术、文学和其他艺术的基本理解和技能认知)、职业价值观(职业基本知识和技能、工作态度和个性选择)也有所说明。《日本国宪法》《新教育基本法》《学校教育法》从宏观层面奠定了日本中小学价值观教育的基调,为价值观教育的开展注入民族理想与时代价值导向。

2. 地方标准注入区域特色

日本的行政单位为"都、道、府、县",包括 1 都 1 道 2 府 43 县。文部省鼓励地方结合区域特色开发校本课程,各行政单位以《日本国宪法》《新教育基本法》《学校教育法》为依据,制定彰显区域特色的价值观教育政策。东京都

---

① 文部科学省,学校教育法等の一部を改正する法律について(通知),https://www.mext.go.jp/a_menu/shotou/kyoukasho/seido/1407716.htm,访问日期:2023 年 12 月 30 日。

是日本政治、经济、文化等诸多领域的枢纽中心，其教育基本理念为"为社会全体儿童提供智、德、体教育，在全球化推进、激变的社会环境中，培育学生自主学习、思考、行动的能力以及为社会贡献的能力"①。在"德"方面，包括提高中小学生社会自立能力、育成健全心灵两方面，具体举措有推进人权教育、推进道德性和社会性教育、推进职业自立教育、防范校园欺凌暴力自杀事件等，并以人权教育课程、道德课程等贯彻教育理念，其传递的价值观包括尊重人权、规范意识、社会贡献、自助互助、自尊自爱等。作为日本事实上的首都，东京都价值观教育与中央政策导向高度一致，同时，作为充斥多元文化的世界级大都市，东京都的价值观教育又具有国际理解特征。北海道是日本行政单位中唯一的"道"。1869 年，明治新政府将"阿努莫西"（ァィヌモシ）纳入领土，命名为北海道。北海道原居民为阿伊努人，明治后迁入大量国内移民，且地缘位置临近俄罗斯，因此北海道文化具备一定的多元性，体现在教育政策及价值观教育之中。2021 年 2 月，北海道教育委员会发布《教育行政执行方针》（简称方针），方针指出伴随信息技术的高度发展及 society 5.0 到来，为适应全球化发展，克服新冠病毒感染，应对生活、社会的急剧变化，并以此变化为契机改革新时代学习和工作方式，市町村教育委员会将携手为所有人无论在何地都能安心接受高质量教育、永远持续学习创造良好环境。② 为实现这一目的，方针同时指出，为应对新冠病毒感染，推行"不停止学习""拉近心"的教育；为育成适应社会生存的"知、德、体"素养，且推进其贯穿一生、个

---

① 東京都教職員研修センター，令和元年度事業概要，https：//www.kyoiku-kensyu.metro.tokyo.lg.jp/11center_info/overview/files/30gaiyo.pdf，访问日期：2021 年 9 月 7 日。
② 北海道教育委員会，教育行政執行方针，https：//www.dokyoi.pref.hokkaido.lg.jp/fs/2/5/4/5/2/9/4/_/housinr3.pdf，访问日期：2021 年 9 月 7 日。

性闪耀、丰富的教育;为建设与家庭、地域相联系的学校和互相认可、支持多元价值观的社会,培养对北海道怀有自豪感和热爱,开拓未来的人。其中第三条措施明确指出教育每个道民承认不同价值观并相互支持,通过学校、家庭和社区共享课题,共思解决方案,通过实践培养儿童对社区的热爱和承担社区未来的意识。京都府是日本行政单位两府之一,历史悠久,文化底蕴雄厚。2011 年,京都府发布"明天的京都"(长期愿景),该文件指出人类社会面临全球范围的环境、资源、能源和粮食问题,迄今为止的大量生产、大量消费、大量废弃的时代已经结束,当下是从"量"到"质"的时代,是追求物质丰富性的时代,建立人与人的羁绊,关心一切的时代,追求"心灵"丰富的时代,是历史性转折的时代。为实现环境与文化的持续发展,提高社会和生活质量,创造新的价值,应以长久性价值观为基础,以每一个府民的生活方式和生存方式为视点,展示未来理想的京都府社会姿态。① 其中,府民所需珍视的价值观为: 珍惜人与人、人与社会之间的羁绊;引领"质"和"心"的时代,为世界做出贡献。未来,将致力于打造"重视人与人之间的纽带""自由多元""环境与文化持续发展""交流创造价值""闪耀地域光辉"的京都。② 可见,此价值观教育目标也是京都作为文化古城的城市发展理念即实现传统与现代的融合。2023 年,京都府修订综合计划提出新发展蓝图,致力于 2040 年打造"人与地域共生""传承文化力量创造崭新价值""创造丰富的行业交流""切实感受与环境共生的安心、安全"的京都府。③ 新蓝图在 2011 年版"明天的京都"(长

---

① 京都府,「明日の京都」長期ビジョン(概要),https://www.pref.kyoto.jp/asunokyoto/vision.html,访问日期: 2022 年 3 月 5 日。
② 同上。
③ 京都府,京都府総合計画,https://www.pref.kyoto.jp/shinsougoukeikaku/index.html,访问日期: 2023 年 5 月 4 日。

期愿景）基础之上，基于当下日本国内、国际形势判断，更加强调对本土资源的传承与挖掘。福岛县位于日本东北地区，2011 年东日本大地震对福岛县造成了毁灭性破坏，再加上核电站事故引发辐射危机，至今仍有学生在外避难。在救灾及灾后重建过程中，地区居民和志愿者互相扶持，面对困难不失秩序和礼节，为复兴沉着前行。这种温暖的县民性和牢固的地域纽带是福岛县民的骄傲和财富，是复兴、再生的食粮。① 因此，2013 年第 6 次福岛县综合教育计划提出"奏响'福岛的和'，打造心灵丰富的坚强的人"，将福岛县的精神财富传承给下一代。2019 年综合教育计划提出，充实道德教育，推进体验活动，以此滋养学生丰富的心灵。福岛县以大地震的经验为基础，通过学习资料、道德教育传递"家庭之爱""乡土之爱""生命可贵"等价值观，其目的在于对因受灾而深感不安的众多学生的身心和生活方面给予充分支持的同时，让他们重新认识到"生命的珍贵""家族的羁绊"。

（二）日本中小学价值观教育的内容架构

《学习指导要领》是日本中小学国家课程方针，详细规定了各学科的教学目标、课程编制、教学评价等标准。2020 年日本全面实施新版《学习指导要领》，以小学、中学《学习指导要领》总则篇为对象，分析挖掘当下日本中小学阶段核心价值取向，其内容架构包括政治、经济、道德、生态、科学、文化价值观。

1. 爱国、民主、和平的政治价值观

政治价值观即某特定主体对政治事务、政治现象、政治行为等的基本评价、态度以及人们之间政治关系的准则。② 日本中小学阶段政治价值观及教

① 福岛県教育委员会，第 6 次福岛県総合教育计画 2019 年度アクションプラン，https://www. pref. fukushima. lg. jp/uploaded/attachment/258221. pdf，访问日期：2020 年 3 月 31 日。
② 陈章龙、周莉：《价值观研究》，南京师范大学出版社，2004 年，第 29 页。

育反映在中小学生对政治事务、政治现象、政治行为等的评价、态度及行为取向之上。国家是政治最根本的载体,如何认识国家是开展价值观教育无法回避的问题。"家乡"(郷土)意为"出生和成长的地方",该词在《小学学习指导要领》中共计出现96次,且多与"我国"(我が国)连用,"热爱国家和家乡"(我が国と郷土を愛する)共计出现15次,由此可见,日本中小学阶段政治价值观教育意在将乡土之情与爱国之情相融合,爱家乡即爱国,爱国即爱家乡。课程方针中屡现流露爱国意味的词句也说明了爱国教育在日本中小学阶段的重要性。《小学学习指导要领》"各科所蕴含的价值观教育"一节,明确提到"国语科""社会科"应以语言文化、地域文化、历史传统文化教育为契机,培育小学生尊重传统和文化,热爱国家和家乡的态度。《中学学习指导要领》中"家乡"一词同样频繁出现,且政治意味以及对国家概念的解读更加深入。以中学社会科为例,通过深化中学生对政治、经济、历史、文化的认知,强化爱国价值观教育,中学社会科较小学阶段新增历史、公民两部分,历史部分旨在使学生了解日本及世界的历史发展进程,汲取传统文化精华、体悟文化多样性;公民部分旨在使学生学习现代社会政治、经济和国际社会相关知识,初步培育作为日本公民的基本素养。此外,部分学校围绕公民科、特别活动等开设"主权者教育"政治素养专题教育,主要内容包括选举法和选举机制研究、政治事件讨论、模拟选举等实践性学习活动。[1] 福井、埼玉、长野等多县教育部门在主权者教育活动中,组织学生与地方政府部门、官员就社会问题进行研讨,使学生在实践中锻炼政治参与意识与能力,塑造学生政治价值观。

---

[1] 文部科学省,主権者教育(政治的教養の教育)実施状況調査について(概要),https://www.mext. go. jp/content/20210105-mxt_kyoiku02-100002874_2. pdf,访问日期: 2021 年 9 月 7 日。

2. 公正、劳动、法治的经济价值观

经济价值观即某特定主体对经济事物、现象、行为等的基本评价、态度。日本中小学经济价值观教育重点培养消费意识及劳动意识。道德科贯穿小学和初中学段,设置节约、节制、勤劳、公共精神、公平、公正等与经济有关的价值观,以节制为例,一年级注重教育学生珍惜财物、尊重规则等较为浅显的内容,而后逐渐深入,注重学生生活习惯的培养,将节制融于习惯;初中社会科公民分科"我们与经济"一节着重讲解社会资本、社会保障、消费者权益、财政税收等专业性知识,并强调课程学习应着眼于冲突与协议、效率与公正、分工与交换等经济活动中所彰显的价值认知。家庭科课程目标在于加深学生对家庭和家庭功能的理解,理解家庭家族衣食住、消费和环境等生活自立基础理念并掌握相关技能,本质在于使学生在家庭生活琐事中理解经济价值与意义,可视为传递经济价值观的实践性课程。综合学习时间也开设与地方经济相关的探究性活动,例如"为振兴购物区而努力的居民和社区"。不同类型的实践活动在行动中培育了学生的财务认知能力、管理能力,强化了经济价值观。

3. 重视集体、立足社会发展的道德价值观

道德价值观是指人们的道德意识和道德实践活动对于社会、群体和个人所具有的意义。[①] 本尼迪克特(Ruth Benedict)认为日本是一个制度化、等级化的集团性民族,考究日本民族文化发展历史,集团主义价值观对整个日本社会意义深远。为实现学校道德教育目标,培养学生生活基础的道德性,促进学生理解道德价值观,文部省将以往的"道德时间"学科化,设置"特别学

---

① 陈章龙、周莉:《价值观研究》,第 30 页。

科道德"(简称道德科),以加深学生对人与社会关系的思考,培育重视集体、立足社会发展的道德价值观。道德科将课程目标划分为与自我发展相关、与人交往相关、与社会相关、与自然相关四部分,其中与人交往相关强调感恩、礼仪、信任、理解、宽容等,与社会相关强调尊重规则、公平正义、热爱家庭等。此外,道德价值观教育贯穿学校各学科:国语科、社会科强调基础道德性的养成;算数科、理科强调道德判断力的养成;音乐科、图画工作科强调道德情感的养成;生活科、家庭科、体育科强调直接性道德体验;外语科和外语活动强调多元文化理解和国际视野的培育;综合学习时间和特别活动则将多元价值观融于学习、实践活动,如特别活动,活动目标包括自主、实践性地致力于集体活动,发挥彼此的优点和可能性,解决集体和自己生活上的课题①等道德价值观内容。

4. 尊重自然、提倡环境保护的生态价值观

生态价值观是人们直接处理人与自然的关系,间接处理人与人之间的关系时所反映出来的价值意识。常见的生态价值观包括"人类中心"价值观、"可持续发展"价值观等。日本神道文化自诞生以来便提倡尊重自然、敬畏自然、人与自然和谐相处的生态价值观,此传统对当代中小学价值观教育影响深远。《学习指导要领》极为重视生态价值观教育,开辟环境教育专栏,总结中小学学科教育中的生态价值观:小学社会科旨在使学生了解区域特色、国土环境,初步认识生态环境,中学社会科地理分科意在增强学生对环境重要性的认知,帮助学生认识人与自然环境相互依存的关系;生活科使学生通过观察自然,参与季节性、区域性活动理解生活方式的变化,感受自然的趣味与

---

① 文部科学省,【特别の教科 道徳编】小学校学習指導要領(平成 29 年告示)解说,https://www.mext.go.jp/content/1413522_001.pdf,访问日期:2021 年 9 月 7 日。

神奇;家庭科从日常消费、生活条件入手引导学生有效利用资源,通过低碳环保生活保护自然环境;理科通过引导学生认识生物、生态系统塑造学生自然环境保全意识;道德科提出了尊重生命、爱护自然、敬畏自然等与自然相关的价值观;综合学习时间与特别活动则在实践中帮助学生认识自然。

5. 追求真理、育成创新思维的科学价值观

科学观是人们关于对待科学和真理的态度问题的价值观。[①] 掌握广泛的知识和教养,培养追求真理的态度是《教育基本法》对学校教育提出的基本要求。《中学学习指导要领》总则篇中"创造"(創造)一词共计出现 68 次,可见于美术、音乐、技术、道德等多学科之中,培养创造力可视为全部学科课程的共同目标,具体而言:道德科与自我相关的价值观教育目标之一即为"探索真理、创新",鼓励学生重视真相,在追求真理的过程中发现新事物;理科通过观察、实验培养学生问题解决能力、道德判断力和重视真理的态度;数学等学科通过数量关系分析、数据应用等塑造学生数理思维,提高学生问题探索欲望和问题解决能力。

6. 继承传统、包容多元理念的文化价值观

文化价值观是人们看待文化、处理文化关系所反映的价值意识。日本中小学文化价值观教育聚焦于文化传承与发展、尊重与理解,对内表现为贯穿学校课程的传统文化内容、对外表现为国际理解教育中所蕴含的跨文化内容,两者共同建构起传统与多元交织的文化价值观。小学阶段,学校开设传统文化教育系列课程:国语科通过朗读民间故事、神话等熟悉传统语言文化;社会科由近及远从地区文化遗产、年中行事、先人故事到日本历史再到世界

①　吴倬:《论科学价值观教育在当代德育中的地位和作用》,《思想理论教育导刊》2002 年第 12 期。

文化遗产,使学生逐步理解文化价值、适应多元文化;音乐和图画工作科以国内外音乐、美术作品为载体,在艺术鉴赏过程中传递文化价值观;家庭科旨在教授包括衣食住在内的日本式传统生活方式及生活文化行为;道德科则将尊重传统文化作为与集团和社会相关的价值观目标。外语活动与外语科使学生通过与不同文化体系的人交流加深对不同文化的理解,日本外语教育的特殊性在于以外语学习强化学生对日本文化的理解。总之,尊重传统文化、热爱家乡国家、尊重他国、理解多元文化、适应跨文化生活等即为日本中小学阶段文化价值观的主要内容。

二、日本儿童价值观教育的显著特征

日本中小学价值观教育就其文化特征而言,融东方传统文化与近代西方文化于一体,铸就"和"之价值理念;就其教育目标、内容而言,集团意识与自我发展并重,铸就理想公民、面向世界的日本人之价值目标;就其教育路径而言,多元角色与多层场域协力,契合"大和民族"之包容意识、集团意识。

(一)推崇传统与包容多元共生

纵观整个日本教育史,中小学教育中的价值倾向无不寄托于儒学、神道、武士道、茶道等传统文化之中,直至近代明治维新,文明开化、脱亚入欧,西方自由主义价值观才逐步进入日本价值观教育领域。传统文化在日本中小学课程中地位极高,国语科中的文学作品,社会科中的历史,公民科中的日本政治、经济,不同课程从不同视角着手以期达成共同目标即传承传统,奠定儿童价值观教育中的文化血脉。东京都立小初高一贯制学校的教育方针便是在理解和尊重日本传统和文化的同时传递多元价值观理念,培养学生主动参与国际社会的能力,通过不同年级的学习活动、地域合作、国际交流,培养关怀他人、协作创造新价值的能力。① 北海道白糠小学开设阿伊努语、古典舞蹈、传统乐器"穆库里"（ムックリ）演奏体验、阿伊努民族料理烹饪体验等传统文化课程。② 通过系列学习，帮助学生了解家乡白糠的历史和文化，加深对阿伊努民族的认识。2018 年冈山县、广岛县、爱媛县组织暑期亲子传统文化体验活动——"传统文化亲子教室"，引导学生在花道、茶道、俳句的体验中领悟侘（わび）、寂（さび）等日本传统价值理念。包容多元体现于日本中小学阶段的国际理解教育，以外国文化为媒介引导学生理解价值多元性、文化包容性。如北海道为促进多元文化共生，培养小学生以尊重人类精神为基础的国际性，提高国际社会沟通能力，创立了国际教育（Globe）课程，培养学生与异场域文化和价值观的人建立更好人际关系的素质和能力。③

（二）集团意识与个人品格并重

日本中小学教育以培育完善人格和作为国家和社会塑造者的身心健康的公民为首要目的，从《教育基本法》《学校教育法》到各科《学习指导要领》再到各学校教育理念，无不将集团意识教育与个人品格教育视为价值观教育的双核。集团意识于学校教育中表现为爱国心、乡土情怀、同伴关怀意识等，个人品格即中小学德智体全面发展所强调的德育。埼玉县可持续发展教育计划（ESD）以培育学生尊重人类、尊重多样性、非排他性、机会均等、尊重环

---

① 东京都教育委員会，都立小中高一貫教育校とは，https：//www. kyoiku. metro. tokyo. lg. jp/school/consistent_school/about. html，访问日期：2021 年 9 月 7 日。

② 土曜授業を活用した「ふるさと教育」の推進，https：//manabi-mirai. mext. go. jp/search_case/files/29kasetukomyu_1_2_29134. pdf，访问日期：2021 年 9 月 7 日。

③ 文部科学省，東川町立東川小学校外 6 校（園）（北海道），https：//www. mext. go. jp/a_menu/shotou/kenkyu/htm/08_news/1388739. htm，访问日期：2021 年 9 月 7 日。

境等可持续发展价值观为目标。[①] 2017 年神奈川县中小学校研究主题强调以国语、算数、道德等学科发展学生个人能力、价值意识，以家庭、特别活动、社会等学科帮助学生认识家庭、社区、国家等集体。聚焦于地方学校，其教育理念或多或少与集团意识与个人品格相关联。例如丰中市辖区内各中小学教学目标多包含人权、自我、同伴、梦想等词，如丰中市立第十一中学校致力于向学生传递"尊重人权、追求真理、共生协同等价值观"[②]，樱冢小学主张"保护所有儿童的生命和人权，增强学生生存能力，引导学生自爱，携手同伴，追求梦想"。[③] 北海道泷川市立东小学德育目标为培育关爱朋友、自然、心灵美满的学生。[④] 新十津川町立新十津川小学意在培育热爱家乡、怀有梦想和希望的学生。[⑤] 可以说，集团意识与个人发展成为广大中小学共同追寻的价值观教育目标，同时也彰显了日本中小学价值观教育中传统与现代交织，传统集团主义思维中对个人主体意识的发扬。

（三）多元角色与多层场域协力

2006 年《新教育基本法》规定学校活动开展过程中应注意学校、家庭和当地居民之间的合作，引导学校、家庭、当地居民和其他相关人员认识到各自的角色和责任并相互合作。[⑥] 少子化、高龄化、信息化的复杂背景下，学校、社

---

① 埼玉県庁，環境学習（環境教育）の取組，https://www. pref. saitama. lg. jp/a0501/kankyogakusyu/zenpan. html，访问日期：2021 年 9 月 7 日。
② 豊中市立第十一中学校，豊中市立第十一中学校：教育目標，http://www. toyonaka-osa. ed. jp/cms/jh11/index. cfm/1,0,12,111,html，访问日期：2021 年 9 月 7 日。
③ 同上。
④ 滝川市立東小学校，滝川市立東小学校：本校の概要，http://edu. takikawa. ed. jp/higashi-e/home/index/introduction/overview，访问日期：2021 年 9 月 7 日。
⑤ 新十津川町立新十津川小学校，新十津川町立新十津川小学校：学校目標，http://www1. odn. ne. jp/~aat77730/gakko-shokai. html，访问日期：2022 年 3 月 5 日。
⑥ 文部科学省，新しい教育基本法について，https://www. mext. go. jp/b_menu/kihon/houan/siryo/07051111/001. pdf，访问日期：2023 年 4 月 25 日。

会协力成为培育通用型人才的关键,多元角色与多层场域协力成为校内、校外联合的价值观教育模式。多元角色即教师、社区居民、工人、农民、警察等社会各领域人士,多层场域即学校、社区、法院、农场等社会各单位。全日本红白事互助协会是以婚丧活动为核心的公司行业协会,是日本婚丧嫁娶行业规模最大的互助会,协会成员以代表日本文化价值观的仪式文化为中心开展活动,向小学生传达道德心和"感恩之心"的重要性。① 日本筹款协会在全国各地举办"捐款教室和社会贡献讲习班",让学生通过对社会的贡献感受个体对社会的不可替代性,更为重要的是让中小学生在孩提时代就感受到根据自己的价值观选择支援对象的乐趣和通过支援获得成就感的体验。② 新潟市为促进学校地区融合发起"梦·未来·南滨"计划,邀请地区居民携手组织急救知识、乡土料理、短歌书道、日本舞蹈系列讲座,使学生在学习交流中接触多元价值观,培育宽容精神。③ 此外,部分社会机构并不直接承担价值观教育职能而以提供交流机会的方式引导学生深入认知价值理念。例如,非营利组织(NPO)儿童在线支援中心组织"尝试倾听,尝试诉说——为了互相理解的交流"表达研讨会和倾听体验,使中小学生互相倾诉个人烦恼、价值观等平时极少提及的话题。④

---

① School Home Community,一般社団法人 全日本冠婚葬祭互助協会,https://manabi-mirai. mext. go. jp/search_organization/detail/000676. html,访问日期: 2022 年 3 月 5 日。
② School Home Community,寄付の教室、社会に貢献するワークショップ,https://manabi-mirai. mext. go. jp/search_program/detail/000851. html,访问日期: 2021 年 9 月 7 日。
③ School Home Community,「夢·未来·南浜」プロジェクト-地域と融合した持続可能な取組-. https://manabi-mirai. mext. go. jp/search_case/files/2019hyousyou-55-1. pdf,访问日期: 2021 年 9 月 7 日。
④ School Home Community,聴いてみよう、話してみよう~わかりあうためのコミュニケーション~,https://manabi-mirai. mext. go. jp/search_program/detail/000978. html,访问日期: 2021 年 9 月 7 日。

第四节　日本儿童价值观教育的实践路径

日本中小学价值观教育依托学校、家庭、社区三场域,学校场域以课程为媒介开展全学科覆盖的价值观教育,课程根据属性差异分为显性课程与隐性课程,其中显性课程包含理论课程与实践课程,隐性课程包含校园文化建设与"理想教师"暨师德师风建设等;家庭场域则积极开展以"育儿支持"为导向的家庭指导教育,通过对家长育儿理念、家庭教育环境的引导为学生价值观形成创造条件;社区场域则基于社区服务与体验开展共感教育,使学生在与其他群体协同活动中切身体会价值观。

一、基于学科课程的显性价值观教育

学校是开展价值观教育的核心场域,校内价值观教育以课堂教学为先。日本中小学价值观教育的主要路径便是基于全学科覆盖的校内协同育人,将价值观教育目标与各学科相结合,使得各学科教学皆包含价值观教育意蕴。

表 8-1　日本中小学开设课程一览表

小学	国语	社会	算数	理科	生活	音乐	图画	家庭	保健	英语	道德
初中	国语	社会	数学	理科		音乐	美术	技术	保健体育	英语	
								家庭			
高中	国语	地理历史	数学	理科	公民	艺术		家庭	保健体育	外语	情报
											理数

注:表格由文部省发布中小学《学习指导要领》整理而成。

日本中小学价值观教育以道德科为主,寄托于学校全体教育活动,基于各学科、外语活动、综合学习时间以及特别活动的特点,考虑儿童发展阶段特征,进行切实指导。根据课程开展价值观教育的方式差异可将日本中小学阶

段开设课程分为理论涵养类课程与实践体悟类课程。

（一）理论课程涵养

理论课程是以传递客观性知识、学理性观念为主的课程,中小学阶段价值观教育理论涵养类课程主要包括道德、社会、国语、数学、理科、外语等。就教学方法而言,以读物教材中登场人物自我干预为中心的学习、以解决问题为中心的学习、小组活动问题解决法、问题点公有化法、TT（ティームティーチング）教学法（同伴示范法）、角色扮演法、共情法、跨学科教学法等诸多新式价值观教育方法正逐步引入学校课程之中,助力学生领悟价值目标。

表 8-2 日本中小学道德科中的价值观

维度划分	小学	初中
自身维度	自律、诚实、节制、勇敢、努力等	克己、坚强、上进心、创造力等
他人维度	亲切、感恩、宽容、为人着想等	为人着想、感恩、宽容等
集体和社会维度	爱国、规则、公正、勤劳等	爱国、法治、公德心、社会参与等
生命和自然维度	尊重生命、保护自然、敬畏之心等	尊重生命、保护自然、敬畏之心等

注：表格由文部省发布中小学《学习指导要领》道德篇整理而成。

道德科前身为文部省于 1958 年提出的"道德时间",2015 年正式学科化改称为"特别学科道德",并以传递与自身相关的价值观、与他人相关的价值观、与集体和社会相关的价值观及与生命自然等崇高事物相关的价值观为主要任务。相比其他学科,道德科更难使学生获得满足感,此前也存在不受重视、主题目标设定不充分、单纯生活经验交流和理解读物登场人物心情等问题。[①] 近年来,为提高价值观教育成效,文部省提出从以对主人公的共鸣为中

① 尾崎正美：子供が自己を見つめながら考えを深めていく道徳科の授業づくり：小学校高学年における実践研究（特集「考え、議論する道徳」の可能性：「アクティブ ラーニング」の視点から）,『道徳と教育』,Vol. 61, No. 335（2017）,pp. 63-72.

心的"传统型授课"转向"思考、讨论的道德"①,通过改善教学方法加深学生对价值问题的理解。以东京图书股份公司道德编辑部发布的小学第五学年"一步十年"(一ふみ十年)教案为例:课程目标在于引导学生反省自身缺乏充分考虑和分寸的行动,培养爱护自然的态度,其中第四问已经引发出主人公"勇""必须珍惜自然"的思考,在实现课程目标后教师进一步追问"为什么会产生珍惜自然的想法",并以第二问"忘记了""没有注意到""只考虑了自己",第三问"十年""无法挽回"为提示,使学生意识到人也是生存于自然之中,轻率的行动会破坏给人以美好和感动的自然,课程最后联系生活,引导学生反思自身是否存在由于轻率行动而破坏自然的行为。② "一步十年"为典型的道德行为体验式学习,结合教材情境、教师引导、学生生活经历使学生形成情感共鸣,从而在沉浸式道德行为体验环境中育成学生爱护自然的价值观。

社会科源于战后民主化改革,初建时目标在于培育学生的社会适应能力,在教学改革过程中逐渐挑起价值观教育重担,成为培养新时代公民必备素养的学科。小学阶段社会科包括社会、地图两部分,中学阶段包含地理、历史、公民,中学一、二年级开设地理、历史,三年级开设历史、公民,社会科特别是公民课程部分以传递政治价值观为主要任务。小学社会科最常见的授课理念即引导学生与课例形成情感共鸣,实现价值教育目标。③ 以东京图书股

---

① 新川靖:「道徳授業における子どもによる意味の発見と思考の視点の明確化」,『道徳と教育』,Vol. 62, No. 336(2018), pp. 29-39.
② 東書Eネット:5年一ふみ十年, https://ten. tokyo-shoseki. co. jp/detail/112809/,访问日期:2021年9月7日。
③ 吉田正生:「小学校社会科における価値教育ストラテジーについて(特集道徳. 価値教育に関する論考)」,『教育研究所紀要』, No. 24(2015), pp. 17-28.

份公司发布的社会科教材"新社会年度指导计划资料"为例,第五学年第二单元题为"劳动人民和我们的生活",分为农业工作、工厂工作、商店工作三节,课程目的在于使学生了解城市居民工作情况及工作与生活的联系。"农业工作"课程设计中"……了解从事生产工作的人们的工作情况……理解生产工作与当地人民生活的密切关系……思考生产工作人员的工作情况"①,"工厂工作"课程设计中"……了解生产人员工作情况……工人工作情形"以及"商店工作"课程设计中"了解消费者需求、销售与其他地区和国家的关系"等皆蕴含价值观教育意味。其价值观教育策略在于以工人、农民等可接触的实在人物为例,捕捉他们在工作过程中流露出的专注与努力,并以此为基础使学生与工人、农民等利他、奉献的价值观形成共感。

表 8－3　小学第五学年"一步十年"(一ふみ十年)教案

课程目标:与因粗心而折断"稚儿车"(一种蔷薇科灌木)的主人公"勇"的心情形成共鸣,同时反省缺乏充分考虑和分寸的行动,培养在力所能及的范围内重视自然环境,努力实现可持续发展社会的态度。(爱护自然)	
指导过程	
导入	照片展示:雄伟的北阿尔卑斯山。 问题 1:你看到照片有什么想法?
展开前段	教师朗读示范
	问题 2:在松井先生的提醒下,勇脸颊渐渐发热,他当时在想什么? ·爸爸和我说过,但我忘记了 ·没注意到,不好意思 ·我只想着我自己
	问题 3:当勇想起折断的"稚儿车"时,心跳突然加速,他的脑海里浮现出了什么? ·把"稚儿车"折了真不对 ·花了十年的时间长大,却无法挽回 ·要想恢复原样,还需要十年的时间

---

① 東書Eネット,令和2年度(2020年度)「新しい社会」(第5学年)年間指導計画作成資料,https://ten.tokyo-shoseki.co.jp/detail/112854/,访问日期:2021年9月7日。

（续表）

展开前段	问题4：听了松井先生"一步十年"的故事，勇在想些什么呢？ ·我们必须珍惜大自然 ·只考虑自己的行动会破坏自然，恢复自然需要花费很长的时间和劳力 ·从自己力所能及的地方开始，注意保护给予感动和生存能力的自然
展开后段	回归生活
	问题5：你有没有因为仔细思考而珍惜自然，或者考虑不足而感到困扰的经历呢
结束	故事补充 介绍日本的世界自然遗产

注：表格由东京图书股份公司道德编辑部发布小学第五学年"一步十年"（一ふみ十年）电子教案整理而成。

外语教学是全球化时代提升国家国际化水平、培育学生国际素养的重要路径，外语教学中蕴含着国际理解、文化包容等价值理念。有学者研究认为，日本的英语教学存在一定的特殊性：英语教学的根本目的不是培养跨文化和跨文化交流技能或全球能力，而是在学生中建立国家认同，重视英语的话语往往伴随着对日语的强调，日本人民被告诫在试图学习英语之前要掌握国语。[①] 为保护日本的价值观、传统和文化独立性，英语教学脱离语境，注重语法和翻译，排除交际方面。[②] 可见日本中小学外语教学试图在日外语言学习比较中加深学生对本土价值观的认同感。

（二）实践课程体悟

实践课程以学生自主探究、问题解决为主，典型实践课程包括综合学习时间与特别活动。综合学习时间旨在引导学生运用探究性的观点、想法，进

[①] Morita，Liang，"English，language shift and values shift in Japan and Singapore"，in *Globalisation，Societies and Education*，Vol. 13，No. 4（2015），pp. 508-527.

[②] Craig Whitsed，C.，Wright，P.，"Perspectives from within：Adjunct，Foreign，English-language Teachers in the Internationalization of Japanese Universities"，in *Journal of Research in International Education*，Vol. 10，No. 1（2011），pp. 28-45.

行横断性、综合性的学习，以培养其更好地解决问题、思考生活方式的资质和能力。学生从现实生活中发现问题，提出课题，收集信息，整理分析，总结表达，基于超越单一学科的综合性学习提升信息应用能力、思考能力以及言语能力，常见课题有国际理解、信息、环境、福利（健康）等现代化相关课题，地区学校特色相关课题，儿童兴趣相关课题等。例如身边环境及环境问题、地域传统与文化及其继承者、现实社会工作者的姿态和自己的将来等探究性课题皆与价值观教育存在交互性。① 学习过程中的系列研讨也有助于加深学生对问题的理解，在问题解决中形成与稳固价值观。日本中小学特别活动包含班级活动、儿童协会活动、俱乐部活动和学校活动四部分，相较于其他课程，特别活动的价值观教育属性更为突出、聚焦，指向集团意识的塑造，其课程目标即发挥学生作为集团和社会形成者的看法、想法，自主地、实践性地致力于各种各样的集团活动，在发挥彼此优势和可能性的同时，解决集团和自己生活上的课题。② 在集体活动中培育学生集体意识、合作意识，提高交流能力、实践能力、社会参与能力。此外，音体美等课程致力于引导学生发现美、欣赏美、认识美，在生活中保持明朗乐观的态度，也可视作价值观教育的实践课程。

二、基于环境熏陶的隐性价值观教育

日本学校定期开展"理想学生""理想教师"等活动，强调发挥学生和教

---

① 文部科学省，【総合的な学習の時間編】小学校学習指導要領（平成 29 年告示）解説. https://www. mext. go. jp/component/a＿menu/education/micro＿detail/＿＿icsFiles/afieldfile/2019/03/18/1387017_013_1. pdf，访问日期：2021 年 9 月 7 日。

② 文部科学省，【特別活動編】小学校学習指導要領（平成 29 年告示）解説. https://www. mext. go. jp/component/a＿menu/education/micro＿detail/＿＿icsFiles/afieldfile/2019/03/13/1387017_014. pdf，访问日期：2021 年 9 月 7 日。

师的榜样作用,引导中小学生价值观的塑造。校歌、校训等校园文化建设也在潜移默化中改变中小学生的价值观。隐性价值观教育主要为课内外间接地、无意识间影响受教育者的校园文化。校园文化是以校园为空间,以学生、教师为参与主体,以精神文化为核心的物质文化、制度文化、行为文化相统一的具有时代特征的一种群体文化。① 物质文化是校园文化的基础与外在表征,包括教育教学基础设施、生态环境建设等。校园环境建设依据《学校环境卫生基准》开展,该基准规定了教室环境、饮用水水质及设备、校园卫生虫害及教室设备、泳池和常规检查的项目及标准②,其中蕴含生态环保、尊重生命、健康可贵等价值理念。制度文化是一种规范习俗,包括规章制度、组织规范、学生行为准则等,对引导学生树立规则意识意义重大,其中饮食教育制度独具日本特色,旨在帮助学生通过食物了解社区,继承饮食文化,了解大自然馈赠和劳动重要性。③ 行为文化是校园文化的波动指南,也是师生价值行为表征的集合,"理想教师""理想学生"建设是日本中小学行为文化的重要表现形式。2015 年中央教育审议会就新时代教师素养、教师培育等问题作出解答,提出新时代教师应具备"持续学习能力、环境适应能力、团队协作能力"④,教师整体素养的提升有助于为学生树立良好的标杆。精神文化是校园

---

① 史洁、冀伦文、朱先奇:《校园文化的内涵及其结构》,《中国高教研究》2005 年第 5 期。
② 文部科学省,【参考】学校環境衛生基準(令和 2 年文部科学省告示第 138 号)溶け込み版,https://www.mext.go.jp/content/20201211-mxt_kenshoku-100000613_02.pdf,访问日期:2021 年 9 月 7 日。
③ 文部科学省,学校における食育の推進・学校給食の充実,https://www.mext.go.jp/a_menu/sports/syokuiku/index.htm,访问日期:2022 年 3 月 5 日。
④ 文部科学省,中央教育審議会:これからの学校教育を担う教員の資質能力の向上について~学び合い,高め合う教員育成コミュニティの構築に向けて~(答申),https://www.mext.go.jp/component/b_menu/shingi/toushin/__icsFiles/afieldfile/2016/01/13/1365896_01.pdf,访问日期:2021 年 9 月 7 日。

文化的核心,集中体现了学校的办学宗旨与教育理念,于日本突出表现为广为普及的校训、校歌。校训是学校教育理念和目标的成文产物[1],彰显了学校建设者的共同价值观。校训贯穿学校教育活动,在无意识间渗入学生内心,并成为联系生生关系、师生关系、校生关系的纽带,成为影响学生学校归属感、合作学习能力的重要因素,此外,校训中所表达的价值理念也会成为学生未来的路标之一。校训中所含价值理念常来源于地区传统价值观、社区价值观、学生活动规范、教职工理念以及多元文化理念。如兵库县立芦屋国际中等教育学校基于国际视角,综合学生的复杂背景,以促进共生为出发点提出了尊敬、融合和贡献三项校训,向学生传递相互理解、相互尊重的价值观。校歌是贯彻校训宗旨的一种方法,即将校训宗旨写入歌词内容。[2] 校歌文化在日本历史悠久,校歌创作之初尚未出现表示学校周边环境的语句,大正时期校歌歌词开始出现吟诵区域山川、河海等表现地域特征的内容,这一特征彰显了校歌之中的乡土情怀,同时也蕴藏着希望学生成才,成为地方骄傲的期冀。例如,富士山横跨静冈县与山梨县,其中静冈县半数以上小学校歌含富士山及其相关词语,以此彰显学校环境、生活体验等地理价值,以山体形态、色彩和高度等彰显审美价值,视富士山为神山的宗教价值,借富士山磨砺心灵、感受未来、追求理想的精神价值,将富士山(挺拔姿态)作为目标榜样的教育价值。[3] 此外,部分学校为应对校园欺凌、校园性犯罪通过校园文化、专题

---

[1] 文部科学省,校訓等を活かした学校づくり推進会議:校訓を活かした学校づくりの在り方について(報告書). https://www.mext.go.jp/component/b_menu/shingi/toushin/__icsFiles/afieldfile/2015/11/16/1363591_2.pdf,访问日期:2021年9月70日。

[2] 須田珠生:「学校校歌作成意図の解明:東京音楽学校への校歌作成依頼状に着目して」,『音楽教育学』,Vol. 46, No. 2(2017), pp. 1-12.

[3] 林倫子、沓間景、栢原佑輔、尾﨑平:「静岡県内の小学校校歌を素材とした富士山の文化的サービスの価値に関する試論」,『土木学会論文集G(環境)』,Vol. 74, No. 6(2018), pp. II_165-II_173.

宣讲向学生传递生命的珍贵和美好,尊重和珍惜自己(不做受害者),尊重和珍惜对方(不做加害者),每个人都是重要的存在(不做旁观者)①的价值理念。隐性价值观教育"润物细无声",以切实的价值理念、价值行动感染学生,引发学生共鸣,唤起学生贯彻学校价值观的自觉性与主动性。

三、基于育儿支持的家庭指导教育

家庭是教育的原点,是学生掌握基本生活习惯和社会规则,培养体谅和正义感等基本价值观、伦理观的场所。由于诸多家庭存在缺乏教养、过度保护、过度干涉、育儿不安等问题,文部省开展"家庭育儿支援计划"以期提升家庭教育能力。《〈关于充实今后家庭教育支援的恳谈会〉报告要点》建议父母结合孩子发展阶段,在婴幼儿期使幼儿通过拥抱感受爱、养成早睡早起等基本生活习惯,在小学中低年级使孩子认识到接触自然、帮助他人等生活体验的重要性,与不同年龄阶段学生相处的重要性,在青春期注意多与孩子沟通,使其养成自立的习惯。② 北海道教育委员会提出家庭教育应帮助中小学生形成珍视生命、重视家族羁绊等价值观,在辖区内组织"家读"(通过家中读书谋求家人之间的交流)、"早睡早起吃早餐"等活动并评选优秀参与者。同时,要求学校组织教师开展定期家访,以了解学生社区环境、家庭教育状况,为父母提供针对性指导与建议。此外,为解决育儿与工作之间的矛盾,减轻家长育儿压力,北海道教育委员会鼓励企业参与家庭教育支援,并发布《北海道家庭教育支援企业等制度实施要纲》鼓励企业改善育儿职场环境、开展学

① 文部科学省,「性犯罪・性暴力対策の強化の方針の決定について(通知)」, https://www. mext. go. jp/content/20230608-mxt_kyousei01-000014005_1. pdf,访问日期:2021 年 9 月 7 日。
② 文部科学省,「今後の家庭教育支援の充実についての懇談会」報告のポイント,https:// www. mext. go. jp/b_menu/shingi/chousa/shougai/007/toushin/020702. pdf,访问日期:2021 年 9 月 7 日。

生职场体验、参与社区活动、扶持学校活动、推广道民家庭日。①

四、基于服务体验的社区学校合作活动

全地域覆盖的校外协同育人表现为多样化的社区学校合作活动,即社区和学校作为合作伙伴协力开展的各种活动,目的是在老人、成人、学生、家长、家长会、非营利组织、私营公司、组织机构等社区成员广泛参与下支持地区儿童的学习成长。② 社区学校合作活动由社区学校协作总部主导,校内由学校管理委员会接洽,设置专门的"社区学校合作活动促进者",就社区居民、家长所提建议进行商谈,致力于促进家校合作。社区学校合作活动围绕当地特色组织学生参与课后学习、义务劳动、社会体验、自然体验、学校支援等活动,具体内容因社区实际情况和社区学校合作部门发展状况而异,例如岩手县大槌町教育委员会以防灾、复兴为目的设立"家乡科"(ふるさと科),培育辖区内学生的生存能力、家乡创生能力。公民馆、图书馆、博物馆是开展社区学校合作活动的主要场所,公民馆作为推进社会教育的核心据点,是学校、家庭、社区联合的关键纽带,部分公民馆定期开展游戏俱乐部活动,邀请老年俱乐部的老人和小学生共同参与竹蜻蜓制作、踩高跷等传统文化活动,在活动中培育学生对传统文化的兴趣、对老人的关怀理念;也有部分公民馆定期组织合宿活动,为中小学生提供独立生活的契机,培育其独立自主、交流协作的价值观。

---

① 北海道トップ,北海道家庭教育サポート企業等制度実施要綱,https：//www.dokyoi.pref.hokkaido.lg.jp/fs/3/1/5/2/5/6/4/_/%E5%AE%B6%E5%BA%AD%E6%95%99%E8%82%B2%E3%82%B5%E3%83%9D%E3%83%BC%E3%83%88%E4%BC%81%E6%A5%AD%E5%AE%9F%E6%96%BD%E8%A6%81%E7%B6%B1.pdf,访问日期：2021 年 9 月 7 日。

② School Home Community,地域学校協働活動パンフレット,https：//manabi-mirai.mext.go.jp/upload/190708chiikigakkoukyoudoukatudoupanhuretto.pdf,访问日期：2021 年 9 月 7 日。

第九章　印度尼西亚儿童价值观教育研究

印度尼西亚是我国"一带一路"建设的重要东盟国家,其教育发展质量是"一带一路"建设的重要支撑。作为多民族的多元文化国家,印度尼西亚各民族间拥有不同的社会背景、文化传统以及宗教信仰,异质文化间的观念与道德的冲突错位严重影响儿童的价值选择与追求。为了维护国家稳定,促进社会可持续发展,印度尼西亚重视国民教育,将教育视为印度尼西亚儿童克服道德危机、减缓社会发展矛盾与冲突的主要手段,发挥教育在促进国家团结和社会和谐的积极作用。印度尼西亚高度重视价值观教育,其价值观教育对人才培养具有重要意义。学校是国家实施价值观教育的重要场域,印度尼西亚学校通过对全体儿童实施全方位、多角度的价值观教育,培育符合国家发展需求的社会公民。彰显特色民族精神、塑造崇高道德品质、培育优秀爱国公民是印度尼西亚儿童价值观教育的主要内涵,关注个人习惯养成、重视榜样示范作用、强调角色扮演成效是其主要特征。印度尼西亚走出一条将价值观教育融入课堂教学,引导儿童认知发展、开展实践活动,促进知行合一,推行家校共育,实现教育合力的儿童价值观教育路径。

2003 年印度尼西亚《国民教育制度法》(Law of National Education System)规定,国民教育的目标是培养有尊严、有能力、有创造力、高尚、健康、知识渊博、独立、民主和负责任的公民。① 国家赋予儿童价值观教育的权利与机会，不断推动价值观教育发展。2017 年，印度尼西亚发布第 87 号总统令（Presidential Decree Number 87 of 2017），提出儿童价值观教育的目标是培育儿童民族精神，赋予其良好的道德品格，提高综合素质，培养全新一代的未来公民，促进社会繁荣，实现自由、主权、统一和民主的印度尼西亚共和国。② 基于此，探究印度尼西亚儿童价值观教育的主要内涵及特征，探究其价值观教育的实现路径，对促进中印两国文化交流与文明对话具有一定的现实意义。

第一节　印度尼西亚儿童价值观教育的基本内涵

印度尼西亚历史悠久，民族精神与民族文化是其国家价值观的主旋律。学校不断向学生传递以文化、道德以及爱国精神为主导的价值观教育内容，培养学生健康的体魄和智慧的心灵，使其恪守社会规范，形成情系国家的根本关怀，成为符合国家与社会发展需求的未来人才。

一、文化传递：彰显特色民族精神

印度尼西亚的国家文化具有鲜明的民族特色，受殖民时期反抗压迫、争取民族独立的思想影响，印度尼西亚在长期建构现代民族认同进程中形成了以"信仰神道、人道主义、民族情怀、民主和社会公正"为核心的五项精神。印度尼西亚开国总统苏加诺（Bung Sukarno）将五项精神视作代代相传的印度尼

---

① "Undang-undang（UU）Nomor 20 Tahun 2003 tentang Sistem Pendidikan Nasional"，https：//peraturan. bpk. go. id/Details/43920/uu-no-20-tahun-2003，访问日期：2023 年 6 月 30 日。
② Suyatno, S., Jumintono, J., Pambudi, D. I., et al., "Strategy of Values Education in the Indonesian Education System", in *International Journal of Instruction*, Vol. 12, No. 1（2019），pp. 607-624.

西亚民族哲学和精神实质的精髓,同时五项精神也成为建国原则与思想意识形态,蕴含印度尼西亚爪哇文化对自然、和谐与等级关系的追求,印刻其独有的文化基因。建国五项精神是印度尼西亚特色民族文化,具有满足人民精神需要、规范其道德行为的重要作用。其内涵包括信仰、民族、诚信、独立、合作。信仰,即拥有坚定的信仰立场,尊重不同民族信仰间的差异;民族,即印度尼西亚具有丰富的民族文化,印度尼西亚人欣赏自身民族文化并尊重文化多样性;诚信,即言行一致,为人正直,以身作则;独立,指不依赖他人,独立完成任务,具备独立自主的精神;合作,则指具备合作精神,能够共同商讨并解决问题,团结一心,反对歧视与暴力。[①] 2017 年印度尼西亚总统令提出,学校应注重民族精神的学习,传递民族文化力量。儿童价值观教育首要培养学生的五项民族精神,实施民族伦理教育,使其具备自律自主的态度及行为,践行所信仰的民族文化精神,成为忠诚、谨慎、卫生、礼貌、聪慧、勤奋、有责任心、有纪律性和创造性,能够给予他人关心和爱的公民。[②] 学校教会学生运用特色民族精神认清生活中的问题,学会正确判断并解决问题,通过学习与观察发现新事物,培养创新思维,提出多样化见解;鼓励学生运用民族精神分析社会科学技术的发展,为国家与社会的发展主动承担责任,具备长远眼光;教导学生运用民族文化指导思想诠释国家历史事件和民族价值观,积极促进民族

---

① Kementerian Pendidikan dan Kebudayaan, "Penguatan Pendidikan Karakter Jadi Pintu Masuk Pembenahan Pendidikan Nasional", https://www.kemdikbud.go.id/main/blog/2017/7/penguatan-pendidikan-karakter-jadi-pintu-masuk-pembenahan-pendidikan-nasional, 访问日期:2021 年 9 月 7 日。

② Saidek, A. R., Islami, R., et al., "Character Issues: Reality Character Problems and Solutions through Education in Indonesia", in *Journal of Education and Practice*, Vol. 7, No. 17(2016), pp. 158-165.

团结和国家统一;能与他人友善沟通交流、合作行动。① 学校引导学生在行动中彰显特色民族精神,传递文化意蕴,使其具备宪法精神和法律民主意识,成为有理想、有文化、思想开放的人,并能够领导国家和人民为未来的美好生活而努力奋斗。

二、品德内化:涵养崇高道德品质

品德教育是印度尼西亚维护国家价值观、实现人才培育的有效方式,也是使学生学会尊重各民族间的多样性与差异性,正确面对激烈社会竞争的有力渠道。印度尼西亚学校高度重视学生崇高道德品质的塑造,2013 年,印度尼西亚《课程 2013》(Curriculum 2013)文件中提出其道德价值观包括诚实、宽容、纪律、勤劳、创造力、独立、民主、好奇心、民族心、爱国、赞赏、友好、和平、热爱阅读、热爱环境、具有社会意识和责任感等道德价值观。② 2017 年总统令明确将道德教育作为学校应培养学生的核心能力之一,从认知、情感与行为三方面培养学生崇高道德品质。认知领域的价值观教育包括诚实、宽容、纪律、勤奋、创造力、独立、民主、好奇心等良好品格,情感领域的价值观教育则是爱国、赞赏、友好、和平、热爱阅读、热爱环境、具有社会意识和责任感。印度尼西亚尤其注重小学生道德品质的培养,往往在日常生活中塑造其正确的行为表现。例如,小学阶段,学生在课堂开始前组成整齐队列,教师检查其衣着整洁与得体,随后有序进入课堂,依次与教师握手、问好与祈祷。学生严格遵守课堂纪律,维护课堂秩序,学习纪律、诚实、尊重教师、井然有序、廉洁、

---

① Hadi, R., "The Integration of Character Values in the Teaching of Economics: A Case of Selected High Schools in Banjarmasin", in *International Education Studies*, Vol. 8, No. 7(2015), pp. 11-20.

② Zurqoni, Z., Retnawati, H., Arlinwibowo, J., et al., "Strategy and Implementation of Character Education in Senior High Schools and Vocational High Schools", in *Journal of Social Studies Education Research*, Vol. 9, No. 3 (2018), pp. 370-397.

勤奋、合作的道德品质。[①] 学校在道德教育中采用如角色扮演、戏剧、模拟、游戏、辩论、讨论、小组工作、面试和头脑风暴等多种教学方法和教学技术,旨在培养学生的高级思维技能,提高道德教育的有效性,通过认知与情感的内化,最终将崇高的道德品质转变为学生的良好道德行为并体现在日常的学习与生活中,使其做好面临未来全球化挑战的充分准备。[②]

三、爱国熏陶：培养优秀未来公民

印度尼西亚于 2007 年发布《2005—2025 年国家长期发展规划》(National Long-Term Development Plan of 2005—2025),强调学校教育要"发扬全体印度尼西亚人民的智慧,培养和发展学生爱国品格,使其具有团结、民主的爱国精神,实现社会正义"。[③] 提倡学校实施爱国价值观教育,熏陶爱国精神,重点培养学生作为印度尼西亚人的满足感与自豪感,拥护祖国和民族的团结统一,学会与不同族群友好交流,成为优秀的未来公民,实现各民族间的团结繁荣。学校每周一组织学生穿校服,唱国歌,升国旗,让学生感受国旗的感召力与凝聚力。颂扬印度尼西亚民族史上杰出的英雄人物,传递民族精神,凝聚爱国意识。讲述国家历史及先辈的英雄事迹,培养学生的爱国情感,提升爱国主义情怀和道德情操。铭记国家的独立统一发展来之不易,从而积极拥护民族团结和国家独立统一。2019 年,印度尼西亚将"团结奋进"作为第 91 届青年宣誓日纪念活动的主题,通过回顾国家历史和青年的斗争史,激发学生

---

① Hakam, K. A., "Tradition of Value Education Implementation in Indonesian Primary Schools", in *Journal of Social Studies Education Research*, Vol. 9, No. 4(2018), pp. 295-318.
② Nurhasanah, N., Nida, Q., "Character Building of Students by Guidance and Counseling Teachers through Guidance and Counseling Services", in *Jurnal Ilmiah Peuradeun*, Vol. 4, No. 1(2016), pp. 65-76.
③ Undang-Undang RI Nomor 17, "Rencana Pembangunan Jangka Panjang Nasional Tahun 2005-2025", in *Jakarta*, 2007.

的爱国主义精神,维护国家统一。① 印度尼西亚教育与文化部(Ministry of Education and Culture)将未来教育的目标定为实现"2045 年黄金时期的理想印度尼西亚人"(Ideal Indonesian for the Golden period of 2045),为纪念建国 100 周年做准备。学校教育的目的则是熏陶爱国精神,建立不同民族群体间的平等对话,增进跨文化理解,减少文化冲突与民族偏见。将学生塑造成对未来负有责任感,怀揣民族热情的优秀的未来公民,从而建立满含民族热情与爱国之心的社会。②

第二节　印度尼西亚儿童价值观教育的显著特征

印度尼西亚学校注重发挥个体认知发展与行为转变的重要作用,从个人习惯、榜样示范以及角色扮演出发,不断养成并强化学生的价值观念,形成价值观整合,最终使价值观牢固于心,内化于情,成为学生恪守的行为准则。

一、关注个人习惯养成

学生处于从个体个性化不断向个体社会化的渐进转变之中,印度尼西亚学校牢牢把握个体发展关键期,通过反复训练学生的日常行为,关注个人习惯培养,在价值观养成的初期阶段给予学生以深远影响,进而转化为牢固的情感认同和行为习惯,在潜移默化中促进其行为转变。学校教师通过训练学

---

① Kementerian Pendidikan dan Kebudayaan, "Hari Sumpah Pemuda Ke-91 Tahun 2019 'Pemuda Indonesia Bersatu untuk Indonesia Maju'", https://www. kemdikbud. go. id/main/blog/2019/10/hari-sumpah-pemuda-ke91-tahun-2019-pemuda-indonesia-bersatu-untuk-indonesia-maju, 访 问 日期:2022 年 7 月 27 日。

② Malihah, E., "An Ideal Indonesian in an Increasingly Competitive World: Personal Character and Values Required to Realise a Projected 2045 'Golden Indonesia'", in *Citizenship*, *Social and Economics Education*, Vol. 14, No. 2(2015), pp. 148-156.

生良好的行为习惯,培养其形成诸如遵守纪律、维持秩序、尊重他人、关爱他人的价值观念,使其意识到作为印度尼西亚公民自身承担的义务并自觉履行,引导学生利用既有的学习经验,切身体会现实生活,丰富情感体验,培养正确生活观念。例如,学校组织学生探访水灾地区的灾民,使学生学会关心他人,提高同理心;注重日常生活中的习惯培养,每周六要求学生定期打扫卫生,鼓励垃圾分类,培养爱护环境、讲卫生的行为习惯。每周组织学生开展小组艺术工作,学会垃圾回收与循环利用①;学校开展"5S"活动,行为上包括微笑(senyum or smile)、打招呼(sapa or greet)、握手(salam or shake hand),态度上则指有礼貌(sopan or being polite)、谦虚(santun or being courteous)。要求师生间主动使用"请""对不起""谢谢"等礼貌用语,形成相互尊重的友好的师生关系,培养学生讲礼貌、守纪律的良好习惯。学生每周一课前唱国歌,课后唱富有特色的地区歌曲,以此培养学生的民族意识和爱国情感,传递信仰与虔诚的精神,形塑正确价值观。②

二、重视榜样示范作用

榜样示范是印度尼西亚儿童价值观教育的重要方法。学校重视榜样示范作用,通过树立榜样,利用具体形象的行为示范强化价值观影响,使学生形成对榜样行为的主体认识从而进行模仿学习,引导与激励学生学习其高尚品德,形成模范行为。未来的印度尼西亚人民应具备以下品质与能力:自尊、追求卓越、有信仰、有道德、有智慧、有民族品性、爱国和有应对全球化挑战与风

---

① Suyatno, S., Jumintono, J., Pambudi, D. I., et al., "Strategy of Values Education in the Indonesian Education System", in *International Journal of Instruction*, Vol. 12, No. 1(2019), pp. 607-624.

② Zurqoni, Retnawati, H., Arlinwibowo, J., et al., "Strategy and Implementation of Character Education in Senior High Schools and Vocational High Schools", in *Journal of Social Studies Education Research*, Vol. 9, No. 3(2018), pp. 370-397.

险的能力等。价值观教育需要能为印度尼西亚人民树立榜样的领导者,引领社会变革。印度尼西亚将教师、同辈群体以及父母视为儿童价值观教育的重要抓手,为学生提供榜样引领。印度尼西亚教师协会(Indonesian Teacher Association)强调教师的榜样行为,出台详细的教师日常道德行为规范,规定教师在做好自己本职工作的同时,也要遵守教师道德行为,在校园内营造良好的师风师德,创造良好的校园生活,为学生树立良好的学习榜样,发挥道德表率作用,塑造学生端正的思想态度和良好的行为规范。教师指导学生养成建国五项精神的文化价值观,善于与学生沟通并与其保持良好的师生关系。教师遵守学校规则,约束自身行为,具备严格的时间观念,在教学活动中不迟到不早退,违者将会受到相应惩戒,以此对学生进行行为警示。[①] 学校组织慈善星期六(Sabtu Sodaqoh)与捐赠星期五(Jumat Infaq)资助项目,通过举办爱心募捐活动,教师为特定对象提供帮助,通过行为示范,培养学生关爱弱者的同情心,促使其养成良好的思想道德观念。[②] 鼓励高年级学生为低年级学生树立榜样,提供正面引导与帮助,在不断传递自身优秀品德的同时,强化正确的价值观念。此外,印度尼西亚教育与文化部充分强调父母的道德模范作用,提出父母要注重自身的行为表现,通过榜样示范促使孩子养成规范的行为习惯,培养子女彬彬有礼、诚实的高尚道德品质。[③] 通过不同层次的榜样示

---

① Suyatno, S., Jumintono, J., Pambudi, D. I., et al., "Strategy of Values Education in the Indonesian Education System", in, *International Journal of Instruction*, Vol. 12, No. 1(2019), pp. 607-624.

② Zurqoni, Retnawati, H., Arlinwibowo, J., et al., "Strategy and Implementation of Character Education in Senior High Schools and Vocational High Schools", in *Journal of Social Studies Education Research*, Vol. 9, No. 3(2018), pp. 370-397.

③ Kementerian Pendidikan dan Kebudayaan, Karakter Moral dan Kinerja Wujud Penumbuhan Budi Pekerti, https://www.kemdikbud.go.id/main/blog/2015/08/karakter-moral-dan-kinerja-wujud-penumbuhan-budi-pekerti-4532-4532-4532,访问日期: 2022 年 8 月 7 日。

范强化学生价值观教育,形成由上而下的儿童价值观教育机制。

三、强调角色扮演成效

通过让学生扮演特定的角色模型,对选定的主题进行情境表演,引导其想象、创造、体验与思考,深刻认识到社会赋予角色的意义,为自身的知、情、行提供范本,从而逐渐控制、改变态度或行为,成为符合社会发展需求的个体。印度尼西亚学校将价值观教育融入不同的角色扮演主题中,根据学生的潜能、天赋兴趣设计教学内容,学生学习角色中所体现的优良价值观,逐渐成长为具有建设印度尼西亚国家的能力、具备高尚品格的合格人才,强调角色扮演成效。例如,学校通过让学生扮演警察或罪犯,使其认识到遵守社会规范将会受到奖励,反之则遭到惩戒,增强明辨是非的能力,树立正确的道德观。[①] 学校开展戏剧表演活动,学生选择自己想扮演的角色,通过排练或临场发挥,身临其境,在角色扮演中不断整合价值观。教师指导学生在诸如体育、艺术、民族特色活动等广泛的社会领域中扮演特定角色,激发学生表演与创造的兴趣,认识到自己在未来社会中将要行使的权利与履行的义务,学会承担责任。[②] 此外,教师同样在价值观教育中承担特定角色,通过非正式教学手段对学生进行正向的态度与思想引领。[③] 通过角色扮演教会学生换位思考,有助于减少学校中的欺凌现象,消除紧张、消极、矛盾等校园气氛,促进学校成员间友好和谐,达成价值观教育目标。

---

① Suyatno, S., Jumintono, J., Pambudi, D. I., et al., "Strategy of Values Education in the Indonesian Education System", in *International Journal of Instruction*, Vol. 12, No. 1(2019), pp. 607-624.

② Hakam, K. A., "Tradition of Value Education Implementation in Indonesian Primary Schools", in *Journal of Social Studies Education Research*, Vol. 9, No. 4(2018), pp. 295-318.

③ Ulavere, P., Veisson, M., "Values and Values Education in Estonian Preschool Child Care Institutions", in *Journal of Teacher Education for Sustainability*, Vol. 17, No. 2(2015), pp. 108-124.

第三节　印度尼西亚儿童价值观教育的实践路径

学校是价值观教育的主要载体,具有传递国家价值观、培育符合社会发展需求人才的扛鼎之功,是学生个体社会化的重要中介。印度尼西亚儿童价值观教育采用课堂教学、实践活动、家校共育等多样化教育路径,实现价值观教育的合力。

一、融入课堂教学,引导认知发展

学校是塑造青年学生良好品性的重要场所,是价值观教育的强大推动力。显性的课程教学将品格教育与课堂教学相结合,通过直接有效的教学手段,有目的、有计划、有组织地开展价值观教育,引导学生认知发展。印度尼西亚《课程 2013》强调学生品格建设,突出思想态度、社会能力、知识技能等核心能力的培养,提出将品格培养融入学校的学科教学中。印度尼西亚的学校课程包括叙事与写作,学生将课文中的故事与自身生活相联系,思考并理解课程内容,教师则在每一单元的课程学习末尾以问题提出或作业布置形式引导学生进行自我评价,其教学目标均集中在认知领域。[1] 1957 年,印度尼西亚设立专门的公民教育课(Civic Education),探讨印度尼西亚人民公民身份。1962 年,公民教育课注重印度尼西亚的民族与品格建设,讨论民族复兴的历史。自 1975 年起,公民教育课逐渐转变为德育课程,主要传授道德教育与民族教育。2013 年,印度尼西亚加强道德教育的比重和地位,正式提出公民教育课程条例,公民教育课成为印度尼西亚所有学校的必修课程,并与印

---

[1]　Raihani, R., "Education for Multicultural Citizens in Indonesia: Policies and Practices", in *Compare: A Journal of Comparative and International Education*, Vol. 48, No. 6(2018), pp. 992-1009.

度尼西亚小学、初中以及高中的一体化学科教学深度融合,覆盖小学、初中、高中各类学生群体。① 公民教育课以价值观教育为基础,强调在知识、技能与情感上培养学生作为印度尼西亚人民的民族五项精神和价值观,塑造具有公民意识、民族热情和爱国主义的印度尼西亚人民。小学课程有"道德"(Ethics)、"历史"(History);中学课程包括"民族复兴史"(History of National Resurrection)、"独立斗争史"(History of Independence Struggle)、"宪法"(Constitution)等。课程内容涵盖公民知识、公民技能和公民品格,主要教授人民与宗教、信仰与生活的联系;教会学生理解政治与法律,具备基本的公民素养;引导其体验民主生活,发展个人智慧;培养民族精神、民族认同。课程目标在于指导学生掌握公民概念和相关理论,学会批判性、理性和创造性地思考公民问题,积极参与社会、国家各项活动,发挥个人潜力,发展具备印度尼西亚民族特点的民主人格。②

印度尼西亚《课程 2013》明确提出,价值观教育不应仅由公民课程或公民课教师传授,也应融入其他学科教学之中。学校课程有能力课程(Competency-Based Curriculum)、单元课程(Competency-Based Curriculum)、教育单元级课程(Education Unit Level Curriculum)等。课程将学生需要具备的价值观分为核心能力 I 与核心能力 II,核心能力 I 关注学生个人的品德发展,核心能力 II 强调学生的态度与观念,两者共同传授相应知识、技能与态度,培养品格与社会情感。秉承"播种思想,收获行动;播种行动,收获习惯;播种习

---

① Aslan, M., "Handbook of Moral and Character Education", edt. Larry P, Nucci and Darcia Narvaez, in *International Journal of Instruction*, Vol. 4, No. 2(2011), pp. 211-214.

② Nurdin, E. S., "The Policies on Civic Education in Developing National Character in Indonesia", in *International Education Studies*, Vol. 8, No. 8(2015), pp. 199-209.

惯,收获命运"的宗旨,通过直接指导,不断传递诸如诚实、负责、尊重他人、努力等价值观。普通学科课程如印度尼西亚语文、英语、人类学、社会科学及体育卫生,都尤为突出政治教育和道德熏陶的作用。小学阶段,学校教师为学生讲授自然资源课程,解释自然资源的来源与发展,将物质价值与道德价值相联系,教会学生感谢自然、保护自然、珍惜资源、学会与他人共享、增强环境意识。① 课堂学习蕴涵诸多印度尼西亚民间传说和神话,音乐、歌曲和戏剧等课程则呈现英雄人物故事,传承英雄主义精神。中学阶段,师生在英语课堂上通过游戏与互问互答,学习独立性、社会意识和交际价值观;学生在课堂上诵读课文,师生共同讨论课文内容,集思广益,学习课文中所蕴含的民主价值、责任价值和交际价值。教师布置家庭作业,学生独立并按时完成,锻炼其独立性和创造性,培养诚实、负责的品质。② 通过英语课程学习文化价值观,增加对文化价值观的理解,指导学生在社会中的行为,建立与他人和外界环境的良好关系。③ 采用案例教学,教师向学生展示各地关于欺凌、人权保护、权利意识等案例,组织学生分组并进行 20—30 分钟的深度访谈,引发学生对人权问题的关注,增强对人权的理解,使其能够正确判断与解决权利事件,厘清自身权利与义务之间的关系,认识印度尼西亚社会发展与自我价值息息相关,提高认知能力,从而学会约束自身行为,保证内在向心力与凝聚力,减少

---

① Abdi, M. I., "The Implementation of Character Education in Kalimantan, Indonesia: Multi Site Studies", in *Dinamika Ilmu*, Vol. 18, No. 2(2018), pp. 305-321.

② Shaleha, M. A., Purbani, W., "Using Indonesian Local Wisdom As Language Teaching Material to Build Students' Character in Globalization Era", in *KnE Social Sciences*, Vol. 3, No. 10(2019), pp. 292-298.

③ Lekawael, R. F., Emzir, Rafli, Z, et al., "The Cultural Values in Texts of English Coursebooks for Junior High School in Ambon, Moluccas-Indonesia", in *Advances in Language and Literary Studies*, Vol. 9, No. 2(2018), pp. 24-30.

学校欺凌事件。① 交互式媒体作为印度尼西亚学校教育的新方法,主要采用多媒体教学方式,在中小学群体中利用动画教学,呈现价值观困境,激发学生价值思考、价值澄清与价值反思。多媒体教学以生命价值观为基础,将有关生命价值和生命价值教育原则融入多媒体互动中,探索和发展学生的个人价值观和社会价值观,教师教会学生在家庭、校园、社区和国家中运用这些价值观。② 2019 年,印度尼西亚对英语课程进行改革,凸显英语课程学习中的价值观教育主题:(1)尊重不同民族和宗教团体的文化;(2)尊重原住民的文化;(3)避免与不同群体相处可能产生的冲突与矛盾;(4)欣赏文化多样性。③ 2022 年,面对新冠疫情的冲击,印度尼西亚学校重视对儿童应对现实危机和突发状况的思维训练,要求儿童在危难中也能够保持正确的是非观,开发新的生物学课程,通过讲述生物学、科学与环境的关系,在生物学课程中整合民族文化,强化学生的道德品质,促进学生元认知、批判性思维、民族文化价值观和道德品质的发展,以帮助儿童学会在剧烈变化的社会环境中辨明是非,形成对国家的正确认知和价值判断。④ 此外,印度尼西亚学校采用伦理困境故事教学法(Ethical Dilemma Story Pedagogy, EDSP),通过精心编排的道德故事,引导儿童在认知和情感层面思考如何解决常见的道德困境,在这样的学习中,儿童倾向于将自己置于故事中的人物立场上,彼此间经过讨论、协商和

① Japar, M., "The Improvement of Indonesia Students' Engagement in Civic Education through Case-Based Learning'" in *Journal of Social Studies Education Research*, Vol. 9, No. 3(2018), pp. 27-44.

② Komalasari, K., Rahmat, R., "Living Values Based Interactive Multimedia in Civic Education Learning", in *International Journal of Instruction*, Vol. 12, No. 1(2019), pp. 113-126.

③ Turnip, C., Yanto, E. S., "Representation of Peace Value in Indonesian ELT Textbook: Critical Discourse Analysis", in *Journal of English Teaching*, Vol. 7, No. 3(2021), pp. 329-342.

④ Suciati, R., Gofur, A., Susilo, H., et al., "Development of Textbook Integrated of Metacognition, Critical Thinking, Islamic Values, and Character", in *Pegem Journal of Education and Instruction*, Vol. 12, No. 4(2022), pp. 20-28.

思考后做出最终决定。且由于并不设置固定的解决方案,因此有助于帮助儿童发展批判性思维和多样化解决问题的能力。① 学校采用课堂教学多种方式,使学生在显性教育中受到正向价值观念的引导,各年级课程循序渐进,符合学生身心发展规律与现实需求,易于理解,通过育人的渐进性达到价值观教育效果。

二、开展实践活动,促进知行合一

印度尼西亚总统佐科·维多多(Joko Widodo)认为,"学生的社会活动参与度日益下降导致价值观教育成效降低,因此,印度尼西亚学校须保证全体学生都能参加课外活动,学校要充分设计社会活动,以培养学生对社会文化的敏感性。学校要在每个学期举办竞赛,包括体育比赛、绘画、应用制作、视频编辑或网站运用,从而培养学生的良好品格素质"②,充分强调了社会活动对于儿童价值观教育的重要性。印度尼西亚学校将价值观教育转化为学生的躬行实践,促进其知行合一,使学生在与现实社会的接触中加深对特定价值观的理解,引导学生将价值理性自觉转变为价值实践,达到润物细无声的教育效果。小学阶段,学校开展丰富的体育、艺术等课外活动,学生在合作学习中互帮互助,热爱集体,维护友谊。开展社会服务、体育和艺术表演,学生在活动中担任领导者或倡导者,提高参与活动的热情与积极性,遵守纪律,培养体育精神和审美理念。学校除每周一的升旗仪式以外,每日上午还会进行

---

① Rahmawati, Y., Taylor, E., Taylor, P. C., et al., "Student Empowerment in a Constructivist Values Learning Environment for a Healthy and Sustainable World", in *Learning Environments Research*, Vol. 1, No. 24(2022)pp. 451-468.

② Kementerian Pendidikan dan Kebudayaan, "Pesan Presiden Jokowi tentang Pendidikan Karakter", https: // www. kemdikbud. go. id/main/blog/2017/01/pesan-presiden-jokowi-tentang-pendidikan-karakter,访问日期:2022 年 8 月 7 日。

祈祷和集会,师生一起阅读经文,培养民族精神。^① 学校对违反学校规定或侵犯他人权利的学生给予适当惩罚,被惩罚学生要参与田野劳动等。中学阶段,学校举行五人制篮球、射箭、游泳和骑马比赛,获胜者则参与为期 8 周的全国体育竞赛,在竞赛中培养竞争意识与荣誉感。印度尼西亚北加里曼丹学校则邀请学生参与开发名为"布萨克·坎布"(Bunga Melati-Bunga Mekar)的文化工作室,其中包括音乐、舞蹈、绘画、当代艺术等诸多艺术项目,师生进行户外阅读,制作袋、花、帽子和其他地区性的如盾牌、雕像等小饰品,培养艺术欣赏力与审美情趣。此外,印度尼西亚学校与英国、韩国和东南亚地区国家进行伙伴学校合作,举办生态旅游、户外漂流等活动。开展环保教育活动,包括植树、养殖和水培等社会服务,将保护环境、爱护自然的理念落实到行动上,形成儿童价值观教育必需的道德品格与实践能力。^②

印度尼西亚于 2010 年、2014 年先后发布并修改《侦察计划方案》(Scouting Program),方案要求印度尼西亚中小学生都需要参与侦察计划活动以提高整体素质。此后,侦察计划作为印度尼西亚政府正式发布的课外活动融入儿童价值观教育之中。其目标包括:一是教会学生学习时间管理和事项安排;二是学生通过参与活动,能够发展不同志趣;三是学会对自己做出的承诺负责;四是为社会做出贡献;五是提高自尊心;六是建立牢固的人际关系,习得社交技能。侦察计划活动丰富多样,诸如开展创业活动,学生掌握使用充满趣味性和挑战性的技能,制作大门、旗杆、索具、摇动绳桥;练习在紧急情

① Hakam, K. A., "Tradition of Value Education Implementation in Indonesian Primary Schools" in *Journal of Social Studies Education Research*, Vol. 9, No. 4(2018), pp. 295-318.

② Abdi, M. I., "The Implementation of Character Education in Kalimantan, Indonesia: Multi Site Studies", in *Dinamika Ilmu*, Vol. 18, No. 2(2018), pp. 305-321.

况下正确解码,使用多媒体、口哨、手电筒、旗帜等工具;参加露营、行进队列和游行活动,正确运用导航和绘图技术。① 侦察活动按照学生年龄分为三种不同类别,其培育的价值观也有所差异。一至四年级的学生在活动中学习友善、勇敢和不气馁的人生态度;五至九年级的学生则学会贡献,具有敢于为社会和国家牺牲的精神,热爱祖国和人民,成为善良而坚强的印度尼西亚共和国战士,乐于助人,坚忍不拔,勤奋,快乐,节俭,谨慎,朴实,勇敢,忠诚,负责,具有纯洁的思想、言语和正直的行为;十至十二年级的学生认识到自身信仰和国家建设的关联,能够自觉帮助他人,为社会服务。② 除侦察计划外,还有各种课外活动,如音乐、戏剧、体育、冒险、志愿者、传统艺术活动和学生组织,旨在发展学生个性,增强信心,丰富现实生活经验,扩大人际关系网络。③ 2016 年,印度尼西亚学校开展国家文化营地活动,涵盖 34 个省的 812 人,活动主题是"创造具备自我认知,拥有强大竞争力和高尚品格的年轻一代"。活动目的主要是培养学生对祖国的热爱,对环境的爱护和对同胞的尊重,以及具备纪律、合作、职业道德、毅力等品质,提高解决问题的能力。④ 通过开展丰富多彩的实践活动,提高学生社会参与性,真正做到价值观教育入耳入脑入心,知行合一,学以致用,在行动中实现价值体认。

---

① Mislia, A., Mahmud, A., Manda, D., et al., "The Implementation of Character Education through Scout Activities", in *International Education Studies*, Vol. 9, No. 6 (2016), pp. 130-138.

② Indonesian Scout Movement, "TOT Indonesia Scout Movement 'Gerakan Pramuka'", https://www.scout.org/id/node/358391,访问日期: 2022 年 8 月 9 日。

③ Prianto, A., "The Parents' and Teachers' Supports Role on Students' Involvement in Scouting Program and Entrepreneurial Values—Longitudinal Studies on Students in Jombang, East Java, Indonesia", in *International Education Studies*, Vol. 9, No. 7(2016), pp. 197-208.

④ Kementerian Pendidikan dan Kebudayaan, "Tumbuhkan Karakter Moral dan Karakter Kinerja Lewat Kemah Budaya", https://www.kemdikbud.go.id/main/blog/2016/09/tumbuhkan-karakter-moral-dan-karakter-kinerja-lewat-kemah-budaya,访问日期: 2022 年 8 月 10 日。

三、推行家校共育，实现教育合力

印度尼西亚政府提出，儿童价值观教育需要振兴和加强教育工作者、教育人员、儿童、社会和家庭的效能，通过发挥各自的优势作用，实现教育合力。学校教师、家庭成为施行儿童价值观教育的重要推手。

教师在儿童价值观教育中的作用不容忽视。印度尼西亚学校高度重视教师角色，充分发挥其作为学生第二父母的作用。印度尼西亚教育与文化部提出，教师是定位器，帮助学生达到理想目标；教师是守门员，筛选出不利于学生价值观成长的负面因素；教师也是催化剂，能够充分挖掘和优化每个学生的潜能，从而培养价值观，塑造优良品格，使其成为"21世纪印度尼西亚的黄金一代"[①]。印度尼西亚学校教师拥有明确的教育目标与教育愿景，能够直观展现儿童价值观教育内容，向学生传达学校教育愿景与使命，使其更易于接受和理解价值观念；教师将学生视为教育过程主体，在日常的教育教学中传授必要的知识与技能，帮助其建立正确的社会认知，增强学生在社会环境中面临多重挑战的能力与信心，帮助学生养成自尊品格，培养其高度的同理心和移情能力，引导其热爱生活，正直善良，学会尊重他人。印度尼西亚邦加贝里东省（Bangka Belitung Province）学校采用价值观习惯化、价值观榜样、价值观整合、价值观内化等价值观教育策略，其中尤为重视发挥教师的作用，教师为儿童制定短期与长期目标，指导儿童实施计划，为其提供动力支撑，通过丰富儿童的学习经验，培养其正确的行为、态度与价值观。[②] 印度尼西亚加强

---

① Raden, S., Ali, I., et al., "Parents' Participation in Improving the Quality of Elementary School in the City of Malang, East Java, Indonesia", in *International Education Studies*, Vol. 9, No. 10 (2016), pp. 256-262.

② Pambudi, D. I., Mardati, A., "Strategy of Values Education in the Indonesian Education System", in *International Journal of Instruction*, Vol. 12, No. 1(2019), pp. 607-624.

教师专业素养,学校为教师制定专业发展方案,进行民主培训课程,提升专业发展能力,扩大教师在价值观教育中的影响力。

印度尼西亚重视家庭教育作用,将学校与家庭作为教育的"两个抓手",学校在学期伊始,邀请家长参加班级会议、学校委员会会议与成绩单分发会议,与家长沟通交流,对学生价值观教育过程中出现的问题定期商讨并寻求解决办法。家长积极参与学校有关价值观的教学规划,以教育顾问身份参与学校政策制定,提高教育决策专业化。教师、学校教育人员邀请家长参与学校举办的项目,共同为中小学生制定价值观教育实施方案,参加六年级学生的毕业典礼活动,对学生品行产生激励作用。家长计划和评估课外活动,共同开发创新性、激励性课堂,帮助学校提高价值观教育质量。[①] 在雅加达,学校每学期定期邀请家长参加两次家长会,举办研讨会,讨论如何为青春期学生树立正确价值观。作为学校教育的深化与补充,印度尼西亚设立专门的家庭教育,学生可在家上学,父母对其进行价值观家庭教育,用自身思想、行为感染子女,其言传身教的影响是子女对父母进行观念认同、行为模仿从而树立正确价值观的重要基础。在雅加达与东爪哇等地区,父母往往通过与子女共同阅读书籍,强调信仰对人生发展的重要作用,为其提供精神动力与支持,注重子女良好生活习惯的培养,塑造其坚强的性格和顽强的毅力,弥补社会道德缺失。[②] 在家庭生活中不断增强价值观教育意识,凝聚家校合一的教育力量。

---

① Pambudi, D. I., Mardati, A., "Strategy of Values Education in the Indonesian Education System", in *International Journal of Instruction*, Vol. 12, No. 1(2019), pp. 607-624.

② Yulianti, K., Denessen, E. J., Droop, M., et al., "Indonesian Parents' Involvement in Their Children's Education: A Study in Elementary Schools in Urban and Rural Java, Indonesia", in *School Community Journal*, Vol. 29, No. 1(2019), pp. 253-278.

第十章　新西兰儿童价值观教育研究

　　价值观教育是维护学生福祉、增强国家认同和推进可持续发展的重要抓手,学校是价值观教育的主要阵地。新西兰学校价值观教育呈现社会形态主导学校价值观教育的价值取向、政策法规引领学校价值观教育的基本走向和多元文化影响学校价值观教育的发展路向三个发展逻辑。新西兰学校价值观教育以培育卓越新西兰公民为价值旨归、以三位一体价值观教育体系为核心要义、以多元主体协同育人理念为行动指南和以多样化价值观教育举措为重要依托四个向度为关键内容,探索出"以学科课程为载体强化学生正向认知,以辅导员为辅助增强学生整体理解,以户外教育为支撑强化学生实践体认,以师资培训为媒介提升教师胜任力"等实践路径,推动价值观教育贯穿教学始终,为培育卓越新西兰公民提供全面保障。

　　价值观是个体对世界的观点、态度和看法,指导并影响着个体的思维和行动。价值观教育是个体生成价值观的重要路径和国家把握意识形态教育命脉的关键点位。在普遍关注学生福祉的背景下,学校价值观教育是积极应对种族不平等、社会不公正和气候环境恶劣等关联性挑战的理想路径。面对多元文化并存的社会结构和学生种族、语言、家庭结构多样化的社会现实,新西兰学校价值观教育形成了以核心价值观教育为基石,以公民教育和品格教育为辅助的价值观教育体系,用以保护其文化多样性,增强其社会凝聚力,培养能够适应地方、国家和全球发展的卓越公民。基于国际比较的视野,考察新西兰学校价值观教育的逻辑归因,揭示其历史演进背后所蕴含的深层动因,探寻其关键内容及路径探索,借此展现新西兰价值观教育的整体生发流变过程,为反思其经验和不足铺建思考的进阶,希冀丰富我国价值哲学理论研究,为进一步完善我国学校价值观教育体系提供借鉴。

第一节　新西兰儿童价值观教育的发展逻辑

从新西兰学校价值观教育的发展历程出发,追踪新西兰社会形态、政策法规和多元文化对学校价值观教育的逻辑归因,既是厘清学校价值观教育的根本和借镜,也是探寻学校价值观教育前进方向的必由进路。

一、社会形态主导儿童价值观教育价值取向

新西兰在其历史发展过程中形成的社会形态既内聚着与其相适应的文化逻辑,同时也主导着新西兰的价值追求和价值取向。"社会形态"主要指人类历史发展的特定阶段,既是一种客观存在,也是一种观察视角。站在社会形态的角度看新西兰儿童价值观教育有其深刻的历史背景,既反映了对移民潮和战争的理性反思,也承载着新西兰社会的现实变迁。

新西兰早期社会的价值观教育是围绕着"为英国服务"进行制度设计的,即建国初期的价值观教育深受英国影响,呈现出忠诚于英国的倾向,这一倾向在"一战"时更是达到了历史顶峰。纵使新西兰从 1886 年起由一个纯粹的毛利人世界转变为一个由毛利人占主导地位的世界,但是"新西兰人"仍然认为其是英国的一分子①,因为 1800 年至 1960 年,新西兰定居者多数来自苏格

---

① Ministry for Culture and Heritage,"A History of New Zealand 1769-1914",https://nzhistory. govt. nz/culture/home-away-from-home/conclusions,访问日期：2023 年 5 月 7 日。

兰和爱尔兰,大部分新西兰人认为自己是英国传统的继承者。① 如迈克尔·金(Michael King)曾说:"虽然我是第三代新西兰人,但我的价值观仍源自爱尔兰和天主教。"②"一战"爆发时,新西兰强调"对英国的责任与义务、英雄主义和自我牺牲"价值观教育,但是战争带来的巨大创伤也引起了新西兰对增强民族认同感和重塑国家地位的认识与争论,③这一认识与争论的出现为"爱国主义"价值观在新西兰发轫提供了历史性机遇。这一时期的价值观教育在培养学生"顺从、忠诚和责任"等伦理基础上,增加了"国际理解教育和尊重他者文化"维度。④ "二战"来临时,爱国主义成为价值观教育的主旋律,即这一时期以培养能够保家卫国的新西兰人为价值导向,主要通过综合历史学、公民学、地理学和经济学等内容的社会研究课程激发学生热爱祖国和为国效力的意愿,培养其"宽容、善良、公正、慷慨和独立"等价值观,使其拥有识别和解决复杂社会问题的能力,促其成为博学、自信和负责任的公民。20世纪50年代至60年代末,受各种福利改革、全球青年文化和技术革命的影响,⑤新西兰产生了帮助学生熟悉生活世界、客观思考社会问题和理性对待各民族文化的紧迫感,于是这一时期转向"社会正义和全球素养"教育,着力培养学生

---

① Ministry for Culture and Heritage, "A History of New Zealand 1769-1914", https://nzhistory.govt.nz/culture/home-away-from-home/conclusions,访问日期: 2023 年 5 月 7 日。

② Keown, Paul, Parker, Lisa, Tiakiwai, Sarah, "Values in the New Zealand Curriculum: A Literature Review", https://www.educationcounts.govt.nz/publications/schooling/values-in-the-new-zealand-curriculum,访问日期: 2023 年 2 月 7 日。

③ Ministry for Culture and Heritage, "A History of New Zealand 1769-1914", https://nzhistory.govt.nz/culture/home-away-from-home/conclusions,访问日期: 2023 年 5 月 7 日。

④ Carol Mutch, "Citizenship Education in New Zealand: Inside or Outside the Curriculum?", in *Citizenship Social and Economics Education*, Vol. 5, No. 3(2003), pp. 164-179.

⑤ Ministry for Culture and Heritage, "Children and Adolescents, 1930—1960", https://nzhistory.govt.nz/culture/children-and-adolescents-1930—60/post-war-family,访问日期: 2023 年 5 月 7 日。

"宽容、善良、公正、慷慨和独立"等价值观。20 世纪 70 年代至 80 年代,随着经济的衰退和抗议越南战争等社会问题的出现①,学校开始强调"正直、诚实、真实"的价值观教育。20 世纪 80 年代至 90 年代,价值观教育始终作为课程目标居于关键地位,在不断修订的国家课程中渐次融入公平、诚实、自尊、自律、尊重、负责、信任、爱与宽容等价值观。20 世纪 90 年代以来,社会愈加多样化,新西兰正式提出在所有学校推行核心价值观(Cornerstone Values)教育,并将其作为儿童价值观教育的基准和建立社会共同制度的基础。

二、政策法规引领儿童价值观教育基本走向

政策法规是儿童价值观教育发展的"指南针"和促进儿童价值观教育落地的"助推器"。纵观新西兰政策法规的演进历程,儿童价值观教育的教育目标、核心内容和发展路向均凸显了统治阶级对其发展的整体把握,以及面对社会挑战和国家需求的积极思考和教育应对。从最初忠诚服务于英国,到主动强化爱国主义教育和培养能够服务于国家发展的新西兰公民,再到追求培育卓越新西兰公民的教育目标,价值观教育一直是学校教育的重要组成部分。《1877 年教育法》(The Education Act 1877)是新西兰首次在国家层面的政策体系中明确表述和宏观部署的涉及价值观教育的法案。该法案首次提出"为小学适龄学生开设地理、自然、音乐和绘画等通识性课程,让学生深入了解作为新西兰公民的意义何在",这不仅明确了价值观教育的目标定位,也为价值观教育的深入推进指引了前进方向。在第二次盎格鲁—波尔战争(The Second Anglo-Boer War)期间,英国"深红色领带"为了将新西兰与"祖国"紧密联结,《1909 年国防法》(The Defence Act 1909)提出"强制性军事训练",要求所有 12—14 岁男

① Ministry for Culture and Heritage,"The 1970s",https://nzhistory. govt. nz/culture/the-1970s,访问日期:2023 年 5 月 7 日。

孩每年必须完成 52 小时的体能训练,借此培育学生的爱国主义精神、遵纪守则意识和户外求生能力,使其成为健康且能保家卫国的爱国者。①

自 1907 年建国以来,基于巩固国家政权的社会现实和促进社会进步的发展目标,新西兰政府通过颁布一系列教学大纲和政府工作报告积极回应新西兰社会的发展需求,开启国家、身份和文化认同教育的价值引领,以及建构本国价值观教育体系的现实驱动,为聚力开拓出价值观教育新格局筑牢根基。例如,1928 年学校教学大纲首次提出培养学生"服从、诚实、礼貌、尊重劳动和爱护公共财产"等价值观;《托马斯报告》(The Thomas Report)首次提到"帮助个人认识和探索世间万物,促进个人成为优秀公民"的教育目标②;《约翰逊报告》(The Johnson Report)指出通过学校和家庭携手、教师主动参与、资深教师担任儿童价值观教育辅导员(counselor)等措施强化儿童价值观教育,协同培育学生"正直、诚实、真实"的价值观③;1978 年社会研究教学大纲再次要求,教会学生尊重他人,关注社会正义,助其成长为积极的社会参与者。④ 20 世纪 90 年代以后,价值观教育被奉为解决新西兰社会和经济弊病的良药,学校课程被认为是价值观教育的主要载体。这一时期新西兰不仅颁布政策有效监管儿童价值观教育,如《1992 年教育法》(The Education Act 1992)要求首席督学按照教育标准办公室(Office for Standards in Education)制

---

① Ministry for Culture and Heritage, "The 1970s", https://nzhistory. govt. nz/culture/the-1970s,访问日期: 2023 年 5 月 7 日。
② Stow, Wiilliam, "New Zealand: Social Studies at a Crossroads", in *Citizenship*, *Social and Economics Education*, Vol. 7, No. 1(2007), pp. 3-15.
③ Dalzell, R. S., "The Johnson Report: A Critique of Selected Aspects", Massey University, 1979.
④ Snook, Ivan, "Values Education in Perspective: The New Zealand Experience", http://www. curriculum. edu. au/verve/_resources/CC_DEST_edit_Ivan_Snook_Keynote_address_VE_forum_140605. pdf,访问日期: 2023 年 4 月 17 日。

定的价值观教育评估标准,定期检查并如实向政府部门汇报所有学校的价值观教育概况;而且还依托学校课程不断推动价值观教育向前发展,通过持续的课程改革主导儿童价值观教育的基本走向,如 1993 年《新西兰课程框架》(New Zealand Curriculum Framework)强调培养学生"诚实、可靠、宽容、公平、关怀或同情、尊重他人、遵守法律、非性别歧视和非种族主义"价值观①;2007年《新西兰课程》(The New Zealand Curriculum)确定了"尊重、卓越、创新、平等、团结、正直、多样性和生态可持续性"八个核心价值观;2022 年《课程更新》(The New Zealand Curriculum Refresh)提出通过社会科学课程加深学生对新西兰社会、文化、经济和政治进程的了解,确立"共生、尊重和保护自然环境"等价值观,②使其逐渐成长为有道德、有同情心和有批判性思维的未来公民。

三、多元文化影响学校价值观教育发展路向

价值观教育不仅是保持多元文化社会有效运作的重要支撑,也是民族和国家赖以维系的精神纽带,更是其破解现实难题和增强国家认同的关键点。价值观是在社会历史发展和社会生活实践中逐渐积淀的价值共识和精神追求,与社会结构、政治条件、经济制度、生存方式和文化样态密切相关。新西兰作为一个多元民族和多样文化并存的国家,学校价值观教育深受双元文化主义的价值指引和"超级多样化"的严重影响,在吸收本国和世界各民族文化

① Michael Hardie Boys, "Values Education Summit", https://gg.govt.nz/publications/values-education-summit,访问日期:2023 年 1 月 29 日。

② New Zealand Ministry of Education, "The New Zealand Curriculum Refresh", https://curriculumre-fresh-live-assetstorages3bucket-l5w0dsj7zmbm.s3.amazonaws.com/s3fs-public/2022-11/8%29%20Final%20content%20CO3101_MOE_Social-Sciences-A3_006.pdf?VersionId=AmsJFtRYsZ7L0df8Sg.WfirjsZUm0ZHw,访问日期:2023 年 3 月 31 日。

精华的基础上,形成了国家意识主导下的以核心价值观为主的价值观教育。"双元文化主义"意指毛利人文化和非毛利人(除毛利人外的其他族群)文化共存,强调毛利人和非毛利人和谐共生的意识形态。自《怀唐伊条约》(Treaty of Waitangi)确立以来,新西兰一直渴望通过培养双元文化公民搭建毛利人与非毛利人双向理解的桥梁,解决新西兰面临的社会不平等、少数民族边缘化和土地所有权纷争等历史遗留问题。① 这一理念蕴含的平等、公平和正义价值观直接影响了新西兰价值观教育,对于增进毛利人和非毛利人对国家的认同感,建立超越族群认同的价值体系,以及推动多民族和合共生的"共同体"社会的建构具有重要意义。"超级多样化"是指一个国家或地区民族多样、移民大幅增加的现象。② 新西兰不仅是一个由毛利人、欧洲人(European)、太平洋人(Pacific peoples)等160多个民族共存的多元民族社会③,而且同一民族内部也由多元族群组成,如太平洋人包括萨摩亚人(Samoan)、汤加人(Tongan)和纽安人(Niuean)等族群④,同时还承载着庞大的流动群体,仅在2022年3月至2023年3月,有33000人到达新西兰,32000人离开新西兰。⑤

---

① Rachel Simon-Kumar, "The Multicultural Dilemma: Amid Rising Diversity and Unsettled Equity Issues, New Zealand Seeks to Address Its Past and Present", https://www.migrationpolicy.org/article/rising-diversity-and-unsettled-equity-issues-new-zealand,访问日期: 2023 年 2 月 20 日。

② Royal Commission of Inquiry into the Terrorist Attack on Christchurch Mosques, What People Told Us about Diversity and Creating a More Inclusive New Zealand, https://christchurchattack.royalcommission.nz/publications/v2-summary-of-submissions/what-people-told-us-about-diversity-and-creating-a-more-inclusive-new-zealand/,访问日期: 2023 年 3 月 26 日。

③ Statics New Zealand, "Ethnic Group Summaries Reveal New Zealand's Multicultural Make-up", https://www.stats.govt.nz/news/ethnic-group-summaries-reveal-new-zealands-multicultural-make-up,访问日期: 2023 年 3 月 25 日。

④ Domont, Mathilde, "New Zealand-Aotearoa, Challenges of a Multicultural Society", https://www.institut-ega.org/l/new-zealand-aotearoa-challenges-of-a-multicultural-society/,访问日期: 2023 年 3 月 27 日。

⑤ Stats New Zealand, "International Migration: March 2023", https://www.stats.govt.nz/information-releases/international-migration-march-2023/,访问日期: 2023 年 6 月 22 日。

这种多元文化共在的客观现实,虽然可以促进新西兰异质文化间的交流与融合,推动新西兰文化的繁荣发展,但是也容易出现由文化或价值观差异导致的身份认同危机和价值冲突、价值混乱或价值错位现象,阻碍新西兰巩固民族团结和维护国家统一的步伐。基于双元文化主义的意识形态和超级多样化的社会现实,新西兰特别重视全体公民的价值观教育,主张通过学校重塑全体公民的国民意识,依托丰富的价值观教育活动提升多元群体的跨文化理解力,强化多元群体的共同记忆,进而增强新西兰的社会凝聚力。

第二节　新西兰儿童价值观教育的现实表征

基于新西兰儿童价值观教育的发展逻辑,以及其特有的社会结构和精神文明,其现实表征有四个方面:一是以培育卓越新西兰公民为价值旨归,二是以三位一体价值观教育体系为核心要义,三是以多元主体协同育人理念为行动指南,四是以多样化价值观教育举措为重要依托。

一、以培育卓越新西兰公民为价值旨归

价值观教育是培育卓越公民的"必修课",培育卓越公民是消解个体和社会潜在危机的"润滑剂"。新西兰将培育卓越公民贯穿价值观教育始终,以培育学生的公共价值观为核心,唤醒学生的公共理性精神,激发其公共价值共识,使其更好地发挥作为个体公民和社会公民的公共责任,促使学生成为具有健全人格的卓越新西兰公民。新西兰价值观是个人或群体基于自身文化、宗教、哲学和精神传统,以及当前的批判性反思、对话和辩论而形成的内化信

念或行为准则①,充分体现了新西兰社会的价值诉求和精神追寻。价值观作为新西兰社会的风向标,是其建构精神生活的价值理念和公民行为取向的价值准则。就个体层面而言,价值观是扎根于个体的心理模型,影响着个人社会交往能力、社会心理行为和问题解决能力的发展;从社会层面来看,价值观是个体行动的向导,影响着个体的价值判断和实际行动。个体是社会中的个体,社会是由个体组成的有机体。新西兰将价值观作为面向未来的精神向导,将价值观教育作为引领个体前进和社会避开潜在风险的黏合剂,不仅有助于学生习得积极社会行为,促进学生道德、智力、身体和精神等方面的全面发展,而且有利于缓解学校管理人员对学生全面发展和教育管理的担忧②,解决青年失业、移民和难民学生难以适应新社会的问题,以及化解犯罪、欺凌和地方种族主义的难题。价值观教育与培育卓越公民具有内在一致性,价值观教育是培育卓越公民的基础工程,培育卓越公民是价值观教育的题中之义。学校要想培养学生具备 21 世纪卓越公民所需的知识、技能和价值观③,不仅要向学生教授价值观的基本知识,提升学生探究和解决问题的能力,使其做好迎接未来生活和学业挑战的准备,而且要强化学生对平等、行事公正、尊重法治和为共同利益而不懈奋斗的决心,使其成为具有批判性思维的思想者和高政治能动性的决策者,积极参与社会公共事务。

---

① Ministry of Education, "The New Zealand Curriculum", https://nzcurriculum. tki. org. nz/The-New-Zealand-Curriculum,访问日期: 2023 年 3 月 21 日。

② Galloway, R., "Character in the Classroom A Report on How New Zealand's Changing Social Values are Impacting on Student Behaviour and How Schools can Meet the New Challenges", https://docslib. org/a-report-on-how-new-zealand-s-changing,访问日期: 2023 年 2 月 11 日。

③ Ministry of Education, "The New Zealand Curriculum", https://nzcurriculum. tki. org. nz/The-New-Zealand-Curriculum,访问日期: 2023 年 3 月 21 日。

二、以三位一体价值观教育体系为核心要义

核心价值观教育、公民教育和品格教育同构了三位一体的价值观教育整体逻辑，形成了以核心价值观教育为主，公民教育和品格教育为辅的一体化价值观教育体系。从关系逻辑上看，作为新西兰儿童价值观教育之核心要义的核心价值观教育、公民教育和品格教育在三位一体价值观教育体系中既是彼此独立的子系统，又是相互关联的系统，各自在承担其不可替代教育责任的同时，又相互融通且协调并进，提升学生价值观整体水平。就教育内容而言，核心价值观教育包括：尊重，指尊重自己、尊重他人和尊重人权；卓越，即追求卓越、目标远大、面对困难而坚持不懈；创新，意指批判性地、创造性地和反思性地思考；公平，是指促进公平和维护社会正义；团结，即为了共同利益而抱团发展；正直，包括诚实、尽责、负责任以及合乎道德地行事；多样性，是维护不同的文化、语言和传统；生态可持续性，简单说是环境保护。[1] 公民教育重在强调提升学生归属感和幸福感，提高学生积极参与决策以及与他人交往的能力，培育面向未来的社会公民。[2] 品格教育主要是培养学生的核心道德（诚实、责任、正直、尊重和同理心等）[3]和行为美德（努力、勤奋和有毅力等）。从功能逻辑上看，三种教育形态各有侧重又相互支撑，唯有整合三种教育资源，形成价值观教育合力，才能避免三种价值观教育方向相左或相互掣肘的现象，提升儿童价值观教育的实效性。就教育目标来讲，核心价值观教

---

[1]　Ministry of Education, "The New Zealand Curriculum", https：//nzcurriculum. tki. org. nz/The-New-Zealand-Curriculum,访问日期：2023 年 3 月 21 日。

[2]　Ministry of Education, "Civics and Citizenship Education Teaching and Learning Guide", https：//sltk-resources. tki. org. nz/assets/Uploads/Teaching-and-Learning-Guide. pdf,访问日期：2023 年 2 月 19 日。

[3]　Scoop Independent News, "Character, Values Education in Schools by Choice", https：//www. scoop. co. nz/stories/ED0508/S00087/character-values-education-in-schools-by-choice. htm,访问日期：2023 年 5 月 23 日。

育是一项旨在助力学生适应未来工作与生活,培养学生成为全面发展的人;而公民教育重在为学生提供公民所需的知识和技能,支持学生成为积极主动的未来建设者;品格教育则意在通过创设关怀型学习氛围,帮助学生成为品格高尚的人。实现价值观教育效益最大化,不是三种教育形态的简单相加,而是汇聚教育合力最大增量,建构三位一体价值观教育体系。因为就学生而言,三位一体价值观教育体系既关注学生客观知识和实践技能的习得,同时也注重学生心理、情感、道德和同理心的发展,无疑是促进学生全面发展的重要保证;以学校而论,三位一体价值观教育体系是学校进行思想道德建设的源动力,对于学校整改纪律问题、营造良好教育氛围和培养高素质人才具有重要作用;针对国家来说,三位一体价值观教育内容是增进国家认同和提高社会凝聚力的基石,对于重新焕发社会活力和促进社会经济健康发展有重要意义。

三、以多元主体协同育人理念为行动指南

多元主体协同育人既是多元主体共享价值观教育基本知识、共同解决价值观教育难题的关键指向,也是提升儿童价值观教育实效性的重要方略。新西兰 53% 的教师提出,学校应该统筹考虑各利益相关主体在价值观教育中承担的责任;38% 的教师认为,所有学科教师都应承担价值观教育的主要责任。① 因此,新西兰儿童价值观教育以多元主体协同育人理念为基本遵循,共同推进儿童价值观教育。多元主体协同育人是政府、学校、家庭、社区和社会组织等多元主体在培养卓越公民的共同愿景下,基于互补性和一致性原则,

---

① Bolstad, R., "Participating and Contributing? The Role of School and Community in Supporting Civic and Citizenship Education: New Zealand Results from the International Civic and Citizenship Education Study", https://www.nzcer.org.nz/system/files/Participating-and-Contributing-The-Role-of-School-and-Community.pdf,访问日期:2023 年 2 月 14 日。

打破单一主体"单兵作战"困局,在多层支持系统中通过跨主体的结构性规划和相互合作,实现价值观教育的资源共享和力量共享,最终形成多元主体有机团结和同向发力的价值观培育模式或多维联动的结构化价值观教育网络,进而实现对学生的全方位价值观教育。如圣希尔达大学附属学校(St. Hilda's Collegiate School)呼吁多元主体的密切合作和相互兼容,通过制定有多方参与商讨的价值观教育手册宣传价值观,组织有学生参与的安全学校委员会推广价值观,邀请学生做价值观辅导员助教使其更好地了解价值观,构建由家长参与的"特殊品格委员会"定期帮扶"特殊人群"等,[①]推动价值观教育形成叠加效应,最大化地提升价值观教育效能;费尔菲尔德学校(Fairfield School)在确定价值观教育规划时,与全体学校员工、学生和家长等利益相关者集体商讨价值观教育方案,汇聚多方力量举办价值观教育展览,开展价值观教育实践活动,如联合图书馆管理人员设置"小小图书管理员"体验性岗位等,[②]满足不同学生的身体、社会、情感和智力需求,提升儿童价值观教育水平。

四、以多样化价值观教育举措为重要依托

多样化价值观教育举措是增强价值观教育活力的重要依托和提升价值观教育实效性的必经之路。多样化价值观教育举措的必要性在于能够满足不同特质学生的教育需求,促进儿童价值观教育目标的达成和学生价值观的最优发展。新西兰在价值观教育过程中实施多样化价值观教育举措是基于

---

① Keown, Paul, Parker, Lisa, Tiakiwai, Sarah, "Values in the New Zealand Curriculum: A Literature Review", https://www.educationcounts.govt.nz/publications/schooling/values-in-the-new-zealand-curriculum,访问日期:2023年2月7日。

② New Zealand Principals' Federation, "Values Education in New Zealand Schools", http://www.nzpf.ac.nz/uploads/7/2/4/6/72461455/values_gthomson.pdf,访问日期:2023年3月29日。

儿童价值观教育的整体考量和长期价值观教育实践中形成的重要共识,这一做法可以刺激儿童价值观教育的需求和供给,促进儿童价值观教育形成良性的供需平衡的动态关系,对满足不同学生的价值观教育需求,增强儿童价值观教育的弹性和灵活性,提升价值观教育的针对性和实效性具有重要作用。

多样化价值观教育举措主要包括价值观教育计划的多样化和价值观教育活动的多样化两个方面。首先,价值观教育计划的多样化。价值观教育计划是支持价值观教育实施、丰富价值观教育资源,以及保障价值观教育效果的一系列方案或计划,对于儿童价值观教育具有引领、整合和助推作用。如一些社会组织开发生活价值观教育计划(Living Values Education Program),通过建设价值观学习社区帮助学生确立基本道德意识,提升自我管理与社会交往能力,寻找精神生活的意义与价值等;设计新西兰美德计划(Virtue Project New Zealand),通过定期举办演讲、指导和培训会议向学生提供多样的美德教育资源、指南、书籍和影视集等,支持儿童价值观教育;推出优质公共教育联盟计划(Quality Public Education Coalition),鼓励家长和教育工作者自愿结盟为学校提供价值观教育资源;联合国教科文组织新西兰中心联合学校开展社区价值观教育计划、环境教育计划和无欺凌计划(No Bully)[①],不断加强对学生的价值观引导。其次,价值观教育活动的多样化。多样的价值观教育活动不单是以学生为主体的实践活动,也涉及家长技能提升活动,以及价值观教育效果评估活动。以学生为主体的实践活动包括价值观教育晚会、价值观教育演唱会、班级夏令营和道路巡视员、午餐负责人、课间管理员等,如奥拉基

---

① Keown, Paul, Parker, Lisa, Tiakiwai, Sarah, "Values in the New Zealand Curriculum: A Literature Review", https://www.educationcounts.govt.nz/publications/schooling/values-in-the-new-zealand-curriculum,访问日期:2023 年 2 月 7 日。

学校(Aorangi School)通过开展价值观教育集会和价值观教育活动展示等活动,解释学校的核心价值观,培养学生与个人、社会和环境和谐共生的价值观①;家长技能提升活动诸如家长价值观课堂和美德计划家长工作坊等,贝尔法斯特学校(Belfast School)每两周定期为家长举办价值观教育讲习班和价值观教育介绍会,价值观教育"黄金法则"课程,以海报、校歌等多样化的呈现方式让家长理解与熟知"关爱、分享、学习、成长"价值观②;价值观教育效果评估活动有价值观教育引领团队学校报告和价值观教育评论会议,上赫特学校(Upper Hutt School)实施的美德月计划——全年奖励制度。③

第三节　新西兰儿童价值观教育的实践路径

为了将价值观教育嵌入在学校教学和学生生活的各个层面,新西兰以学科课程为载体、以辅导员为辅助、以户外教育为支撑和以师资培训为媒介等多维实践路径强化学生正向认知、增强学生整体理解、强化学生价值体认和提升教师胜任力,推动价值观教育贯穿教学全流程,促进学生健康成长和全面发展。

一、以学科课程为载体强化学生正向认知

学科课程是新西兰儿童价值观教育的有力媒介。从课程历史来看,新西兰从未设置专门的价值观教育课程,而是将价值观融入以社会科学、英语、艺

---

① Keown, Paul, Parker, Lisa, Tiakiwai, Sarah, "Values in the New Zealand Curriculum: A Literature Review", https://www.educationcounts.govt.nz/publications/schooling/values-in-the-new-zealand-curriculum,访问日期: 2023 年 2 月 7 日。

② Ibid.

③ New Zealand Principals' Federation, "Values Education in New Zealand Schools", http://www.nzpf.ac.nz/uploads/7/2/4/6/72461455/values_gthomson.pdf,访问日期: 2023 年 3 月 29 日。

术、健康与体育、语言、数学、科学以及技术等八门学科课程中①,使学科课程成为价值观教育的有效载体,并以此为核心不断拓宽价值观教育的时间和空间,发挥学科课程的育人功能。为了规避价值观教育处于学校教育的边缘地位,新西兰强调发挥学科课程的价值观教育潜能,以知识性与价值性有机融合的课程发展观为基本原则,从价值观教育与各门学科的内在联系入手,避免课程作为知识性逻辑和价值观教育作为规范性逻辑的功能性脱域,形成了价值观与各门学科相遇相融的新型学科课程。新型学科课程不是简单地将价值观嵌入到学科课程中,而是恰如其分地将价值观植根于各门学科,通过各门学科的结构性变革实现价值观与各门学科结构、内容和资源的有机融合,支持价值观教育和各门学科共生的"双螺旋效应"。新型学科课程中的价值观教育主要体现在两个方面:一是价值观在课程目标上的显性表达。课程目标中的价值观教育遵循渐进式发展逻辑,将价值观与学科课程的深度契合是其逻辑起点,促使学生认识具体价值观是其逻辑内核,培养学生表达、探索和践行价值观的能力是其逻辑旨归。如数学课程目标强调将社会正义、自由、平等和友爱等价值观深度融入数学课程,使学生通过学习数学课程了解社会、文化、审美和经济等方面所蕴含的诸如诚实、尊重和求真等价值观,提高学生创新、决策和解决问题的能力,进而保护其在不受经济压迫与剥削的同时,勇敢地追求科学真理和生活真谛。② 二是价值观在课程结构和内容上的隐性融入。不同的学科分属不同的学科论域,但其拥有不同的学科边界和

---

① Mutch, C., "Values Education in New Zealand: Old Ideas in New Garb", in *Citizenship Social and Economics Education*, Vol. 4, No. 1(2000), pp. 1-10.

② Keown, Paul, Parker, Lisa, Tiakiwai, Sarah, "Values in the New Zealand Curriculum: A Literature Review", https://www.educationcounts.govt.nz/publications/schooling/values-in-the-new-zealand-curriculum,访问日期: 2023 年 2 月 7 日。

"观世界"视角也为嵌入价值观教育提供了可能空间。这就使得新西兰在培育卓越公民目标的指引下,不断思考学科课程在价值观教育中的学科定位,不断找寻学科课程承载价值观教育内容的有效支撑点和强化学科课程与价值观教育深度融合的试验场,在各学科的知识结构中融入价值观教育的相关内容,进而实现学科课程育人的功能叠加。如通过科学课程培养学生的环境保护意识,透过艺术学课程提升学生的生活美学素养,在技术学科学习中培育学生客观地看待技术使用及其与社会、环境和经济的关系等理性思维能力。① 这种铸造价值观和学业成就"双螺旋"的课程育人理念,既能让学生在学科课程学习中理解和树立价值观,又能使学生以正确价值观指导自身实践,促进学科课程的学习,从而达到"一举两得"的教育效果。

二、以辅导员为辅助增强学生整体理解

为了增强价值观教育的实际效果,新西兰将心理咨询与辅导理论和技术巧妙运用于儿童价值观教育中,深入推进预防性、补救性和发展性价值观教育咨询与支持服务,强化对学生的人文关怀和心理疏导,发挥其作为教师、管理人员和家长价值观教育"辅助者"的角色,预防和解决学生在现实生活中遇到的价值难题或价值困惑,助其形成完美个性和健康人格。辅导员的实际工作虽然不涉及课堂教学,但是由于其一线工作的职业优势,有助于其将职业优势转化为实际工作的推动力,在儿童价值观教育中发挥关键性作用。自 20世纪 60 年代末起,新西兰一直较为重视辅导员作为价值观教育者的角色,尤其是自 1989 年《教育法》(Education Act)要求所有学校按照 1∶200 的比例为

---

① Keown, Paul, Parker, Lisa, Tiakiwai, Sarah, "Values in the New Zealand Curriculum: A Literature Review", https://www.educationcounts.govt.nz/publications/schooling/values-in-the-new-zealand-curriculum,访问日期:2023 年 2 月 7 日。

学生配备辅导员以来①,中小学开始有组织地聘请来自新西兰教师职后教育协会(Post Primary Teachers' Association)或新西兰辅导员协会(New Zealand Association of Counsellors)的具有硕士学位和执业证书的专业成员作为儿童价值观教育的传播者和学生全面发展的引路人,使其承担培育学生核心素养、管理自我、与他人共处的责任,以及鼓励学生表达个人价值观、以同理心探索他人价值观、批判性分析价值观、讨论价值观分歧、进行价值观决策和践行价值观等重任。辅导员是学生最有可能向其谈论心理健康问题、人际交往障碍和家庭暴力的成年人②,在价值观教育咨询与支持服务中持守倾听、共情和悦纳的心理伦理,运用折中式沟通法(倾听、回应、个性化和转介)、交互式绘画疗法、积极心理学咨询、叙事咨询等方式接纳来访学生③,通过共情从同情性理解和认识性理解两个方面了解学生的真实需求,通过形成性评价有的放矢地逐渐消除学生内心的矛盾冲突,通过开放性心理咨询与辅导潜移默化地影响学生的思想意识、思维方式和成长体验,预防"拔节孕穗期"的学生因心理困惑或"错位"的价值观而产生抑郁、自残、自杀和反社会行为(欺凌、暴力和犯罪)④,有针对性地向其提供成长和发展机会,进而达到"润物细无声"的教育效果。

三、以户外教育为支撑强化学生价值认知

户外教育(Education outside the Classroom)不仅是价值观再现的中立媒

---

① Miller, J. H., Furbish, D. S., "Counseling in New Zealand", https://www.researchgate.net/publication/305407339_Counseling_in_New_Zealand,访问日期:2023 年 4 月 17 日。

② Hughes, C., Barr, A., Graham, J., "Who Comes to the School Counsellor and What do They Talk about?", in *New Zealand Journal of Counselling*, Vol. 39, No. 1(2019), pp. 40-70.

③ Bright, C., Devine, N., Preez, E. D., Goedeke, S., "Strength-based School Counsellors' Experiences of Counselling in New Zealand", in *British Journal of Guidance & Counselling*, Vol. 50, No. 5(2021), pp. 2-22.

④ Hughes, Colin, "School Counsellors, Values Learning, and the New Zealand Curriculum" in New Zealand Journal of Counselling, Vol. 32, No. 2(2012), pp. 12-22.

介,而且是儿童价值观教育的重要载体。新西兰的户外教育立足于社会生态学,是一项以促进学生精神和道德发展为旨归的超越学校围墙的特殊课程计划①,既包括在校外举行的户外活动,如博物馆之旅或剧场参观、动物园之旅、体育旅行或户外探险活动,也包括在校内进行的室外活动,如山地自行车比赛等体育赛事。自 1999 年户外教育成为健康和体育(Health and Physical Education)课程的关键学习领域以来,新西兰许多学校强调以体验式、整体性和主动性的户外探险活动和户外学习项目为载体进行价值观教育,以便学生在正式(中小学校和高校)和非正式(俱乐部和志愿服务组织)的实践活动中,学会解决户外教育中遇到的健康、安全和环境等难题,通过户外"研学活动"深化学生对价值观的理解,使其养成价值观探索、共情、讨论和批判性分析能力②,生成与自然和谐共生的精神体验和公平竞赛意识,以及"卓越、自信、负责、坚持、团体与遵纪"等价值观。例如,通过体育比赛等户外学习活动,使学生积累合作、决策、沟通、领导、责任和反思等经验,培养其团队合作意识和按规则行事的正义感;通过徒步旅行和野外露营等户外冒险活动,让学生具备评估个人或团队户外活动风险与挑战的能力,培养其环境适应力和社会责任感;通过公共服务工作使学生了解不同群体的传统文化和价值观,促其养成"爱、同情和感恩"等价值观。③ 北帕默斯顿男子中学(Palmerston North Boys' High School)将户外教育作为学生成长和发展机会的动力场,主张

① Mikaels, J., Backman, E., Lundvall, S., "In and Out of Place: Exploring the Discursive Effects of Teachers' Talk about Outdoor Education in Secondary Schools in New Zealand", in *Journal of Adventure Education & Outdoor Learning*, Vol. 16, No. 2(2015), pp. 1-14.

② Ministry of Education, "Bringing the Curriculum Alive", https://sportnz.org.nz/media/2032/eotc-guidelines-bringing-the-curriculum-alive.pdf,访问日期: 2023 年 4 月 13 日。

③ Lynfield College, "Outdoor Education", https://www.lynfield.school.nz/Curriculum/Faculties/Health+and+Physical+Education/Outdoor+Education.html,访问日期: 2023 年 4 月 13 日。

在不打破户外教育原生场域的背景下,将价值观嵌入到户外教育中,给学生构筑一个兼具生成式和体验式价值观教育情境,为其认识和践行价值观创造更多机会,培养其"勇气、谦逊、勤奋、正直、骄傲和尊重"价值观。如鼓励学生参与学校和癌症协会(Cancer Society)、新西兰血液服务机构(New Zealand Blood Service)、北帕默斯顿食品银行(Palmerston North Food Bank)和彼得·布莱克爵士信托基金会(Sir Peter Blake Trust)等联合举办的志愿性社区服务活动。①

四、以师资培训为媒介提升教师胜任力

教师是落实价值观教育的重要力量,胜任力是教师进行价值观教育的必要条件,教师胜任力关系到价值观教育的质量和水准,提升教师胜任力是新西兰加强儿童价值观教育工作的重要课题。教师胜任力在内涵上是指教师胜任价值观教育的个性心理品质,如对价值观教育的理论认知、教学设计、活动策划和组织实施等能力;教师胜任力在外延上是胜任价值观教育工作的个性心理结构,既包括外显的价值观教育能力,又包括内在的价值观教育知识、价值观教育理念以及职业道德。简言之,教师胜任力是教师具备价值观教育知识与技能等外在胜任力特质和深层次的道德与价值观等内在胜任力特质的个性化特质系统,主要是指教师在教育教学活动中善于发现校园文化、学科课程、实践活动、学校建筑与价值观教育的联结点,进而利用这些学校资源深化学生对价值观的理解,并涵养其价值观的能力。教师不单是知识教授者,也是道德模范、道德导师和价值观教育者,进行价值观教育自然要求教师具备价值观教育胜任力。新西兰通过搭建教师专业发展平台和举办教师专

① Palmerston North Boys' High School, "Values Education", https://www.pnbhs.school.nz/at-palmy-boys/character-education/,访问日期:2023年3月26日。

业素养提升班,提升教师胜任力,助力其在教育教学中或显或隐地进行价值观教育。首先,新西兰教育部携手社会组织搭建教师专业发展平台,通过提供辅助性价值观教育资源和实践指南为教师教学实践积源蓄能,真正实现以教学效果助推育人成果。如新西兰品格教育基金会(Character Education Foundation New Zealand)通过建立品格教育网站、编写品格教育书籍、制定价值观教育工具包、开设教师培训研讨班和教师品格教育课程等①,支持教师的专业学习和教学实践,促其从价值观教育的"旁观者"进阶到"主力军"。其次,一些学校定期举办教师专业素养提升班,通过讲座和专题培训的方式提高教师价值观教育的理论修养和教学技能,推动其更好地胜任价值观教育工作。如奥塔利学校(Otari School)通过开展环保教育培训班、《怀唐伊条约》讲习班、格拉瑟(Glasser)素质教育能力提升班以及儿童哲学教育培训班等专业培训计划②,促使教师更新自身的价值观教育知识和专业知识结构,提高其诸如概念理解能力、课程设计能力和教学实施能力等价值观教育技能,以提升教师胜任力改善儿童价值观教育效果。

---

① Keown,Paul, Parker, Lisa, Tiakiwai, Sarah, "Values in the New Zealand Curriculum: A Literature Review", https://www. educationcounts. govt. nz/publications/schooling/values-in-the-new-zealand-curriculum,访问日期:2023 年 2 月 7 日。

② Ibid.

第十一章　儿童价值观教育的经验、问题与趋势

在多元文化共存时代，世界各种思想文化交流、交融、交锋更加频繁，价值观念多元多变，面对复杂的国际环境与多元的社会思潮，如何凝聚儿童的价值共识是价值观教育的重要使命。世界各国普遍重视儿童价值观教育，澳大利亚、加拿大、新西兰、西班牙等国家制定相关法律政策，推动教育改革，在儿童价值观教育上取得了一定成效。本章从国际视野对各国儿童价值观教育的经验进行总结与分析，着眼于各国教育现实，对儿童价值观教育的现存问题进行剖析，进而预估未来儿童价值观教育的发展趋势。

第一节　儿童价值观教育的基本经验

随着全球化时代的发展，各国纷纷意识到价值观教育的重要性，高度重视儿童价值观教育，在尊重传统价值观的基础上，树立符合时代要求的价值观，不断总结经验，深化认识，探索新出路；通过优化教育系统，整合社会力量，推动儿童价值观教育的发展。世界各国在儿童价值观教育发展过程中，积累了丰富的经验。

一、强调道德修养与公民素养相辅相成

各国通过道德教育、公民教育、品格教育等引导儿童健康成长，促使儿童道德完善，成为品格高尚的合格公民。如日本素有重视道德教育的传统，具

体反映在道德教育的课程体系中,从小学到高中的《学习指导要领》均对道德
教育做出明确规定。[1]《小学学习指导要领解说》(小学校学習指導要領解
説)规定,通过道德科和社会科培养儿童良好的道德品质与公民素养,使其成
为能够尊重自我、他人、自然,承担社会责任与义务,信守承诺,遵守社会规
则,具有道德感的合格公民。[2] 日本不仅注重培养儿童勇敢、坚持、勤劳的个
人道德品格,还注重引导儿童理解国家的历史,培养爱国情怀、国家责任感,
提高国际和平意识,涵养儿童良好的公民素质。[3] 新加坡历来重视公民与道
德教育,为保障其实施,法律明确规定将公民与道德教育作为学校教育的必
修课程。《公民与道德教学大纲》要求学校以学生为中心,教授儿童道德知
识,训练其道德判断力,促进其践行道德和公民价值观,促使儿童拥有关心他
人、追求卓越、感恩包容等高尚之德,旨在培养具有民族认同感、国家归属感
的公民。[4] 法国已经形成公民与道德教育课程一体化的教学框架。公民与道
德教育课程作为价值观教育的载体,通过教学目标、课程内容和培养结构展
现国家对儿童价值观培育的取向。《公民与道德教学》(L'enseignement moral
et civique)向儿童传递自由、平等、宽容、消除种族歧视等价值观,培养儿童良
好的道德品质和辩证看待多元的批判性思维,提高儿童个人与集体的责任
感,使儿童履行公民的责任和义务。[5] 总的来讲,世界各国普遍强调以价值观

---

[1]　杨汉清主编:《比较教育学》,人民教育出版社,2018 年,第 142 页。

[2]　日本文部科学省. 小学校学習指導要領解説道德篇. https://www.mext.go.jp/a_menu/shotou/
　　new-cs/youryou/syo/dou.htm,访问日期:2023 年 4 月 25 日。

[3]　同上。

[4]　Ministry of Education SINGAPORE,"Character & Citizenship Education(CCE)Syllabus Primary",
　　https://www.moe.gov.sg/-/media/files/syllabus/2021-primary-character-and-citizenship-education.
　　pdf,访问日期:2023 年 4 月 25 日。

[5]　张梦琦、高萌:《法国公民与道德教育课程一体化:理念、框架与实践路径》,《比较教育研究》
　　2020 年第 11 期。

为导向,加强儿童的思想道德教育,把儿童培养成为具有良好道德素养的公民,亦是应对儿童道德素质下降、缺乏社会责任感的行为之策,也是世界各国现代教育的基本价值和培养目标。[①]

二、注重显性教育与隐性教育相结合

各国力求将价值观教育融入教育的不同环节,依托显性教育与隐性教育,教化涵养儿童价值观。在显性教育上,价值观教育贯穿于教育各阶段以及渗透于各学科。加拿大安大略省制定的《安大略课程:社会研究,1—6 年级;历史和地理,7—8 年级,2018 年》(The Ontario Curriculum: Social Studies, Grades 1 to 6; History and Geography, Grades 7 and 8, 2018),其愿景和目标均体现了对儿童价值观的培育与引导。例如教育愿景即是把儿童培养成为一个具有批判精神、责任心、包容心的积极公民。虽然不同教育阶段的社会科内容不同,但其价值观教育贯穿于每个阶段,依据不同年龄阶段的身心发展规律,循序渐进地提高儿童的价值观认知水平。[②] 日本的价值观教育融入各科常规课程中,包括开展政治价值观的社会科课程,培育道德价值观的道德科课程,具有融合性价值观的人文和综合类课程。在课程体系框架内,对各年龄阶段开设不同的科目,例如小学 1—2 年级开设生活科,3—6 年级开设社会科,价值观体系不同维度(自身维度、他人维度、社会维度、自然维度)的教育目标都融涵在各门课程之中。[③] 日本通过发挥各学科自身优势,从不同角

---

① 杨汉清主编:《比较教育学》,第 305 页。

② The Ministry of Education, "The Ontario Curriculum: Social Studies, Grades 1 to 6; History and Geography, Grades 7 and 8, 2018", https://www.edu.gov.on.ca/eng/curriculum/elementary/social-studies-history-geography-2018.pdf#page=67,访问日期:2023 年 4 月 25 日。

③ 孙成、唐木清志:《日本中小学价值观教育:途径、理路与困境》,《外国中小学教育》2019 年第 1 期。

度对儿童进行价值观教育,从而提升其道德认知水平,提高其道德判断能力,培养其道德情感,塑造其道德实践意志。

儿童价值观的形成受到多种环境因素的影响,其中学校道德氛围对儿童的价值观认知、道德判断和行为产生重要作用。① 在隐形教育上,各国通过创造校园道德氛围,利用校园的物质文化、精神文化和制度文化传递主流价值观与学校育人理念,对儿童价值观产生潜移默化的影响。法国奥朗德(François Hollande)出台一系列改革措施,着力为师生创建安宁,有利于开展价值观教育的校园环境。例如贯彻预防显性暴力事件的政策,增派预防助理协助处理人身安全的严重事件,旨在营造安全、融洽的校园环境,使学校成为培养公民道德的场所,培养儿童共和思想和民族精神。② 澳大利亚教育部提出构建"包容、安全、尊重多样性"的校园文化。③ 澳大利亚中小学利用教室和走廊的墙壁张贴儿童作品,为儿童表达与道德或价值观的相关内容提供平台。④ 新加坡中小学同样也利用物质文化载体和精神文化形态向儿童传递主流价值观。例如教室悬挂新加坡国旗,张贴校规校训、格言;校园墙壁、走廊等展示弘扬传统美德的标语以及儿童的作品。新西兰各中小学普遍拥有高度凝练的学校愿景和价值观。例如湾景小学(Bayview Primary School)的价值观强调公民身份、同理心、责任心、积极态度,与新西兰主流价值观具有一致

---

① Safder, M., Hussain, C. A., "Relationship between Moral Atmosphere of School and Moral Development of Secondary School Students", in *Bulletin of Education and Research*, 2018, pp. 63-71.

② 杨汉清主编:《比较教育学》,第 76 页。

③ Department of Education Australia. The Australian Student Wellbeing Framework. https://www.education.gov.au/student-resilience-and-wellbeing/australian-student-wellbeing-framework,访问日期:2023 年 4 月 25 日。

④ 李承宫:《澳大利亚中小学价值观教育研究》,硕士学位论文,东北师范大学,2020 年。

性。[1] 各国中小学还通过制定行为准则和纪律规范等制度文化,引导儿童形成正确的价值观念,内化儿童道德认知,提升儿童思想素养。

三、依托实践活动推动儿童践行价值观

实践活动是推动儿童践行价值观的有效路径。各国强调实践活动、社会参与对培养公民道德素养,塑造价值观行为发挥重要作用,鼓励中小学校开展价值观实践活动,推动儿童践行正确的价值观。日本文部省《小学学习指导要领解说》强调要开展各种集体活动,培养儿童独立能力、公共精神、团结意识,帮助儿童塑造正确的价值观,促进其美好品格的养成。日本中小学依托"特别活动"开展儿童价值观教育,例如组织志愿者活动、学生会活动、文化活动、体育活动、旅行活动、劳动和服务活动等,引导儿童在体验中习得团结、尊重、责任、服务等道德规范。[2] 澳大利亚中小学校利用节日等,组织儿童参加团体活动,使儿童能够将所学知识与社会衔接起来,提高价值观的实践运用能力。此外,澳大利亚的中小学积极鼓励儿童成立各种协调管理学校事务的组织,支持儿童开展各种价值观教育管理实践活动,调动儿童的主动性。通过制定价值观主题,如诚实可信、尊重理解等,儿童在活动设计和实施中习得道德规范和基本准则,从而使儿童形成正确的价值观思维,将其外化于行动。[3] 新西兰为儿童提供户外探险、剧场参观等丰富多彩的户外教育,使儿童在参与式与体验式的活动中习得健康与安全知识,培养儿童团结互助、尊重包容、合作与理解、积极与坚忍等良好品格。总的来讲,各国的中小学向儿童

---

① Bayview Primary School, "Values", https://www.bayview.school.nz/values/,访问日期:2023 年 4 月 25 日。

② 日本文部科学省. 小学校学习指导要领解说特别活动. https://www.mext.go.jp/a_menu/shotou/new-cs/youryou/chu/,访问日期:2023 年 4 月 25 日。

③ 闫宁宁:《澳大利亚的中小学价值观教育研究》,硕士学位论文,南京师范大学,2008 年。

提供特色鲜明、教育目的明确的实践活动。学校一方面依托学校场地开展实践活动，另一方面鼓励儿童走出校外，参与社会实践活动、各种纪念日和国防教育活动。儿童在实践中得到磨炼，从而提升集体认同感和责任感，塑造正确价值观，增进价值观践行力。

四、构建家校社儿童价值观教育网络

儿童正确价值观认知的形成和正确行为的养成是学校、家庭、社会相互配合、相互协同的结果。在政府的引导下，各国已逐步形成学校、家庭、社会组织多方参与儿童价值观培育合作体系，构建了多方联动的价值观教育网络。

各国重视家校合作，共育儿童价值观。家庭和学校是塑造儿童价值观的重要场域，新加坡制定学校家庭教育计划（Family Education Program），为家长提供融入价值观的家庭观念的课程培训，使家长提高自身道德思想水平和掌握正确的价值观培育方式，塑造良好的价值观教育氛围。同时，家长在言传身教中帮助儿童养成良好习惯，使儿童拥有责任心和良好品格，形成正确的道德思想观念，践行正确的价值观。[1]《澳大利亚的中小学价值观教育国家框架》（National Framework for Values Education in Australian Schools）规定儿童价值观教育相关内容需要咨询家长的意见。在政府政策的引导下，澳大利亚中小学和家长就学校政策中有关价值观内容进行讨论，共同制定价值观教育的方法。学校强调成功开展价值观教育的基础是父母的积极参与。[2] 加拿大大学

---

[1] Family Enrichment Society, Singapore, "Family Education Program (F. E. P.)", https://www.fes. org. sg/family-education-program，访问日期：2023 年 4 月 25 日。

[2] "National Framework for Values Education in Australian Schools", https://d20uo2axdbh83k. cloudfront. net/20150224/fd215d9070ec700cfdc2432cdc3dd979/Framework_PDF_version_for_the_web. pdf，访问日期：2023 年 12 月 21 日。

校教师和家长沟通交流,向家长汇报儿童思想情况,同时,家长也会积极参与学校教育管理,了解学校价值观教育的实施情况,并就其存在的问题提出建议。

各国依托社会资源对儿童进行价值观教育。社区、媒体、公益组织、文化机构等会为学校进行价值观教育提供各类帮助。例如法国社会组织为学校开展价值观教育提供场所,例如博物馆等向儿童实行票价减免,帮助儿童近距离了解国家历史,提高儿童国家认同感。[①] 同时公共文化机构为儿童价值观教育提供便利,向学校提供相关教育资源,对儿童开展价值观教育。社区作为儿童日常活动场所之一,在支持学校的价值观教育方面也起到重要作用。各国中小学积极与当地社区建立联系,在与社区互动的过程中为儿童开展课外活动,为儿童形成正确价值观提供了机会和平台。加拿大中小学鼓励儿童积极参与社区志愿者服务、社区的节水工作、循环艺术展览、社区宿营计划等活动,培养儿童的社会责任感和提升其服务精神,促使其良好思想观念的养成。澳大利亚的社区提供野外湿地,与学校共同建立野外教室,帮助学校将价值观教育、环境教育等相融合。此外,社区还在社会组织的资助下,建立儿童中心,为儿童提供各类健康与文娱活动,发展儿童的合作、信任、公民责任等价值观。

第二节　儿童价值观教育的现存问题

纵观各国儿童价值观教育,既包含正确合理的一面,又不免存在一些不足与缺憾。世界各国价值观教育的现存问题既包括客观存在于教育内容、方

---

① 张梦琦、高萌:《法国公民与道德教育课程一体化: 理念、框架与实践路径》,《比较教育研究》2020 年第 11 期。

法与课程编排方面的问题,也有师资与家庭教育等人为因素的阻碍,还受各地区价值观教育水平差距、价值观教育导向矛盾、价值观教育环境的不良影响等其他因素影响。

一、价值观教育目标尚未达成共识

作为价值观教育的核心引领,价值观体系的内涵应当是逻辑自洽的,但多国的价值观体系面临着社会内部的多股力量冲击与对抗,导致价值观教育目标混乱。

印度的多元价值体系相互冲突,影响价值观教育的作用。印度的社会结构较为复杂,多元价值体系之间存在矛盾,这主要是受到等级森严的传统种姓制度的影响。按照婆罗门教义,把人分为四个等级,按高下依次为:(1)婆罗门,即僧侣;(2)刹帝利,即武士;(3)吠舍,即农民和从事工商业的平民;(4)首陀罗,即奴隶及处于奴隶地位的穷人。从社会结构看,种姓制度是印度社会的重要特征,它覆盖和渗透了印度社会人与人之间在政治、经济、社会、宗教诸方面的相互关系,直至今天仍有着根深蒂固的影响。[①] 在印度,社区间、教徒间经常发生冲突,影响价值观教育的效果。毫无疑问,种姓制度严重背离了近代以来形成的人类意识和社会价值观,成为印度现代化道路上的一大桎梏。

新加坡存在价值共识缺失,国家意识淡薄的问题。新加坡国家意识教育是爱国主义教育的一种变式,是其领导人基于特殊的现实国情出发而进行的战略考量与设计。[②] 新加坡共同价值观的核心内容是在殖民统治、社会结构、

① 尚会鹏:《种姓与印度教社会》,北京大学出版社,2001 年,第 2 页。
② 阮一帆、唐祎睿:《新加坡国家意识教育的三重文化路径及其当代启示》,《社会主义核心价值观研究》2021 年第 1 期。

社会转型等历史与现实观照的共同影响下凝练而成。但囿于新加坡缺乏历史积淀、族群众多的特殊国情，价值观教育的重要功能未能凸显，导致国民的国家意识淡薄、国民认同缺失，削弱了文化的意识形态属性，有碍国家安全教育，进而阻碍价值观教育的推行。

土耳其的教育导向趋于对立，容易引发极端民族主义。土耳其深受现代欧洲民族国家观念影响，其崇尚民族主义的领导者制定了具有极端民族主义和分裂色彩的土耳其化政策。这种在本国国民中划分本民族和其他民族、自我和非自我界限的政策，集中体现了土耳其价值观教育导向的对立倾向。[①]由于土耳其社会性质的特殊性，土耳其国民的国家认同是一种失去根基的认同，作为一种牵涉历史记忆、文化认知和精神情感的政治文化现象和意识形态，一国的国家认同构建离不开其传统文化的系统性支撑。[②] 缺乏具有凝聚效应的国家文化共同体作为支撑，国民的国家认同仅仅流于表面，而不具备情感内核。

澳大利亚的价值导向缺乏一致性。澳大利亚作为联邦制国家，各州各地在遵循国家立法的基础上被赋予一定的教育自主权，使其可根据联邦政府的教育目标、内容、方法等价值观教育的框架体系，独立制定契合本地区发展需求的价值观教育体系。澳大利亚中小学价值观教育实施的过程，就是力图通过联邦、地方和学校的共同推动将"共同利益"[③]转化为儿童价值共识的过程。[④] 但由于各地教育部门对国家政策导向层面的阐释上未能形成一致的解

[①] 严天钦：《"土耳其化政策"与土耳其的民族认同危机》，《世界民族》2018 年第 2 期。
[②] 周少青、和红梅：《土耳其国家认同的历史演变及当代困境》，《学术界》2022 年第 4 期。
[③] 马克思、恩格斯：《马克思恩格斯选集》（第 4 卷），人民出版社，1995 年，第 583 页。
[④] 李承宫：《澳大利亚中小学价值观教育研究》，硕士学位论文，东北师范大学，2020 年。

读,造成领导力模糊、侧重点不一的困境,给价值观教育系统带来极大的挑战。

二、价值观教育课程编排欠妥

作为承载价值观教育内容的重要载体,课程的重要性不言而喻。但正如古德莱德的课程层次理论所体现的,研究专家理想的课程与呈递给学生的课程不可避免地存在差距,课程资源编排过程中的各类问题需要引起格外重视。

在土耳其,价值观教育存在课程中价值观解释度不足、间接课程资源缺乏的问题。在土耳其国家教育部人员巴哈丁(Bahaddin ŞAHİN)在土耳其高中地理课程价值观发展研究中指出,2018 年地理课程(geography course curriculum)中价值观教育方面的重要问题是"价值观"标题下的解释极其有限和不足,这是2005 年地理课程及后续课程一直以来存在的通病。在这种情况下,由于教师在课堂上使用的策略对学生的价值发展极其重要,地理课程在未来应当给予足够的解释以指导价值观教育的课程实践者介绍课程。在地理课程教育中价值观教育的不足以及价值观教育教师对"品格与价值观教育"课程讲解不充分①,也使得价值观教育在施行过程中产生诸多问题。

印度的价值观教育教材的编制缺乏系统性,难以形成价值体系。一方面,由于印度价值观教育宗教性明显,教材多为宗教经典,有着内容丰富却难以在规定学年内完成学习的特点,需要投入大量的课后时间,因而难以达到系统的学习效果。另一方面,最初的价值观教育是在私人家中实现的,例如

---

① ŞAHİN, B., "The Development of Values Education in the Turkish High School Geography Curriculum", in *Review of International Geographical Education Online*, Vol. 11, No. 2(2021), pp. 574-605.

吠陀时期的古儒学校便不受政府管理。后续时期的佛教、伊斯兰教等沿用了吠陀时期的教育制度,并未做出太大改变,英国殖民时期麦克台卜学校和帕斯沙拉并存,此类学校大多只有一名教师,授课方式多为口授,因此教育内容往往是来源于教师本人的所想所感,不具备系统性。

三、价值观教育方法缺乏实效性

目前,各国在价值观教育方法上进行了创新,但其手段和媒介或缺乏统一的价值引领或囿于机械的灌输理念,难以推动儿童价值观的健康发展,未取得令人满意的教育效果。

加拿大倾向柔性化教育方法导致了价值引领力的弱化。整体而言,加拿大在价值观教育方法路径的选择上呈现隐性化、柔性化、妥协化特点,致力于通过生活化引导、文化性感召、历史性反思、情境化体验、实践性养成实现价值观的有效教育。虽然这些教育方法能够产生更多亲和力,提供一定的道德滋养和价值动力,但如果价值观教育缺乏其所应具有的引领力,不但教育效果会大打折扣,最终也不利于国家价值理想的传递和公民价值认同的教育。[①]

新加坡的机械灌输教育则导致教学形式僵化。一方面,新加坡儿童价值观教育在方法上更多使用简单灌输的手段,即教育者有目的、有计划地向受教育者进行系统的思想理论教育,引导受教育者逐步树立科学的世界观、人生观和价值观,其主要包括理论讲授、理论学习、理论宣传和理论研讨等形式。[②] 另一方面,新加坡价值观教育主要以公民道德教育课为媒介和阵地,教学形式缺乏创新性。如今的新加坡在全球化进程不断推进的背景下,学生受到不同价值观影响的机会不断增多,传统理论灌输法应发挥的效用也将被削

① 刘晨:《加拿大核心价值观教育研究》,博士学位论文,东北师范大学,2018 年。
② 艾政文:《新加坡青少年核心价值观教育及其启示》,《教育评论》2014 年第 10 期。

弱,与新加坡价值观教育体系不再适切,从而使新加坡价值观教育形式变得相对僵化。

四、师资面临数量与质量双重问题

教师是知识的传播者,在帮助学生发展理解、态度、技能、学习和价值观方面发挥着示范作用,师资力量也在价值观教育过程中发挥至关重要的作用。由于社会经济条件等客观原因,师资问题在印度、印度尼西亚等发展中国家表现得更为显著与严峻,成为亟待解决的重要问题。

印度教师缺勤情况严重,影响德育效果。联合国教科文组织国际教育规划研究所(International Institute for Educational Planning,简称 IIEP)关于教育腐败的研究表明,印度的教师缺勤率达 25%,是世界上教师缺勤率最高的国家之一。据报道,在比哈尔邦,每五名教师中就有两名缺席,公布的缺席数据占教师总数的三分之一。幽灵教师不仅影响教育质量,也是一种巨大的资源消耗,导致印度 22.5% 教育资金被浪费。教师缺勤是印度道德教育滑坡的最严重原因之一,它大大降低了学校的整体效能,为学生树立了负面的榜样,损害了学校的声誉,并导致学生旷课。[①]

印度尼西亚也存在教师匮乏且道德素质欠佳的显著问题。据印度尼西亚教育文化与研究技术部消息,缺乏教师是印度尼西亚教育部门面临的问题之一。教育部教师和教育人员总干事努努克·苏里亚尼(Nunuk Suryani)在穆罕默迪·亚马朗大学(Muhammadiyah Malang)教师专业教育(Teacher Professional Education)的 1238 名学生毕业期间表示,缺乏教师是由于教师退

---

① Shelly, J. K., "Declining Ethical Values in Indian Education System", in *Journal of Education and Practice*, Vol. 3, No. 12(2012), pp. 23-27.

休造成的。根据 2022 年的数据,印度尼西亚的教师短缺已达 78.13 万人。[1]
教师能力对教育质量起着重要作用,但教育质量仍然很低且分布不均,而且
缺乏稳定的学习成果评估方法。在教师数量缺乏的同时印度尼西亚还面临
教师质量问题,虽然印度尼西亚学校正式的教师可享受国家公务员待遇,但
由于工资待遇水平相对较低,致使德育专业教师缺乏,尤其缺少有经验的德
育教师,因而出现用其他专业学科的老师代替德育教师上课的现象[2],德育教
师数量的匮乏和专业化水平的缺失导致了印度尼西亚出现教育服务不平衡
和教育质量不高的困境,这也是印度尼西亚实现教育的可持续发展亟须解决
的重要问题。

五、各国价值观教育存在区域差异

当前,各国均在顶层设计的高度上对本国价值观教育进行整体性规划,
但由于地区发展情况、教育推行力度、资源开发程度等因素影响,导致各地区
价值观教育水平的失衡,进而使得价值观教育发展在机会上的不平等。

澳大利亚各地区的价值观教育落实水平欠缺平衡性。澳大利亚的价值
观教育计划遵循以联邦政府为主导、各州政府贯彻、地方学校落实的实施结
构,如此规划具有一定的科学性和系统性。但在实际推行过程中,受制于各
地发展水平和联邦政府缺乏统一的指挥领导、地方政府的政策扶持机制不够
健全等因素,加之工具主义的盛行将教育的价值取向转向个人,共同导致澳
大利亚价值观教育的具体落实水平参差不齐。

日本的价值的教育存在实效偏差,具体表征为区域间差异明显。政治价

---

① Antara Indonesian News Agency, "Indonesia Still Lacking Teachers: Ministry", https://en. antaranews. com/news/275529/indonesia-still-lacking-teachers-ministry,访问日期:2023 年 5 月 24 日。

② 黄俊霖:《印度尼西亚品德教育研究》,硕士学位论文,广西师范大学,2015 年。

值观是日本中小学价值观教育的重要内容,以政治素养教育、爱国教育和乡土教育为代表的政治教育近年来也在不断加强,但究其深层联系即可发现政治教育与爱国教育、乡土教育正在走向"割裂":调研结果显示,日本儿童的民族意识、家国意识近年来有增强趋势,但政治参与意识依旧薄弱。日本在实施价值观教育的过程中,虽有国家教育行政机构统一对各地方学校文化与价值观教育进行指导和监督,但由于各都道府县政府的教育部门对其所管辖地区的管理标准、手段、程度等因素要求均不一致,且受到文化资源开发与利用程度、对文化与价值观教育的重视程度的影响,导致日本不同区域间价值观教育的水平也具有显著差异。

六、价值观教育面临认同缺失挑战

价值观教育具有系统性,外部环境与其内部诸要素相辅相成,相互影响。因此,处于该系统中的任何不良因素都将直接作用于价值观赖以生存和发展的社会文化环境。当前,各国价值观教育面临着文化冲突、认同缺失等不良因素的影响。

澳大利亚的社会文化环境存在多元文化冲突的问题。澳大利亚是典型的多元文化国家,凝聚着多种不同的文化、信仰和传统,移民历史贯穿国家价值观教育进程始终,影响和推动着价值观教育发展。与此同时,全球化和信息化打破了文化在时间和空间上的距离,多种文化和价值体系不断更新着各民族的文化系统,文化之间同样也彼此交流形成立体、复杂的多元文化状态。[①] 因此,处理好文化多元于一体的关系显得尤为重要,纯粹强调文化的多元而失去同一性的国家文化只会激化社会矛盾。不同文化的碰撞而随之产

---

① 李承宫:《澳大利亚中小学价值观教育研究》,硕士学位论文,东北师范大学,2020 年。

生的身份认同缺失、价值观念迷失等问题导致澳大利亚价值观教育难以走出文化冲突的困局。

新加坡存在身份认同弱化,民族特色没落的问题。移民浪潮为新加坡带来的多元文化,在提高社会包容度、增强文化生命力的同时,由种族、信仰、文化传统等方面的差异也造成了身份壁垒。面对不同族群、不同宗教、不同文化习俗所导致的严峻的身份认同困境,新加坡亟须国家机器作为意识形态的实体,来巩固地理边界和主权地位,以及进一步维持和强化不同族群文化带来的身份认同弱化问题。同时新加坡的社会形态是受到西方外来文化冲击而形成的,极具"西方化"色彩,丰富文化多样性的同时也带来一些消极影响。一方面,外来文化影响不断扩大,导致新加坡本族群优秀文化传统与价值观得不到保护和弘扬,国民无法立足于本族群文化构建文化认同;另一方面,西方文化中不契合亚洲社会发展的因素也会造成新加坡国民缺乏本国文化身份,民族特色无法彰显。

土耳其的文化环境过度同质化,民族认同内涵狭隘。土耳其政府受民族国家观念影响而制定的"土耳其化"的价值引导加剧了土耳其社会结构的同质化程度,阻碍了多元文化传统在这片土地的生长。然而,这种思想结构的转变也赋予了政府用暴力和压迫的手段应对国民身份冲突和认同缺失等问题的理由。在此种手段下实现的国民民族认同,其内涵是狭隘的,只会使土耳其社会变得更封闭、更残暴,引发社会动乱,加剧社会矛盾。

第三节　儿童价值观教育的发展趋势

从世界范围来看,注重儿童价值观教育的全程育人与全科育人,利用数字技术赋能儿童价值观教育,强调家庭、学校和社会的协同共育,注重开展体验式价值观教育,构成了儿童价值观教育发展的重要趋势。世界各国普遍重视儿童价值观教育,制定相关法律政策,推动教育改革,尽管各国国情不同,文化迥异,儿童价值观教育的具体措施也不尽相同,但通过分析各国儿童价值观教育各方面的基本情况,不难发现其中共同的教育思路和基本的发展趋势。

一、注重儿童价值观教育的全程育人与全科育人

世界各国儿童价值观教育整体呈现出全程育人和全科育人的发展趋势。

第一,全程育人是从时间维度对育人提出的要求,即从儿童自入校开始,到毕业离校结束,贯穿儿童学习和生活的始终,在此期间进行不间断的价值观教育,育人的持续性和育人的连贯性是全程育人的两大特征。从全程育人的狭义来看,全过程的变量是育人时间的纵向性,强调时时皆育人,即将价值观教育不间断地贯穿到儿童进校至毕业离校这一时间段,并且还包括挖掘家庭、学校和社区育人资源;从广义来看,全程育人实际是形成一套完整的教育体系,以儿童成长规律和需求为依据,在不同时间段有目标、有计划地实施价值观教育,实现阶段性和整体性的统一。儿童价值观教育推动实现"全程育人"。"全程育人"旨在打造贯穿式育人链条。儿童在不同阶段的认知条件各异,情感发育程度不同,应选择不同的教育方式方法,因此将价值观的内容有针对性地、分层次地融入价值观教育当中,使价值观教育贯穿到儿童价值观教育的全过程。在法国,根据1995年新版的教学改革大纲,不论小学还是初中和高中,都按"阶段"安排课程,而不是按照学年来组织。所谓"阶段",就是为了顾及学生在小学时期认知发展和学习节奏上的差异,将小学5年和母育学校大班结合在一起划分为三个阶段(一个阶段包括两年)。其中母育学校大班和小学预备班构成"学前教育阶段",小学二年级和三年级构成"基本

学习阶段",四年级和五年级构成"深入学习阶段"。初中四年从 1994 年起划分为"适应阶段"(初一)、"中心阶段"(初二和初三)以及"指导定向阶段"(初四)。高中三年则划分为决定阶段(高一)和终结阶段(高二和高三)。就小学而言,基本学习阶段包括法语、数学、世界发现和公民教育等,深入学习阶段把世界发现和公民教育分解为历史-地理、公民教育和理科与技术。针对初中和高中而言,法国学生从高二开始分别进入社会经济专业、文学专业和理科专业。在这三个专业的必修课程板块中,历史—地理、法语、数学、语言(1 和 2)、体育和公民、法律与社会教育占了 70% 以上。[①]

第二,全科育人是不局限于单个学科育人的全面资源支持的育人活动,它与全科教师、全科教学密切相关。小学全科教师作为一个特定称谓属于本土概念,其在实践层面广泛展开的现实动因是为了解决我国农村小学点多分散、办学规模小、教师结构性缺失,许多地方需要跨班级、跨学科教学的现实问题。另一方面,从国际范围内来看,西方发达国家虽然没有使用这一概念,但秉承小学教师是一种"综合性职业"的理念,一般要求其具有跨学科的知识结构和学科整合的教学能力。[②] 全科教学是指小学各门课目应该宽基础、综合化;小学教师具备高学历、复合型的知识结构及能力,能较好地胜任小学各门科目教学。[③] 全科育人既包含专门的思想政治课程,也包含多个学科协同育人。魁北克将地理教育与历史、公民教育相结合,旨在加深学生的地理认识,促进对不同国家和区域文化的了解,树立正确认知。在澳大利亚,学校将

① 钟启泉、杨明全:《主要发达国家基础教育课程改革的动向及启示》,《全球教育展望》2001 年第 4 期。
② 江净帆:《小学全科教师人才培养规格厘定》,《中国教育学刊》2021 年第 9 期。
③ 周晓英:《小学全科教学及相关对策浅探》,《浙江教育科学》2012 年第 4 期。

价值观教育内容融入其他各学科中,价值观教育不仅是公民教育课程或者道德教育课程的责任,还是各学科共同的责任。在课程融入中,将价值观教育融入数学、历史、美术等一切学校所开设的课程。① 教育从来就不是价值中立的。课程改革必须传递国家和民族精神核心的价值观,为未来社会培养合格的公民。②

二、利用数字技术赋能儿童价值观教育

数字技术是儿童价值观教育得以全面贯彻落实的重要技术支撑。数字技术的飞速发展使得社会发生了翻天覆地的变化,儿童价值观教育的传播方式也在与时俱进,如利用数字技术、互联网、新媒体等一系列新手段来进行价值观教育,利用其广泛性、及时性的特点,及时、准确掌握儿童的思想动态、行为特点,以形成育人合力为目标,实现儿童价值观教育的全面发展。在澳大利亚,联邦政府和各级政府对媒介的监管力度十分严格,联邦政府通过建立官方网站,创新价值观教育的传播形式,将澳大利亚价值观教育内容制作成影视作品、歌剧、案例等形式,以直观的方式呈现在公众面前,增强价值观教育的感染力。③ 为了更好地促进儿童价值观共育,新加坡成立了价值观教育资源网站,如家长参与教育网(Parent in Education,简称 PiE)、社区网络资源——行动开拓者社区(Community of Pathfinders in Action,简称 COMPACT)等。在新加坡教育部的指导性政策的综合引领下,使得家庭、学校、社会之间开展了丰富多样的价值观教育合作,给予了儿童更多树立正确价值观念和提

---

① 徐星然:《澳大利亚价值观教育研究》,硕士学位论文,东北师范大学,2017 年,第 28 页。

② 钟启泉、杨明全:《主要发达国家基础教育课程改革的动向及启示》,《全球教育展望》2001 年第 4 期。

③ 徐星然:《澳大利亚价值观教育研究》,硕士学位论文,东北师范大学,2017 年。

高道德能力的机会,使新加坡形成了"上下衔接,内外互通"的价值观教育网络。聚焦加拿大儿童价值观传播实践,面对国际和国内严酷的价值观之争,加拿大非常重视文化主权的维护,始终致力于通过传播制度保障、舆论导向、议程设置、价值推广等途径建构统一的社会传播网络,并积极利用各种大众媒介以及新媒体、自媒体、微媒体等方式促进儿童价值观的传播和普及。① 北欧各国在广播影视节目的播出上实施严格的评估审查制度,以减少不良视听对于儿童的侵害。芬兰也有相似规定,"芬兰广播电视公司(YLE)把节目分成两类:适合 16 岁以下观看的与不适合的,后者必须在晚上 9 点以后播出,并且必须在报纸的电视节目表以及电视节目指南中用'F'标注。"②为了维护公民的表达自由,早在 2000 年前后北欧诸国便先后取消了电影提前审查制度,但为保护儿童免受电影的有害影响,仍以年龄分级确保其在观影过程中受到必要保护,③以提高儿童的视听素养,引导儿童树立正确的价值观。

三、强调家庭、学校和社会的协同共育

不同国家在儿童价值观教育方面都采取了家庭、学校和社会的协同共育的方式,增强儿童价值观教育的针对性,通过优化家庭、学校和社会的环境来促进儿童价值观教育。近年来,世界各国一直在积极探索完善家庭、学校和社会之间的协作共育关系,通过协调家庭、学校和社会之间的三角共生关系使家庭、学校和社会协作关系达到了一个近乎完美的、相互协调的局面。当家庭、学校和社会彼此间的合作与实践关注于信任关系能够有效建立时,往往会取得更为积极的效果。因为多主体协同合作更有利于消除家长和社会

① 刘晨:《加拿大核心价值观教育研究》,博士学位论文,东北师范大学,2018 年。
② 任琦:《北欧五国媒介管理制度》,《中国记者》2005 年第 12 期。
③ 陆璐:《北欧青少年核心价值观教育研究》,博士学位论文,东南大学,2019 年。

成员的顾虑,达成共同追求的一致性,建立起相互信任的沟通关系,共同促进儿童价值观教育的向好发展。20 世纪 80 年代末,美国霍普金斯大学爱波斯坦(Joyce L. Epstein)教授提出交叠影响阈理论,并以关怀为核心,构建了家庭、学校、社会相互合作的新型理论范式和实践机制。① 受其理论的深刻影响,1998 年新加坡教育部组建了社区与家长辅助学校咨询理事会(Community and Parents in Support of Schools,简称 COMPASS),它的设立是新加坡家、校、社联合共育的里程碑。社区与家长辅助学校咨询理事会及其相关专家对美国家校研究学者乔伊斯·爱波斯坦的"学校—家庭—社区"合作的六种模式进行了本土化研究,②并于 2001 年组织了一次调查。研究表明:"学校与家庭的合作是积极价值传递的重要工具。"依据上述理论与调研,社区与家长辅助学校咨询理事会宣传合作理论,发展各类合作组织,并指导儿童的价值观教育实践。如举办亲子教育的系列讲座、开展亲子交流的情景剧论坛、收集学校在"家—校—社"合作方面的信息以支持儿童价值观教育工作等。③ 加拿大在儿童价值观教育中注重凝聚多方面力量育人,以学校课程为主,家庭、社会为辅,形成家校社协同价值观教育模式,在学生成长的过程中给予不间断、全方位的教育,家庭、学校、社会互为补充,发挥价值观教育的最大功效,促进学生价值观教育的连续性和系统性。④ 法国儿童价值观教育主要依靠学校、社会和家庭密切配合,通过开设课程加深儿童理解价值观,鼓励儿童体验

---

① 唐汉卫:《交叠影响阈理论对我国中小学协同育人的启示》,《山东师范大学学报》(人文社会科学版)2019 年第 4 期。
② "Family Matters:Report of the Public Education Committee on Family",Singapore:the Public Education Committee on Family(PEC),2002.
③ 申晓颖:《新加坡中小学价值观教育方法借鉴研究》,硕士学位论文,吉林大学,2022 年。
④ 柴恋琪:《加拿大中小学价值观教育研究》,硕士学位论文,广西师范大学,2021 年。

课外活动践行价值观,社会组织机构辅助提升儿童价值判断能力和家庭培育促进儿童价值观整合。①

四、注重开展体验式价值观教育

儿童价值观教育过程是一个需要儿童智慧参与的过程,通过体验式活动不断丰富儿童对价值观的认知,促使儿童在参与过程中学会与人共事,获得个人学习和社会性发展的重要资源,有利于树立和改善儿童价值观念和态度行为。美国教育家杜威在 19 世纪末就提出了"教育即生活""学校即社会"的口号,他认为学校和社会没有什么区别,要让学生在这样的环境中进行锻炼。教学中的课堂气氛、学校的文化氛围、校园风貌都影响着学生的心理和行为。澳大利亚政府十分重视实践对儿童价值观教育的作用。在学校开设的价值观教育活动中,基础教育的价值观教育课程有大量的实践课程,这些实践课程的开展都是紧紧围绕本阶段价值观教育目标和内容来进行的。除了在儿童价值观教育课堂上的实践课程之外,学校在与社区的合作中,社区也为学生的价值观教育提供了实习基地,模拟环境,通过社区创造的价值观教育实践活动,使学生充分理解澳大利亚价值观教育在社会实践中的运用。② 法国学校通过带领儿童参加课题活动或社区服务,在实践中磨炼、增进儿童对共和价值观的认同度与践行力,促使其成为共和价值观的努力践行者和积极传播者。③ 课题活动(Activités du projet)是法国儿童参与课外活动的主要形式,鼓励以同伴合作为基础,跨学科交流的学习形式有利于其在课外践行

---

① 杨茂庆、岑宇:《法国儿童价值观形成的文化归因与培育路径》,《当代教育与文化》2021 年第 2 期。

② 徐星然:《澳大利亚价值观教育研究》,硕士学位论文,东北师范大学,2017 年。

③ 杨茂庆、岑宇:《法国儿童价值观形成的文化归因与培育路径》,《当代教育与文化》2021 年第 2 期。

价值观。① 课题活动在准备阶段由各个学科的教师随机组成指导小组，各小组罗列关于小组成员所授学科中蕴含价值观内容的话题并制定行动策划书，由儿童根据兴趣选择参与课题。不同学科背景的教师和儿童组成课题小组，融合不同学科领域的理论视角和思维方式以及自身文化和认知水平来审视相同的价值问题，从不同学科角度提出不同的价值省思，进而在讨论、实践中形成共识，达到建构自身价值观体系和行为规范体系的目的。②

---

① Le Bulletin officiel de l'éducation nationale, "Programme d'enseignement moral et civique de l'école et du collège (cycles 2, 3 et 4)", https：//www.education.gouv.fr/bo/18/Hebdo30/ MENE1820170A.htm?cid bo=132982.pdf，访问日期：2023 年 5 月 24 日。
② 杨茂庆、岑宇：《法国儿童价值观形成的文化归因与培育路径》，《当代教育与文化》2021 年第 2 期。

主要参考文献

一、中文文献

（一）专著

［1］安东诺娃：《印度近代史》，生活·读书·新知三联书店，1978年。

［2］陈章龙、周莉：《价值观研究》，南京师范大学出版社，2004年。

［3］崔世广主编：《神道与日本文化》，中国社会科学出版社，2012年。

［4］冯建军：《差异与共生：多元文化下学生生活方式与价值观教育》，四川教育出版社，2010年。

［5］冯品兰：《法兰西史》，岳麓书社，2011年。

［6］华东师范大学列宁教育文集编辑组：《列宁教育文集》（上卷），人民教育出版社，1984年。

［7］姜芃：《加拿大文明》，中国社会科学出版社，2001年。

［8］林崇德：《21世纪学生发展核心素养研究》，北京师范大学出版社，2016年。

［9］吕一民：《法国通史》，上海社会科学院出版社，2008年。

［10］马加力：《当今印度教育概览》，河南教育出版社，1994年。

［11］马克思、恩格斯：《马克思恩格斯选集》（第4卷），人民出版社，1995年。

［12］塞缪尔·亨廷顿：《文明的冲突与世界秩序的重建》，周琪等译，新

华出版社,2002 年。

[13] 石芳:《多元文化背景下的核心价值观教育》,人民出版社,2014 年。

[14] 王斌华:《澳大利亚教育》,华东师范大学出版社,1996 年。

[15] 王桂:《日本教育史》,吉林教育出版社,1987 年。

[16] 王俊芳:加拿大多元文化主义政策,中国社会科学出版社,2013 年。

[17] 王长纯:《世界教育大系——印度教育》,吉林教育出版社,2000 年。

[18] 邬志辉:《教育全球化——中国的视点与问题》,华东师范大学出版社,2004 年。

[19] 吴式颖、李明德:《外国教育史教程(第三版)》,人民教育出版社,2015 年。

[20] 吴廷璆:《日本史》,南开大学出版社,1994 年。

[21] 习近平:《在北京大学师生座谈会上的讲话》,人民出版社,2018 年。

[22] 新渡户稻造:《武士道》,张俊彦译,商务印书馆,1993 年。

[23] 新渡户稻造:《武士道》,张俊彦译,商务印书馆,2020 年。

[24] 信夫清三郎:《日本政治史·第 3 卷·天皇制的建立》,吕万和等译,上海译文出版社,1988 年。

[25] 杨洪、车金恒:《印度教育制度与政策研究》,人民出版社,2020 年。

[26] 赵中建:《印度基础教育》,广东教育出版社,2007 年。

（二）期刊

［1］艾政文：《新加坡青少年核心价值观教育及其启示》，《教育评论》2014 年第 10 期。

［2］车琳：《法国核心价值观在国内外的传播》，《法语学习》2017 年第 4 期。

［3］陈文旭、易佳乐：《作为虚假意识形态的"普世价值"》，《马克思主义与现实》2017 年第 4 期。

［4］丁玫：《族群关系的协商——新西兰的社会契约与二元文化主义》，《世界民族》2018 年第 4 期。

［5］弗兰克·卢斯夏诺：《数字帝国主义与文化帝国主义》，黄莉华编译，《马克思主义与现实》2003 年第 5 期。

［6］顾明远：《论学校文化建设》，《西南大学学报》（人文社会科学版）2006 年第 5 期。

［7］郝祥满：《日本民族意识下的国家间文化竞争——以平安时代的语境为视角》，《世界民族》2015 年第 5 期。

［8］贺善侃：《经济全球化背景下的价值认同与冲突》，《毛泽东邓小平理论研究》2003 年第 5 期。

［9］胡刚：《多元文化背景下的社会主义核心价值体系认同之探讨》，《湖北民族学院学报》（哲学社会科学版）2013 年第 5 期。

［10］江净帆：《小学全科教师人才培养规格厘定》，《中国教育学刊》2021 年第 9 期。

［11］梁忠义：《论日本教育之演变》，《外国教育研究》2001 年第 1 期。

［12］廖聪聪、曾文婕：《面向未来的价值观教育课程体系设计与实

践——澳大利亚价值观教育课程述论》，《基础教育》2019 年第 6 期。

[13] 刘晨、康秀云：《困境与出路：加拿大核心价值观培育的战略路径》，《政治教育研究》2018 年第 1 期。

[14] 刘晨：《英国基本价值观教育：现实动因、政策演进与实践进路》，《比较教育研究》2022 年第 7 期。

[15] 刘强、赵茜：《算法中选择的同化与异化——国外回音室效应研究20 年述评与展望》，《新闻界》2021 年第 6 期。

[16] 柳夕浪：《从"素质"到"核心素养"——关于"培养什么样的人"的进一步追问》，《教育科学研究》2014 年第 3 期。

[17] 罗生全：《社会主义核心价值观融入学校教育的机制创新》，《教育科学研究》2017 年第 3 期。

[18] 任琦：《北欧五国媒介管理制度》，《中国记者》2005 年第 12 期。

[19] 史洁、冀伦文、朱先奇：《校园文化的内涵及其结构》，《中国高教研究》2005 年第 5 期。

[20] 覃敏健、黄骏：《多元文化互动与新加坡的"和谐社会"建设》，《世界民族》2009 年第 6 期。

[21] 谭德礼：《以色列青少年道德教育及其启示》，《中国青年社会科学》2016 年第 3 期。

[22] 唐汉卫：《交叠影响阈理论对我国中小学协同育人的启示》，《山东师范大学学报》(人文社会科学版)2019 年第 4 期。

[23] 滕珺、戚文欣：《全球移民背景下西班牙跨文化教育"双向融合"的政策与实践分析》，《比较教育研究》2022 年第 11 期。

[24] 田永静、颜吾佴：《世界多极化对大学生理想信念的影响及教育引

导分析》,《湖南社会科学》2016 年第 3 期。

［25］汪诗明:《澳大利亚战后移民原因分析》,《世界历史》2008 年第 1 期。

［26］王希:《多元文化主义的起源、实践与局限性》,《美国研究》2000 年第 2 期。

［27］韦立新:《中日文化关系史上不容忽视的一页——儒、佛思想在日本神道发展过程中的作用》,日本学刊》2002 年第 3 期。

［28］吴砥、李环、尉小荣:《教育数字化转型:国际背景、发展需求与推进路径》,《中国远程教育》2022 年第 7 期。

［29］吴倬:《论科学价值观教育在当代德育中的地位和作用》,《思想理论教育导刊》2002 年第 12 期。

［30］严天钦:《"土耳其化政策"与土耳其的民族认同危机》,《世界民族》2018 年第 2 期。

［31］杨茂庆、岑宇:《法国儿童价值观形成的文化归因与培育路径》,《当代教育与文化》2021 年第 2 期。

［32］杨茂庆、柴恋琪:《加拿大学校价值观教育:蕴涵、特征与路径》,《全球教育展望》2021 年第 10 期。

［33］杨茂庆、严文宜:《澳大利亚儿童价值观教育的特点及其实现途径》,《上海少先队研究》2015 年第 2 期。

［34］杨茂庆、赵红艳:《土耳其初等学校课程改革下的价值观教育:目标、内容与实施路径》,《外国教育研究》2021 年第 2 期。

［35］杨明全:《印度劳动教育的政策演进与实践策略》,《北京教育学院学报》2019 年第 1 期。

［36］杨绍先：《武士道与日本军国主义》，《世界历史》1994 年第 4 期。

［37］杨晓慧：《推动构建人类命运共同体：基于价值观教育的视角》，《上海交通大学学报》（哲学社会科学版）2023 年第 1 期。

［38］原绍锋：《澳大利亚：数字化教育改革进行时》，《中小学信息技术教育》2010 年第 7 期。

［39］张家军、唐敏：《多元文化主义的公民观及其教育》，《教育理论与实践》2017 年第 22 期。

［40］张梦琦、高萌：《法国公民与道德教育课程一体化：理念、框架与实践路径》，《比较教育研究》2020 年第 11 期。

［41］赵丽涛：《全球化背景下社会主义核心价值观的对外传播》，《中国特色社会主义研究》2014 年第 3 期。

［42］赵明辉、杨秀莲：《法国义务教育新道德与公民教育课程：内容、特点及启示》，《外国中小学教育》2018 年第 4 期。

［43］赵明玉：《法国公民教育述评》，《外国教育研究》2004 年第 6 期。

［44］钟启泉、杨明全：《主要发达国家基础教育课程改革的动向及启示》，《全球教育展望》2001 年第 4 期。

［45］周少青、和红梅：《土耳其国家认同的历史演变及当代困境》，《学术界》2022 年第 4 期。

［46］周晓英：《小学全科教学及相关对策浅析》，《浙江教育科学》2012 年第 4 期。

（三）硕博论文

［1］柴恋琪：《加拿大中小学价值观教育研究》，硕士学位论文，广西师范大学，2021 年。

［2］陈蓓蓓:《西化与儒化:新加坡现代化进程中的文化变迁研究》,硕士学位论文,上海师范大学,2018 年。

［3］冯博:《新加坡共同价值观培育研究》,博士学位论文,东北师范大学,2019 年。

［4］黄俊霖:《印度尼西亚品德教育研究》,硕士学位论文,广西师范大学,2015 年。

［5］黄颖娜:《论价值观教育与青年健康心理人格的塑造》,博士学位论文,清华大学,2015 年。

［6］雷鸣:《中美两国核心价值观教育比较研究》,博士学位论文,东南大学,2015 年。

［7］李承宫:《澳大利亚中小学价值观教育研究》,硕士学位论文,东北师范大学,2020 年。

［8］李纪岩:《当代大学生社会主义核心价值观培育研究》,博士学位论文,山东师范大学,2010 年。

［9］刘晨:《加拿大核心价值观教育研究》,博士学位论文,东北师范大学,2018 年。

［10］刘罗茜:《新加坡品德教育研究》,硕士学位论文,广西师范大学,2015 年。

［11］刘青青:《新加坡学校公民道德教育特色透析》,硕士学位论文,首都师范大学,2012 年。

［12］陆璐:《北欧青少年核心价值观教育研究》,博士学位论文,东南大学,2019 年。

［13］潘晨康:《法国爱国主义教育及其启示》,硕士学位论文,武汉理工

大学,2017 年。

［14］申晓颖：《新加坡中小学价值观教育方法借鉴研究》,硕士学位论文,吉林大学,2022 年。

［15］吴世勇：《中国中小学思想政治教育与法国中小学公民教育比较研究》,硕士学位论文,贵州师范大学,2008 年。

［16］徐星然：《澳大利亚价值观教育研究》,硕士学位论文,东北师范大学,2017 年。

［17］叶燕：《印度穆斯林教育的历史研究》,硕士学位论文,中央民族大学,2007 年。

（四）其他

［1］小小的伊麗絲：《从亚文化谈起——日本文化中的抹平式表达与暗流涌动》, https：//zhuanlan. zhihu. com/p/38547472,访问日期：2023 年 6 月7 日。

［2］中华人民共和国教育部：《教育部关于培育和践行社会主义核心价值观 进一步加强中小学德育工作的意见》, https：//hudong. moe. gov. cn/srcsite/A06/s3325/201404/t20140403_167213. html,访问日期：2022 年 2 月17 日。

二、外文文献

（一）专著、文集

［1］Alberta, *Principal Quality Practice Guideline: Promoting Successful School Leadership in Alberta*, Alberta Education, 2009.

［2］Barni, J. R., *Manuel républicain*, Hachette Bnf, 1872.

［3］Berger, Carl, *The Sense of Power: Studies in the Ideas of Canadian Impe-

rialism, *1867-1914*, University of Toronto Press, 1970.

［4］ Bethel, Judy, *Canadian Citizenship: A Sense of Belonging: Report of the Standing Committee on Citizenship and Immigration*, Queen's Printer for Canada, 1994.

［5］ Boon, Z., Wong, B., *11 Character and Citizenship Education*, School Leadership and Educational Change in Singapore, 2018.

［6］ Bullivant, B. M., *The Pluralist Dilemma in Education: Six Case Studies*, Allen & Unwin, 1981.

［7］ Ciftci, Y., *An International Perspectives on Multicultural Education*, Lambert Academic Publising, 2013.

［8］ Ciftci, Y., "Diversity and Multicultural Education in Canada", in *Multicultural Education: Diversity, Pluralism, and Democracy An International Perspectives*, Lambert Academic Publising, 2013.

［9］ Department of Education, *Programme of Studies for the Elementary School*, King's Printer, 1941.

［10］ Duclert, V., *La République, ses valeurs, son école*, Corpus historique, philosophique et juridique, 2015.

［11］ Heng, L. L., "A Fine City in a Garden—Environmental Law and Governance in Singapore", *National University of Singapore (Faculty of Law)*, 2008.

［12］ Joshee, R., Peck, C., Thompson, L. A., et al., "Multicultural Education, Diversity, and Citizenship in Canada", in *Learning from Difference: Comparative Accounts of Multicultural Education*, Springer, 2016.

［13］ Ministry of Education Singapore, *Character and Citizenship Education*, Marshall Cavendish Education Publishers, 2016.

［14］ Osborne，Ken，*Educating Citizens: Democratic Socialist Agenda for Canadian Education*，Our Schools Our Selves，1988.

［15］ Parsons，Jim & Milburn，Geoff，Manen，Max *A Canadian Social Studies*，University of Alberta Printing Services，1983.

［16］ Parsons，J.，Milburn，G.，Van Manen，Max，*A Canadian Social Studies*，University of Alberta Printing Services，1983.

［17］ Richard，M. A.，*Ethnic Groups and Marital Choices: Ethnic History and Marital Assimilation in Canada* 1871 *and* 1971，UBC Press，1991.

［18］ Ryerson，Egerton，*Report on a System of Public Elementary Instruction for Upper Canada*，Lovell and Gibson，1847.

［19］ Sahni，Urvashi，*Mainstreaming Gender Equality and Empowerment Education in Post-Primary Schools in India*，Policy Brief，Center for Universal Education at The Brookings Institution，2018.

［20］ Sharma，A. P.，*Contemporary Problems of Education: with Special Reference to India*，Vikas Pub，1986.

［21］ Spindler，G. D.，*Education and Culture Process: Anthropological Approaches*，Waveland Press，1987.

［22］ 山村明義：『神道と日本人 魂とこころの源を探して』，新潮社，2011。

（二）期刊

［1］ Akinoglu，Orhan，"Primary Education Curriculum Reforms in Turkey"，in *World Applied Sciences Journal*，Vol. 3，No. 2(2008)，pp. 195-199.

［2］ Alaca，E.，"Values in Social Studies Curriculum：Case of Turkey"，in

Open Journal for Educational Research, Vol. 6, No. 2(2022), pp. 155-164.

［3］Alur, Mithu, "Some Cultural and Moral Implications of Inclusive Education in India—A Personal View", *in Journal of Moral Education*, Vol. 30, No. 3 (2001), pp. 287-292.

［4］Amiraux, V., "There are No Minorities Here: Cultures of Schoolarship and Public Debate on Immigrants and Integration in France", in *International Journal of Comparative Sociology*, Vol. 47, No. 3-4(2006), pp. 191-215.

［5］Aslan, M., "Handbook of Moral and Character Education, Edt. Larry, P., Nucci and Darcia Narvaez", in *International Journal of Instruction*, Vol. 4, No. 2 (2011), pp. 211-214.

［6］Audet, J. L., Magnan, M. O. & Potvin, M., et al., "Comparative and Critical Analysis of Competency Standards for School Principals: Towards an Inclusive and Equity Perspective in Québec", in *Education Policy Analysis Archives*, No. 1(2019), pp. 141.

［7］Avci, E, K., Melike, F., Turan, S., "Etkili Vatandaşlık Eğitiminde Degerler Eğitimi: Sosyal Bilgiler Öğretmenlerinin Düşünceleri", in *Degerler Eğitimi Dergisi*, Vol. 18, No. 39(2020), pp. 263-296.

［8］Aydin, Hasan, "Multicultural Education Curriculum Development in Turkey" in *Mediterranean Journal of Social Sciences*, Vol. 3, No. 3 (2012), pp. 277-286.

［9］Bangay, C., "Protecting the Future: The Role of School Education in Sustainable Development – An Indian Case Study", in *International Journal of Development Education and Global Learning*, Vol. 8, No. 1(2016), pp. 5-19.

[10] Beauregard, F., Petrakos, H. &Dupont, A., "Family-School Partnership: Practices of Immigrant Parents in Quebec", in *Canada*, *School Community Journal*, No. 1(2014), pp. 177-210.

[11] Bektaş, K., Şirin, B., Sirem, Ö., "Milli Egitim Bakanligi Mevzuatina Göre Öğrenci Ahlakinin İncelenmesi", in *Milli Egitim Dergisi*, Vol. 51, No. 234 (2022), pp. 1381-1394.

[12] Benzer, Elif, "Investigation of the Values Found in Primary Education Science and Technology Textbooks in Turkey", in *Education Research and Reviews*, Vol. 8, No. 15(2013), pp. 1331-1336.

[13] Bickmore, K., Kaderi, A. S. &Guerra-Sua, A., "Creating Capacities for Peace — Building Citizenship: History and Social Studies Curricula in Bangladesh, Canada, Colombia, and México", in *Journal of Peace Education*, Vol. 14, No. 3(2017), pp. 282-309.

[14] Bokhorst-Heng, W. D., "Multiculturalism's Narratives in Singapore and Canada: Exploring a Model for Comparative Multiculturalism and Multicultural Education", in *Journal of Curriculum Studies*, Vol. 39, No. 6 (2007), pp. 629-658.

[15] Bright, C., Devine, N., Preez, E. D., Goedeke, S., "Strength-basedSchool Counsellors' Experiences of Counselling in New Zealand", in *British Journal of Guidance & Counselling*, Vol. 50, No. 5(2021), pp. 2-22.

[16] Bromley, P., "Multiculturalism and Human Rights in Civic Education: The Case of British Columbia", in *Canada*, *Educational Research*, Vol. 53, No. 2 (2011), pp. 151-164.

[17] Busch, M., Morys, N., "'Mobilising for the Values of the Republic'—

France's Education Policy Responseto the 'Fragmented Society': A Commented Press Review, in *Journal of Social Science Education*, Vol. 15, No. 3(2016), pp. 47-57.

[18] Camiré, M., Trundel, P., "Using High School Football to Promote Life Skills and Student Engagement: Perspectives from Canadian Coaches and Students", in *World Journal of Education*, No. 3(2013), pp. 40-51.

[19] Chia, Y. T., "The Elusive Goal of Nation Building: Asian/Confucian Values and Citizenship Education in Singapore during the 1980s", in *British Journal of Educational Studies*, Vol. 59, No. 4(2011), pp. 383-402.

[20] Cochrane, D. B., "The Stances of Provincial Ministries of Education towards Values/Moral Education in Canadian Public Schools in 1990", in Entific Reports, Vol. 6110, No. 2(2012), pp. 1097-1100.

[21] Demirel, Melek, "A Review of Elementary Curricula in Turkey: Values and Values Education", in *World Applied Science Journal*, Vol. 7, No. 5(2009), pp. 670-678.

[22] Dennis, M., Harrison, T., "Unique Ethical Challenges for the 21st Century: Online Technology and Virtue Education", in *Journal of Moral Education*, Vol. 50, No. 3(2020), pp. 1-16.

[23] Dill, J. S., "The Moral Education of Global Citizens", in *Society*, Vol. 49, No. 6(2012), pp. 541-546.

[24] Dixon, Rachael & Robertson, Jenny, "A Māori Concept in a Pākehā World: Biculturalism in Health and Physical Education in the New Zealand Curriculum", in *Curriculum Studies in Health and Physical Education*, Vol. 11, No. 3

（2020），pp. 222-236.

［25］DORUK，B. K.，"Mathematical Modeling Activities as a Useful Tool for Values Education"，in *Educational Sciences：Theory & Practice*，Vol. 12，No. 2（2012），pp. 1667-1672.

［26］Drury，V. B.，Saw，S. M.，Finkelstein，E.，et al.，"A New Community Based Outdoor Intervention to Increase Physical Activity in Singapore Children：Findings from Focus Groups"，in *Ann Acad Med Singapore*，Vol. 42，No. 5（2013），pp. 225-231.

［27］Dua，S.，Chahal，K. S.，"Scenario of Architectural Education in India"，in *Journal of the Institution of Engineers：Series A*，Vol. 95，No. 3（2014），pp. 185-194.

［28］Gallant，K.，Litwiller，F.，Hamilton-Hinch，B.，et al.，"Community-Based Experiential Education：MakingIt Meaningful to Students Means Making It Meaningful for Everyone"，in *Schole：A Journal of Leisure Studies and Recreation Education*，No. 2（2017），pp. 146-157.

［29］GENÇ，M. F.，"Values Education or Religious Education? An Alternative View of Religious Education in the Secular Age，the Case of Turkey"，in *Education Science*，Vol. 220，No. 8（2018），pp. 1-16.

［30］Ghosh，R.，"Multiculturalism in a Comparative Perspective：Australia，Canada and India，Canadian Ethnic Studies"，Vol. 50，No. 1（2018），pp. 15-36.

［31］Görgüt，İlyas，"Values Education and Physical Education in Turkey"，in *International Education Studies*，Vol. 11，No. 3（2018），pp. 18-28.

［32］Guha，S.，Sudha，A.，"Origin and History of Value Education in India：Understanding the Ancient Indian Educational System", in *Indian Journal of Applied Research*, Vol. 6, No. 3(2016), pp. 109-111.

[33] Gunawardena, Maya & Brown, Bernard, "Fostering Values Through Authentic Storytelling", in *Australian Journal of Teacher Education*, Vol. 46, No. 6 (2021), pp. 36-53.

[34] Gupta, A., "Foundations for Value Education in Engineering: The Indian Experience", in *Science and Engineering Ethics*, Vol. 21, No. 2(2015), pp. 479-504.

[35] Hadi, R., "The Integration of Character Values in the Teaching of Economics: A Case of Selected High Schools in Banjarmasin", in *International Education Studies*, Vol. 8, No. 7(2015), pp. 11-20.

[36] Hakam, K. A., "Tradition of Value Education Implementation in Indonesian Primary Schools", in *Journal of Social Studies Education Research*, Vol. 9, No. 4(2018), pp. 295-318.

[37] Ho, L. C., "Global Multicultural Citizenship Education: A Singapore Experience", in *The Social Studies*, Vol. 100, No. 6(2009), pp. 285-293.

[38] Ho, L. C., "Sorting Citizens: Differentiated Citizenship Education in Singapore", in *Journal of Curriculum Studies*, Vol. 44, No. 3 (2012), pp. 403-428.

[39] Horton, T. A., "'I Am Canada': Exploring Social Responsibility in Social Studies Using Young Adult Historical Fiction", in *Canadian Social Studies*, Vol. 47, No. 1(2014), pp. 26-43.

[40] Hughes, C., Barr, A., Graham, J., "Who Comes to the School Coun-

sellor and What do They Talk about?", in *New Zealand Journal of Counselling*, Vol. 39, No. 1(2019), pp. 40-70.

[41] Hughes, Colin, "School Counsellors, Values Learning, and the New Zealand Curriculum" in *New Zealand Journal of Counselling*, Vol. 32, No. 2 (2012), pp. 12-22.

[42] Huseyin, U., Aygün, B., Öznacar, B., "2023 E gitim Vizyonu Belgesi'nde De gerler E gitimi Tasarımı: Mutlu Çocuklar Güçlü Türkiye", in *Uluslararası Sosyal Bilimler Akademik Araştırmalar Dergisi*, Vol. 6, No. 1(2022), pp. 1-15.

[43] Şimşek, C. L., "Investigation of Environmental Topics in the Science and Technology Curriculum and Textbooks in Terms of Environmental Ethics and Aesthetics", in *Educational Sciences: Theory & Practice*, Vol. 11, No. 4(2011), pp. 2252-2257.

[44] Japar, M., "The Improvement of Indonesia Students ' Engagement in Civic Education through Case-Based Learning'", in *Journal of Social Studies Education Research*, Vol. 9, No. 3 (2018), pp. 27-44.

[45] Jaufar, Shaaliny, "Shaping the Responsible, Successful and Contributing Citizen of the Future: 'Values' in the New Zealand Curriculum and Its Challenge to the Development of Ethical Teacher Professionality", in *Jaufar Sustainable Earth*, No. 4(2021), pp. 1.

[46] Johnston, J., "Integrated Curriculum Programs in British Columbia", in *Pathways: The Ontario Journal of Outdoor Education*, No. 1(2011) pp. 24-27.

[47] Joshee, R., "Citizenship and Multicultural Education in Canada: From

Assimilation to Social Cohesion", in *Diversity and Citizenship Education: Global Perspectives*, edited by Banks, J. A., 2004.

[48] Kahn, P., "'L'enseignement moral et civique': vain projet ou ambition légitime? Éléments pour un débat", in *Carrefours de léducation*, Vol. 1, No. 39(2015), pp. 185-202.

[49] Kaplan, William, "Belonging: The Meaning and Future of Canadian Citizenship: Canadian Public Policy, Vol. 20, No. 1 (1994), pp. 96.

[50] Katılmış, Ahmet, "Values Education as Perceived by Social Studies Teachers in Objective and Practice Dimensions", in *Educational Sciences: Theory & Practice*, Vol. 17, No. 4(2017), pp. 1231-1254.

[51] Çöker, B., "Girls'Education in Turkey: An Analysis of Education Policies from a Feminist Perspective", in *Online Submission*, Vol. 7, No. 9(2020), pp. 242-261.

[52] Keskin, Yusuf, "Phenomenological Study of Social Studies Teachers and Values Education in Turkey", in *Procedia-Social and Behavioral Sciences*, No. 116(2014), pp. 4526-4531.

[53] Khim Ong Kelly, Shi Yun Angela Ang, Wei Ling Chong, et al., "Teacher Appraisal and Its Outcomes in Singapore Primary Schools", in *Journal of Educational Administration*, Vol. 46, No. 1(2008), pp. 39-54.

[54] Kim, E. J. A., Dionne, L., "Traditional Ecological Knowledge in Science Education and Its Integration in Grades 7 and 8 Canadian Science Curriculum Documents", in *Canadian Journal of Science Mathematics and Technology Education*, Vol. 14, No. 4(2014), pp. 311-329.

［55］ King, E,L., "The Problem of Moral Education in India", in *Religious Education*, Vol7, No. 1(1912), pp. 36-41.

［56］ Koc, Yusuf, "Mine Isiksal, Safure Bulut in Elementary School Curriculum Reform in Turkey", in *International Education Journal*, Vol. 8, No. 1 (2007), pp. 30-39.

［57］ Komalasari, K., Rahmat, R., "Living Values Based Interactive Multimedia in Civic Education Learning", in *International Journal of Instruction*, Vol. 12, No. 1 (2019), pp. 113-126.

［58］ Lakshimi, C. . "Value Education: An Indian Perspective on the Need for Moral Education in a Time of Rapid Social Change", in *Journal of College and Character*, Vol. 10, No. 3(2009), pp. 1-7.

［59］ Lakshimi, C., "Value Education: An Indian Perspective on the Need for Moral Education in a Time of Rapid Social Change", in *Journal of College and Character*, Vol. 10, No. 3(2009), pp. 1-7.

［60］ Leinweber, K., Donlevy, J. K., Gereluk,D., et al., "Moral Education Polices in Five Canadian Provinces: Seeking Clarity", in *Consistency and Coherency*, *Interchange*, Vol. 43, No. 1(2012), pp. 25-42.

［61］ Lekawael, R. F., Emzir, Rafli, Z., et al., "The Cultural Values in Texts of English Coursebooks for Junior High School in Ambon, Moluccas-Indonesia", in *Advances in Language and Literary Studies*, Vol. 9, No. 2 (2018), pp. 24-30.

［62］ Lourie, Megan, "Symbolic Policy: A Study of Biculturalism and Māori Language Education in New Zealand", in *Knowledge Cultures*, Vol. 3, No. 5

（2015），pp. 49-60.

［63］Majeed, Javed, "British Colonialism in India as a Pedagogical Enterprise", in *History and Theory*, Vol. 48, No. 3(2009), pp. 276-282.

［64］Malihah, E., "An Ideal Indonesian in an Increasingly Competitive World: Personal Character and Values Required to Realise a Projected 2045 'Golden Indonesia'", in *Citizenship, Social and Economics Education*, Vol. 14, No. 2 (2015), pp. 148-156.

［65］Massey, K., "Global Citizenship Education in a Secondary Geography Course: The Students' Perspectives", in *Review of International Geographical Education Online*, Vol. 4, No. 2 (2014), pp. 80-101.

［66］McAllister, Ian, "Civic Education and Political Knowledge in Australian", in *Journal of Political Science*, Vol. 33, No. 3 (1998), pp. 7-23

［67］Mefodeva, M., Fakhrutdinova, A. V., Zakirova, R. R., "Moral Education in Russia and India: A Comparative Analysis", in *the Social Sciences*, Vol. 11, No. 15(2016), pp. 3765-3769.

［68］Merey, Zihni, "Political Rights in Social Studies Textbooks in Turkish Elementary Education", in *Procedia-Social and Behavioral Sciences*, No. 46 (2012), pp. 5656-5660.

［69］Mikaels, J., Backman, E., Lundvall, S., "In andOut of Place: Exploring the Discursive Effects of Teachers' Talk about Outdoor Education in Secondary Schools in New Zealand", in *Journal of Adventure Education & Outdoor Learning*, Vol. 16, No. 2(2015), pp. 1-14.

［70］Mislia, Mahmud, A. & Manda. D., et al., "The Implementation of

Character Education through Scout Activities", in *International Education Studies*, Vol. 9, No. 6 (2016), pp. 130-138.

[71] Morita, Liang, "English, Language Shift and Values Shift in Japan and Singapore", in *Globalisation, Societies and Education*, Vol. 13, No. 4 (2015), pp. 508-527.

[72] Munir, S., Aftab, M., "Contribution of Value Education towards Human Development in India: Theoretical Concepts", in *International Journal of Asian Social Science*, Vol. 2, No. 12(2012), pp. 2283-2290.

[73] Mutch, C., "Citizenship Education in New Zealand: Inside or outside the Curriculum?", in *Citizenship Social and Economics Education*, Vol. 5, No. 3 (2003), pp. 164-179.

[74] Mutch, C., "Citizenship Education in New Zealand: We Know 'What Works' but to what Extent is it Working?", in *Citizenship, Social and Economics Education*, Vol. 10, No. 2&3(2011), pp. 182-198.

[75] Mutch, C., "Values Education in New Zealand: Old Ideas in New Garb", in *Citizenship Social and Economics Education*, Vol. 4, No. 1(2000), pp. 1-10.

[76] Ünal, Fatma, "Life Science Curriculum in Turkey and the Evaluation of Values Education in Textbooks", in *Middle-East Journal of Scientific Research*, Vol. 11, No. 11(2012), pp. 1508-1513.

[77] Nurdin, E. S., "The Policies on Civic Education in Developing National Character in Indonesia", in *International Education Studies*, Vol. 8, No. 8 (2015), pp. 199-209.

［78］Nurhasanah, N., Nida, Q., "Character Building of Students by Guidance and Counseling Teachers through Guidance and Counseling Services", in *Jurnal Ilmiah Peuradeun*, Vol. 4, No. 1（2016）, pp. 65-76.

［79］Pang, A., Yingzhi Tan, E., Song-Qi Lim R., et al., "Building Effective Relations with Social Media Influencers in Singapore" in *Media Asia*, Vol. 43, No. 1（2016）, pp. 56-68.

［80］Pashby, K., Ingram, L. A., Joshee, R., "Discovering, Recovering, and Covering-up Canada: Tracing Historical Citizenship Discourses in K12 and Adult Immigrant Citizenship Education", in *Canadian Journal of Education*, No. 2（2014）, pp. 1-26.

［81］Patil, V. K., Patil, K. D., "Traditional Indian Education Values and New National Education Policy Adopted by India", in *Journal of Education*, Vol. 203, No. 1（2023）, pp. 242-245.

［82］Petherick, L. A., "Race and Culture in the Secondary School Health and Physical Education Curriculum in Ontario", *Canada: A Critical Reading*, *Health Education*, No. 2（2018）, pp. 144-158.

［83］Pike, G., "Citizenship Education in Global Context", in *Brock Education Journal*, Vol. 17（2008）, pp. 38-49.

［84］Plane, L. C., "National cultural Values and Their Role in Learning: A Comparative Ethnographic Study of State Primary Schooling in England and France, Comparative Education, Vol. 33, No. 3（1997）, pp. 349-373.

［85］Prianto, A., "The Parents' and Teachers' Supports Role on Students' Involvement in Scouting Program and Entrepreneurial Values-Longitudinal Studies on Students in Jombang, East Java, Indonesia", in *International Education Studies*, Vol. 9, No. 7 (2016), pp. 197-208.

[86] Proeschel, Claude, "Commentary : 'Mobilising for the Values of the Republic' — France's Education Policy Response to the 'Fragmented Society' : A Commented Press Review", in *Journal of Social Science Education*, Vol. 8, No. 16 (2017), pp. 63-65.

[87] Quéniart, A., "The Form and Meaning of Young People's Involvement in Community and Political Work", in *Youth&Society*, No. 2 (2008), pp. 203-223.

[88] Raden, S., Ali, I., et al., "Parents' Participation in Improving the Quality of Elementary School in the City of Malang, East Java, Indonesia", in *International Education Studies*, Vol. 9, No. 10 (2016), pp. 256-262.

[89] Rafikov, I., Akhmetova, E., Yapar, O. E., "Prospects of Morality-Based Education in the 21st Century", in *Journal of Islamic Thought and Civilization*, Vol. 11, No. 1 (2021), pp. 1-21.

[90] Raihani, R., "Education for Multicultural Citizens in Indonesia: Policies and Practices", in *Compare : A Journal of Comparative and International Education*, Vol. 48, No. 6 (2018), pp. 992-1009.

[91] Rawal, M., "Globalization Challenges and Human Values in Education", in *Asian Resonance*, Vol. 2, No. 3(2013), pp. 250-252.

[92] Şahin, B., "The Development of Values Education in the Turkish High School Geography Curriculum", in *Review of International Geographical Education Online*, Vol. 11, No. 2(2021), pp. 574-605.

［93］Safder, M., Hussain, C. A., "Relationship between Moral Atmosphere of School and Moral Development of Secondary School Students", in *Bulletin of Education and Research*, 2018, pp. 63-71.

［94］Saidek, A. R., Islami, R., Abdoludin, et al., "Character Issues: Reality Character Problems and Solutions through Education in Indonesia", in *Journal of Education and Practice*, Vol. 7, No. 17 (2016), pp. 158-165.

［95］Saint-Matin, I., "Teaching about Religions and Educations and Education in Citizenship in France", in *Education, Citizenship and Social Justice*, Vol. 8, No. 2 (2013), pp. 151-164.

［96］Sanjeevankarpavithra, Sanjeevankarvittal, Pal, P. "The Role of Indian Ethics and Values", in *International Journal of Engineering and Management Research*, Vol. 7, No. 2. (2017), pp. 560-569.

［97］Sears. A. M., Hughes, A. S., "Citizenship Education and Current Educational Reform", in *Canadian Journal of Education*, Vol. 21, No. 2 (1996), pp. 123-142.

［98］Segeren, A., "Mapping Geographical Education in Canada: Geography in the Elementary and Secondary Curriculum across Canada", in *Review of International Geographical Education Online*, Vol. 2, No. 1 (2012), pp. 118-137.

［99］Seshadri, C., "The Concept of Moral Education: Indian and Western— A Comparative Study", in *Comparative Education*, Vol. 17, No. 3 (1981), pp. 293-310.

［100］Shaleha, M. A., Purbani, W., "Using Indonesian Local Wisdom as Language Teaching Material to Build Students' Character in Globalization Era", in

KnE Social Sciences, Vol. 3, No. 10 (2019), pp. 292-298.

［101］ Shaw, R. K., "New Zealand's Recent Concern with Moral Education", in *Journal of Moral Education*, Vol. 9, No. 1(1979), pp. 23-35.

［102］ Shelly, J. K., "Declining Ethical Values in Indian Education System", in *Journal of Education and Practice*, Vol. 3, No. 12(2012), pp. 23-27.

［103］ Sim, J. B. Y., Print, M., "Citizenship Education and Social Studies in Singapore: A National Agenda", in *International Journal of Citizenship and Teacher Education*, Vol. 1, No. 1(2005), pp. 58-73.

［104］ Stegemann. K. C. &Jaciw, A. P., "Making It Logical: Implementation of Inclusive Education Using a Logic Model Framework", in *Learning Disabilities: A Contemporary Journal*, Vol. 16, No. 1 (2018), pp. 3-18.

［105］ Stow, Wiilliam, "New Zealand: Social Studies at a Crossroads", in *Citizenship*, *Social and Economics Education*, Vol. 7, No. 1(2007), pp. 3-15.

［106］ Suwalska, A., "Values and Their Influence on Learning in Basic Education in Finland—Selected Aspects", in *Roczniki Pedagogiczne*, Vol. 13, No. 2 (2021), pp. 141-154.

［107］ Suyatno, S., Jumintono, J., Pambudi, D. I., et al., "Strategy of Values Education in the Indonesian Education System", in *International Journal of Instruction*, Vol. 12, No. 1 (2019), pp. 607-624.

［108］ Tan, C., "Creating, "Good Citizens' and Maintaining Religious Harmony in Singapore", in *British Journal of Religious Education*, Vol. 30, No. 2 (2008), pp. 133-142.

［109］ Tan, C., "'Our Shared Values' in Singapore: A Confucian Perspective", in *Educational Theory*, Vol. 62, No. 4(2012), pp. 449-463.

[110] Tekin, Ö. G., Bedir, G., "Ortaokul Ö ğretim Programlarındaki Kazanımların Karakter Eğitimi Analizi", in *Değerler Eğitimi Dergisi*, Vol. 17, No. 38(2019), pp. 139-169.

[111] Thier, M. A. &Lefran ois, D., "How Should Citizenship be Integrated into High School History Programs? Public Controversies and the Quebec 'History and Citizenship Education' Curriculum: An Analysis", in *Canadian Social Studies*, Vol. 45, No. 1 (2012), pp. 21-42.

[112] Thornberg, Robert & Oğuz, Ebru, "Teachers' Views on Values Education: A Qualitative Study in Sweden and Turkey", in *International Journal of Educational Research*, Vol. 59, No. 1(2013), pp. 49-56.

[113] Tonga, D., "Transforming Values into Behaviors: A Study on the Application of Values Education to Families in Turkey", in *Journal of Education and Learning*, Vol. 5, No. 2(2016), pp. 24-37.

[114] Tonga, D., "Transforming Values into Behaviors: A Study on the Application of Values Education to Families in Turkey", in *Journal of Education and Learning*, Vol. 5, No. 2(2016), pp. 24-37.

[115] Tong, D. A., "Qualitative Study on the Prospective Social Studies Teachers' Role-Model Preferences", in *International Journal of Academic Research*, Vol6, No. 2(2014), pp. 94-101.

[116] Ulavere, P., Veisson, M., "Values and Values Education in Estonian Preschool Child Care Institutions", in *Journal of Teacher Education for Sustainability*, Vol. 17, No. 2 (2015), pp. 108-124.

［117］ Undang-Undang RI Nomor,"Rencana Pembangunan Jangka Panjang Nasional Tahun 2005-2025", in *Jakarta*, 2007.

［118］ Venkateshwar, M.,"The Influence of the Epics（Ramayana & Mahabharata）on Indian Life and Literature", in *Anukarsh*, Vol. 1, No. 2（2021）, pp. 29-33.

［119］ Veugelers, W.,"The Moral and the Political in Global Citizenship: Appreciating Differences in Education", in *Globalisation*, *Societies and Education*, Vol. 9, No. 3-4（2011）, pp. 473-485.

［120］ Wager, A. C., Ansloos, J. P., Thorburn, R.,"Addressing Structural Violence and Systemic Inequities in Education: A Qualitative Study on Indigenous Youth Schooling Experiences in Canada", in *Power and Education*, Vol. 14, No. 3（2022）, pp. 228-246.

［121］ Weninger, C., Kho, E, M.,"The（bio）Politics of Engagement: Shifts in Singapore's Policy and Public Discourse on Civics Education", in *Discourse: Studies in the Cultural Politics of Education*, Vol. 35, No. 4（2014）, pp. 611-624.

［122］ Whitsed, Craig & Wright, Peter,"Perspectives from within: Adjunct, Foreign, English language Teachers in the Internationalization of Japanese Universities", in *Journal of Research in International Education*, Vol. 10, No. 1（2011）, pp. 28-45.

［123］ Winton, S.,"Character Development and Critical Democratic Education in Ontario, Canada, Leadership and Policy in Schools, Vol. 9, No. 2（2010）, pp. 220-237.

［124］Yazici, Sedat&Aslan, Mecnun, "Using Heroes as Role Models in Values Education: A Comparison between Social Studies Textbooks and Prospective Teachers' Choice of Hero or Heroines", in *Educational Sciences: Theory & Practice*, Vol. 11, No. 4(2011), pp. 2184-2188.

［125］Yulianti, K., Denessen, E. J., Droop, M., et al., "Indonesian Parents' Involvement in Their Children's Education: A Study in Elementary Schools in Urban and Rural Java, Indonesia", in *School Community Journal*, Vol. 29, No. 1 (2019), pp. 253-278.

［126］Zurqoni, Retnawati, H., Arlinwibowo, J., et al., "Strategy and Implementation of Character Education in Senior High Schools and Vocational High Schools", in *Journal of Social Studies Education Research*, Vol. 9, No. 3 (2018), pp. 370-397.

［127］Zurqoni, Retnawati, H., Arlinwibowo, J., et al., "Strategy and Implementation of Character Education in Senior High Schools and Vocational High Schools", in *Journal of Social Studies Education Research*, Vol. 9, No. 3 (2018), pp. 370-397.

［128］渡辺栄太郎:「日本統治機構の特質と矛盾Ⅳ」,『大東文化大学紀要』(社会科学), Vol. 56(2018), pp. 35-54.

［129］高蘭:「近代立憲君主制における明治天皇の権力の二重性の形成」,『社会科学研究』Vol. 42(2022),pp. 25-48.

［130］吉田正生:「小学校社会科における価値教育ストラテジーについて(特集 道徳. 価値教育に関する論考)」,『教育研究所紀要』, No. 24 (2015), pp. 17-28.

［131］吉原裕一：「道徳と倫理をめぐる思想史的考察：武士の思想を手がかりに」,『国士舘人文学』, No. 50（2018）, pp. 23-35.

［132］豊泉清裕：「道徳教育の歴史的考察（1）：修身科の成立から国定教科書の時代へ」,『文教大学教育学部紀要』, No. 49（2015）, pp. 27-38.

［133］林倫子、沓間景、栢原佑輔、尾﨑平：「静岡県内の小学校校歌を素材とした富士山の文化的サービスの価値に関する試論」,『土木学会論文集 G（環境）』, Vol. 74, No. 6（2018）, pp. II165-II173.

［134］清水潔、佐藤武尊：「日本精神と武道」,『武道学研究』, Vol. 49, No. 3（2017）, pp. 213-221.

［135］松本芳子：「近代における島根県下の教育について」,『佛教大学大学院紀要』, No. 32（2004）, pp. 205-218.

［136］田中圭治郎：「文化的多元主義の概念と実態：多文化教育の視座から」,『佛教大学教育学部学会紀要』, No. 14（2015）, pp. 15-26.

［137］望月一憲：「再び聖徳太子の仏教について」,『印度學佛教學研究』, Vol. 24, No. 1（1975）, pp. 136-139.

［138］尾﨑正美：子供が自己を見つめながら考えを深めていく道徳科の授業づくり：小学校高学年における実践的研究（特集「考え、議論する道徳」の可能性：「アクティブ ラーニング」の視点から）,『道徳と教育』, Vol. 61, No. 335（2017）, pp. 63-72.

［139］新川靖：「道徳授業における子どもによる意味の発見と思考の視点の明確化」,『道徳と教育』, Vol. 62, No. 336（2018）, pp. 29-39.

［140］須田珠生：「学校校歌作成意図の解明：東京音楽学校への校歌作成依頼状に着目して」,『音楽教育学』, Vol. 46, No. 2（2017）, pp. 1-12.

［141］早川明夫：「遣唐使の停廃と「国風文化」：「国風文化」の授業における留意点」,『教育研究所紀』, Vol. 15, No. 15（2006）, pp. 55-63.

［142］佐々木勇：「龍谷大学図書館蔵『御成敗の式目』（貞永式目抄）天正十一年写本翻刻（一）」,『国語教育研究』, No. 62（2021）, pp. 108-118.

（三）其他

［1］"Alberta Ministry of Education, "Education Act", https：//www. Alberta. ca/safe-and-caring-schools. aspx,访问日期：2019 年 10 月 30 日。

［2］Alberta Ministry of Education, "The Heart of the Matter：Character and Citizenship Education in Alberta Schools", https：// open. alberta. ca/dataset/7ce67821-e0f4-4ff6-b1af-5b4b60aa1273/resource/f4e3fe98-b92a-41bd-b689-e2b342e8929f/download/2005-heart-matter-character-citizenship-education-alberta-schools. pdf,访问日期：2023 年 6 月 14 日。

［3］Allen, Kelly-Ann & Boyle, C., et al., "Creating a Culture of Belonging in a School Context", https：//ore. exeter. ac. uk/repository/bitstream/handle/pdf,访问日期：2020 年 11 月 8 日。

［4］Antara Indonesian News Agency, "Indonesia Still Lacking Teachers：Ministry", https：//en. antaranews. com/news/275529/indonesia-still-lacking-teachers-ministry,访问日期：2023 年 5 月 24 日。

［5］Antaya-Moore, D., "Supporting Positive Behaviour in Alberta Schools：A Classroom Approach", Alberta Education, 2008.

［6］Australian Government Department of Education, "The Alice Springs（Mparntwe）Education Declaration", https：// www. education. gov. au/alice-springs-mparntwe-education-declaration,访问日期：2023 年 6 月 30 日。

［7］ Bethel,Judy,"Canadian Citizenship:A Sense of Belonging",Standing Committee on Citizenship and Immigration,1994.

［8］ Bolstad,Rachel,"Participating and Contributing? The Role of School and Community in Supporting Civic and Citizenship Education New Zealand Results from the International Civic and Citizenship Education Study",https://www.nzcer. org. nz/system/files/Participating-and-Contributing-The-Role-of-School-and-Community. pdf,访问日期:2023 年 2 月 19 日。

［9］ British Columbia Ministry of Education,"Policy for Student Success",https://www2. gov. bc. ca/assets/gov/education/administration/kindergarten-to-grade-12/understanding_the_bc_policy_for_student_success. pdf,访问日期:2023 年 12 月 24 日。

［10］ British Columbia Ministry of Education,"Your Kid's Progress Engagement Summary Report",https://www2. gov. bc. ca/assets/gov/education/administration/kindergarten-to-grade-12/reports-and-publications/your-kids-progress-oct2017. pdf,访问日期:2023 年 12 月 13 日。

［11］ British Columbia,"Safe, Caring and Orderly Schools:A Guide",National Library of Canada:Ministry of Education,2008.

［12］ Center for Environment Education,"Education for Chirldren",https://www. ceeindia. org/education-for-children,访问日期:2021 年 1 月 25 日。

［13］ Character Education Programme of New Zealand,"Character, Values Education in Schools by Choice",https://www. scoop. co. nz/stories/ED0508/S00087/character-values-education-in-schools-by-choice. htm,访问日期:2023 年 2 月 13 日。

［14］ Citizens Forum on Canada's Future, "Report to the People and Government of Canada", Supply and Services, 1991.

［15］ Citizenship and Immigration Canada. "Discover Canada: The rights and responsibilities of Citizenship", https://www. canada. ca/en/immigration-refugees-citizenship/corporate/publications-manuals/discover-canada. html,访问日期：2020 年 7 月 26 日。

［16］ Citizenship and Immigration Canada, "Discover Canada: The Rights and Responsibilities of Citizenship", https://www. canada. ca/en/immigration-refugees-citizenship/corporate/publications-manuals/discover-canada. html,访问日期：2020 年 7 月 26 日。

［17］ College, Lynfield, "Outdoor Education", https:// www. lynfield. school. nz/Curriculum/Faculties/Health + and + Physical + Education/Outdoor + Education. html,访问日期：2023 年 4 月 13 日。

［18］ Council of Ministers of Education, Canada, "Canada's Response to the Sixth Consultation on the Implementation of the UNESCO Recommendation Concerning Education for International Understanding, Cooperation and Peace and Education Relating to Human Rights and Fundamental Freedoms(1974)", https://www. cmec. ca/Publications/Lists/Publications/Attachments/368/CMEC-Canada-responses-to-UNESCO-questionnaire-1974-Recommendation-Peace_EN-Final. pdf,访问日期：2023 年 12 月 28 日。

［19］ Council of Ministers of Education, Canada, "Canadian Report on Anti-Discrimination in Education", https://www. cmec. ca/Publications/Lists/Publications/Attachments/382/Canadian-report-on-anti-discrimination-in-education-EN.

pdf,访问日期：2023 年 12 月 16 日。

［20］Council of Ministers of Education, Canada, "G20 Education Ministerial Meeting and the Education and Joint Educationand Employment Ministerial Meeting-Report of the Canadian Delegation", https：//www. cmec. ca/Publications/List-s/Publications/Attachments/387/G20-Edu-2018-Can-Del-Report_EN. pdf,访问日期：2020 年 1 月 3 日。

［21］Council of Ministers of Education, Canada, "Quality Education for All Young People：Challenges,Trends, and Priorities", https：//www. cmec. ca/Publications/Lists/Publications/Attachments/66/47_ICE_report. en. pdf, 访问日期：2023 年 12 月 15 日。

［22］Council of Ministers of Education, Canada, "UNESCO Seventh Consultation of Member States on the Implementation of the Convention and Recommendation against Discrimination in Education", https：//www. Cmec. ca/Publications/Lists/Publications/Attachments/105/Canada-report-antidiscrimination-2007. en. pdf,访问日期：2019 年 10 月 15 日。

［23］Council of Ministers of Education, "Education Commission of the 39th Session of the UNESCO General Conference", https：//www. cmec. ca/Publications/Lists/Publications/Attachments/383/39th-UNESCO-Report-EN. pdf,访问日期：2023 年 12 月 16 日。

［24］Cultural India, "Cultural India：History of India", https：//www. culturalindia. net/indian-history/,访问日期：2022 年 4 月 11 日。

［25］Department for Education, "Consultation on Promoting British Values in School", https：//www. gov. uk/government/news/consultation-on-promoting-british-values-in-school,访问日期：2023 年 6 月 30 日。

［26］ Department of Basic Education，"Manifesto on Values，Education and Democracy"，https：//www. education. gov. za/LinkClick. aspx？fileticket = tYzH-KQLJLJE%3d&tabid = 129&portalid = 0&mid = 425,访问日期：2023 年 6 月 14 日。

［27］ Department of Education Australia，"The Australian Student Wellbeing Framework"，https：// www. education. gov. au/student-resilience-and-wellbeing/australian-student-wellbeing-framework,访问日期：2023 年 4 月 25 日。

［28］ Department of Education，"National Framework for Values Education in Australian Schools"，http：// https：// d20uo2axdbh83k. cloudfront. net/20150224/fd215d9070ec700cfdc2432cdc3dd979/Framework_PDF_version_for_the_web. pdf,访问日期：2023 年 6 月 14 日。

［29］ Department of Education，"Promoting Fundamental British Values as Part of SMSC in Schools"，https：//assets. publishing. service. gov. uk/government/uploads/system/uploads/attachment _ data/file/380595/SMSC _ Guidance _ Maintained_Schools. pdf,访问日期：2023 年 6 月 14 日。

［30］ Department of Education，Science and Training of Australia，"National Framework for Values Education in Australian Schools"，https：//d20uo2axdbh83k. cloudfront. net/20150224/fd215d9070ec700cfdc2432cdc3dd979/Framework_PDF _version_for_the_web. pdf,访问日期：2022 年 11 月 1 日。

［31］ Department of School Education&Litericy，"Department of School Education&Litericy：List of Activities for Schools under Fit India Movement：View"，https：//pib. gov. in/PressReleseDetailm. aspx？PRID = 1598423,访问日

期：2020 年 9 月 24 日。

［32］ Domont，Mathilde，"New Zealand — Aotearoa，Challenges of a Multicultural Society"，https：//www. institut-ega. org/l/new-zealand-aotearoa-challenges-of-a-multicultural-society/，访问日期：2023 年 3 月 27 日。

［33］ Donnelly，Kevin，"The New Zealand Curriculum：A submission on the Draft for Consultation 2006"，https：//www. nzinitiative. org. nz/reports-and-media/reports/the-new-zealand-curriculum/document/54，访问日期：2023 年 2 月 9 日。

［34］ ERIC-Institute of Education Sciences，"Protecting the Future：The Role of School Education in Sustainable Development-An Indian Case Study"，https：//files. eric. ed. gov/fulltext/EJ1167824. pdf，访问日期：2020 年 9 月 28 日。

［35］ "Family Matters：Report of the Public Education Committee on Family"，Singapore：the Public Education Committee on Family（PEC），2002.

［36］ Finnish National Board of Education，"New National Core Curriculum for Basic Education：Focus on School Culture and Integrative Approach"，访问日期：2023 年 4 月 25 日。

［37］ Froese-Germain，B. &Riel，R.，"Human Rights Education in Canada：Results from a CTF Teacher Survey"，https：// files. eric. ed. gov/fulltext/ED544250. pdf，访问日期：2023 年 12 月 24 日。

［38］ Gallagher，M. J. &Griffore，J.，"School Effectiveness Framework"，Ontario Ministry of Education，2013.

［39］ Galloway，Rod，"Character in the Classroom A Report on How New Zealand's Changing Social Values are Impacting on Student Behaviour and How Schools Can Meet the New Challenges"，https：//docslib. org/a-report-on-how-new-zealand-s-changing,访问日期：2023 年 2 月 11 日。

［40］"Giving Voice to the Impacts of Values Education——The Final Report of the Values in Action Schools Project"，https：//researchprofiles. canberra. edu. au/en/publications/giving-voice-to-the-impacts-of-values-education-the-final-report-,访问日期：2023 年 12 月 23 日。

［41］Government of Canada，"Canadian Multiculturalism Act"，https：//laws-lois. justice. gc. ca/eng/acts/C-18. 7/page-1. html,访问日期：2023 年 12 月 24 日。

［42］Government of Canada，"Constitution Act, 1867 to 1982"，https：//laws. justice. gc. ca/eng/Const/page-18. html,访问日期：2020 年 7 月 24 日。

［43］Government of Canada，"Constitution Act, 1867 to 1982"，https：//laws. jus-tice. gc. ca/eng/Const/page-18. html,访问日期：2019 年 12 月 11 日。

［44］Government of Canada，"The Constitution Act,1867 to 1982"，https：//www. laws-lois. justice. gc. ca/PDF/CONST_RPT. pdf,访问日期：2023 年 6 月 30 日。

［45］Hardie, Michael，"BoysValues Education Summit"，https：//gg. govt. nz/publications/values-education-summit,访问日期：2023 年 1 月 29 日。

［46］Heenan,J.，McDonald, G. and Perera, K.，"Character Education in New Zealand Schools"，https：//dro. deakin. edu. au/articles/report/Character_ed-ucation_in_New_Zealand_schools/21040510/1,访问日期：2023 年 2 月 27 日。

［47］，https：//www. mext. go. jp/b_menu/hakusho/html/others/detail/1318322. htm,访问日期：2021 年 9 月 7 日。

［48］Ifop，"Les Francais et leurs perceptions de l'immigration, des réfugiés et de l'identité", http：// www. Ifop. com/media/poll/3814-1-study_file. pdf, 访问日期：2020 年 10 月 3 日。

［49］ Indonesian Scout Movement, "TOT Indonesia Scout Movement 'Gerakan Pramuka'", https：//www. scout. org/id/node/358391, 访问日期：2022 年 8 月 9 日。

［50］ Inistère de l'Education Nationale et de la Jeunesse, "Les valeurs de la République à l'École", https：//www. education. gouv. fr/les-valeurs-de-la-republique-l-ecole-1109, 访问日期：2023 年 4 月 25 日。

［51］ Institut Musulman dela Grande Mosquee de Paris, "Proclamation de l islam en France", http：// www. mosqueedeparis. net/wp-content/uploads/2017/03/Proclamation-IFR-par-la-Mosqu％C3％A9e-de-Paris. pdf, 访问日期：2023 年 12 月 25 日。

［52］ Kementerian Pendidikan dan Kebudayaan, "Penguatan Pendidikan Karakter Jadi Pintu Masuk Pembenahan Pendidikan Nasional", https：//www. kemdikbud. go. id/main/blog/2017/7/penguatan-pendidikan-karakter-jadi-pintu-masuk-pembenahan-pendidikan-nasional, 访问日期：2021 年 9 月 7 日。

［53］ Keown, Paul, Parker, Lisa, & Tiakiwai, Sarah, "Values in the New Zealand Curriculum：A Literature Review", https：//www. educationcounts. govt. nz/_data/assets/pdf_file/0008/216098/LiteratureReviewValuesInTheCurriculum. pdf, 访问日期：2023 年 2 月 7 日。

［54］ Keown, Paul, Parker, Lisa, Tiakiwai, Sarah, "Values in the New Zealand Curriculum：A Literature Review", https：// www. educationcounts. govt. nz/publications/schooling/values-in-the-new-zealand-curriculum, 访问日期：2023 年

2 月 7 日。

［55］Le Bulletin officiel de l'éducation nationale,"Programme d'enseignement moral et civique de l'école et du collège",https：//www. education. gouv. fr/bo/18/ Hebdo30/MENE1820170A. htm? cid bo＝132982. pdf,访问日期：2023 年 5 月 24 日。

［56］Lee,Gracie,"Values Education in Singapore",https：//eresources. nlb. gov. sg/infopedia/articles/SIP＿2021-11-08＿150436. html,访问日期：2022 年 7 月 14 日。

［57］MEXT,"Basic Act on Education",https：//www. mext. go. jp/en/policy/education/lawandplan/title01/detail01/1373798. htm,访问日期：2021 年 9 月 7 日。

［58］Miller,J. H.,Furbish,D. S.,"Counseling in New Zealand",https：// www. researchgate. net/publication/305407339＿Counseling＿in＿New＿Zealand,访问日期：2023 年 4 月 17 日。

［59］Ministerede Leducationnationaleet de Lajeunesse,"L'enseignement moral et civique（EMC）au Bulletin officiel spécial du 25 juin 2015",https：//www. education. gouv. fr/l-enseignement-moral-et-civique-emc-au-bulletin-officiel-special-du-25-juin-2015-5747,访问日期：2023 年 6 月 21 日。

［60］Ministerial Council on Education,Employment,Training and Youth Affairs,"The Adelaide Declaration on National Goals for Schooling in the Twenty-First Century",http：//www. mceecdya. edu. au/meceecdya/adelaide＿declaration＿1999＿text,28298,访问日期：2022 年 8 月 7 日。

［61］Ministère de lducation nationale,"Bullet in official-année",http：// www. education. gouv. fr/bo/BoAnnexes/2007/22/22. pdf,访问日期：2020 年 10

月 21 日。

〔62〕 Ministry for Culture and Heritage, "A History of New Zealand 1769-1914", https：//nzhistory. govt. nz/culture/home-away-from-home/conclusions, 访问日期：2023 年 5 月 7 日。

〔63〕 Ministry for Culture and Heritage, "Children and adolescents, 1930-1960", https：//nzhistory. govt. nz/culture/children-and-adolescents-1940-60/post-war-family, 访问日期：2023 年 5 月 7 日。

〔64〕 Ministry for Culture and Heritage, "The 1970s", https：//nzhistory. govt. nz/culture/the-1970s, 访问日期：2023 年 5 月 7 日。

〔65〕 Ministry of Education, "Bringing the Curriculum Alive", https：//sport-nz. org. nz/media/2032/eotc-guidelines-bringing-the-curriculum-alive. pdf, 访问日期：2023 年 4 月 13 日。

〔66〕 Ministry of Education, "Civics and Citizenship Education Teaching and Learning Guide", https：//sltk-resources. tki. org. nz/assets/Uploads/Teaching-and-Learning-Guide. pdf, 访问日期：2023 年 2 月 19 日。

〔67〕 Ministry of Education, "Culture, Sports, Science and Technology-Japan", 教育基本法（昭和二十二年法律第二十五号）の全部を改正する, https：//www. mext. go. jp/b_menu/kihon/about/mext_00003. html, 访问日期：2023 年 6 月 21 日。

〔68〕 Ministry of Education, "2021 Primary Character and Citizenship Education Syllabus", https：//www. moe. gov. sg/-/media/files/syllabus/2021-primary-character-and-citizenship-education. pdf, 访问日期：2023 年 6 月 15 日。

〔69〕 Ministry of Education, "2021 Primary Character and Citizenship Education Syllabus", https：//www. moe. gov. sg/-/media/files/syllabus/2021-primary-character-and-citizenship-education. pdf,访问日期：2023 年 6 月 15 日。

［70］ Ministry of Education SINGAPORE, "Character & Citizenship Education (CCE)Syllabus Primary, https：//www. moe. gov. sg/-/media/files/syllabus/2021-primary-character-and-citizenship-education. pdf,访问日期：2023 年 4 月 25 日。

［71］ Ministry of Education Singapore, "21st Century Competencies", https：//www. moe. gov. sg/education-in-sg/21st-century-competencies,访问日期：2023 年 6 月 30 日。

［72］ Ministry of Education, "The New Zealand Curriculum", https：//nzcurriculum. tki. org. nz/The-New-Zealand-Curriculum,访问日期：2023 年 3 月 1 日。

［73］ Ministry of Education, "The New Zealand Curriculum", https：//nzcurriculum. tki. org. nz/The-New-Zealand-Curriculum,访问日期：2023 年 4 月 25 日。

［74］ Ministry of Education, "The New Zealand Curriculum", https：//nzcurriculum. tki. org. nz/The-New-Zealand-Curriculum,访问日期：2023 年 4 月 28 日。

［75］ Ministry of Human Resource Department, "Government of India：National Education Policy 2020", https：//www. education. gov. in/sites/upload_files/mhrd/files/NEP_Final_English_0. pdf,访问日期：2020 年 5 月 24 日。

［76］ Ministry of Human Resource Department, "Government of India：National Education Policy 2020", https：//www. education. gov. in/sites/upload_files/mhrd/files/NEP_Final_English. pdf,访问日期：2023 年 12 月 18 日。

［77］ Ministry of Human Resource Department, "Government of India：National Policy on Education, 1986（As modified in 1992）", https：//www. education. gov. in/national-policy-education-1986-modified-1992,访问日期：2023 年 12 月 24 日。

［78］ Ministry of Human Resource Department，"Government of India：National Policy on Education,1968"，https：//www. education. gov. in/national-policy-education-1968,访问日期：2023 年 12 月 24 日。

［79］ Ministry of Human Resource Department，"Government of India：Samagra Shiksha Abhiyan"，https：//www. mhrd. gov. in/ssa,访问日期：2020 年 9 月 28 日。

［80］ Ministry of Human Resource Department，"Government of India：The Right of Children to Free and Compulsory Education（Amendment）Act,2019"，https：//www. insightsonindia. com/2019/01/17/right-of-children-to-free-and-compulsory-education-amendment-act-2019/,访问日期：2023 年 12 月 28 日。

［81］ Ministry of Human Resource Department，"Schemeof Financial Assistance for Strengthening Educationin Human Values"，https：//www. education. gov. in/sites/upload_files/mhrd/files/upload_document/SCHEME_EHV. pdf,访问日期：2022 年 3 月 11 日。

［82］ Ministry of Human Resource Development，"National Education Policy 2020"，https：//www. education. gov. in/sites/upload_files/mhrd/files/NEP_Final_English_0. pdf,访问日期：2023 年 4 月 25 日。

［83］ "Multiculturalism：A Review of Australian Policy Statements and Recent Debates in Australia and Overseas"，http：//observgo. uquebec. ca/observgo/fichiers/332 02_psoc2. pdf,访问日期：2012 年 12 月 7 日。

［84］ "National Council of Educational Research & Training. National Curric-

ulum Framework 2005", https：//www. academia. edu/39160639/NATIONAL_
CURRICULUM_FRAMEWORK_2005,访问日期：2023 年 6 月 30 日。

［85］"National Framework for Values Education in Australian Schools", https：
// d20uo2axdbh83k. cloudfront. net/20150224/fd215d9070ec700cfdc2432cdc3dd979/
Fra-mework_PDF_version_for_the_web. pdf,访问日期：2023 年 12 月 21 日。

［86］ National Steering Committee for National Curriculum Frameworks,
"Draft National Curriculum Framework for School Education 2023",, https：//
www. education. gov. in/sites/upload_files/mhrd/files/NCF-School-Education-Pre-
Draft. pdf,访问日期：2023 年 4 月 25 日。

［87］ Nelson,Brendan, "Introduction-Ministerial Statement", https：//collec-
tion. sl. nsw. gov. au/record/74VvlwpVMaoy,访问日期：2023 年 12 月 25 日。

［88］ New Zealand Intellectual Property Office, "Māori World View and Val-
ues, https：//www. iponz. govt. nz/about-ip/maori-ip/concepts-to-understand/,访
问日期：2023 年 3 月 27 日。

［89］ New Zealand Ministry of Education, "The New Zealand Curriculum Re-
fresh", https：// curriculumrefresh-live-assetstorages3bucket-l5w0dsj7zmbm. s3. ama-
zonaws. com/s3fs-public/2022-11/8% 29% 20Final% 20content% 20CO3101_MOE_So-
cial-Sciences-A3_006. pdf？VersionId = AmsJFtRYsZ7L0df8Sg. WfirjsZUm0ZHw,访问
日期：2023 年 3 月 31 日。

［90］ New Zealand Political Studies Association, "Our Civic Future Civics, Citi-
zenship and Political Literacy in Aotearoa New Zealand：A Public Discussion Paper",
https：//nzpsa. co. nz/ resources/Documents/Our% 20Civic% 20Future. pdf,访问日期：
2023 年 2 月 19 日。

[91] "New Zealand Principals' Federation, Values Education in New Zealand Schools", http：//www. nzpf. ac. nz/uploads/7/2/4/6/72461455/values _ gthomson. pdf,访问日期：2023 年 3 月 29 日。

[92] Nova Scotia Department of Education, "Education Act", https：//www. canlii. org/en/ns/laws/stat/sns-1995-96-c-1/78356/,访问日期：2023 年 6 月 15 日。

[93] NSW Department of Education, "Values in NSW Public Schools", https：//education. nsw. gov. au/policy-library/policies/pd-2005-0131,访问日期：2023 年 6 月 15 日。

[94] NSW Department of Education, "Values in NSW Public Schools", https：//education. nsw. gov. au/policy-library/policies/pd-2005-0131,访问日期：2023 年 6 月 15 日。

[95] Ontario Ministry of Education, "Equity and Inclusive Education in Ontario Schools", http // www. Edu. gov. on. ca/eng/policyfunding/inclusiveguide. pdf,访问日期：2023 年 4 月 22 日。

[96] Ontario Ministry of Education, "Finding Common Ground：Character Development in Ontario Schools, K 12", https：//schoolweb. tdsb. on. ca/Portals/kennedy/docs/FINDING_COMMON_GROUND. pdf,访问日期：2023 年 12 月 24 日。

[97] Ontario Ministry of Education, "For the Love of Learning", https：//qspace. library. queensu. ca/bitstreams/7e9bfff8-3827-4b69-91cb-3fd1c1dfcce8/download.,2023 年 12 月 18 日。

[98] Ontario Ministry of Education, "Policy/Program Memorandum No. 138", https：//www. ontario. ca/document/education-ontario-policy-and-program-direction/policyprogram-memorandum-138,访问日期：2023 年 12 月 24 日。

［99］Palmerston North Boys'High School，"Character Education"，https：//www. pnbhs. school. nz/at-palmy-boys/character-education/,访问日期：2023 年 3 月 19 日。

［100］Palmerston North Boys'High School，"Values Education"，https：//www. pnbhs. school. nz/at-palmy-boys/character-education/,访问日期：2023 年 3 月 26 日。

［101］Pensford Primary School，"Our Mission Satement，Vision and Values"，https：//www. pensfordschool. org/Our-Vision-Aims-and-Values/,访问日期：2023 年 4 月 25 日。

［102］Royal Commission of Inquiry into theTerrorist Attack on Christchurch，"What People Told Us about Diversity and Creating a More Inclusive New Zealand"，https：// christchurchattack. royalcommission. nz/publications/v2-summary-of-submissions/what-people-told-us-about-diversity-and-creating-a-more-inclusive-new-zealand/,访问日期：2023 年 3 月 26 日。

［103］Sanchez，T. R.，"Using Stories about Heroes To Teach Values，ERIC Digest"，https：//files. eric. ed. gov/fulltext/ED424190. pdf,访问日期：2022 年 7 月 19 日。

［104］School Home Community，涵養くらぶ 恒例の夏休み体験講座『サマーキッズ』，https：//manabi-mirai. mext. go. jp/search_case/files/27_hyousyou-jirei_24_tochigi. pdf,访问日期：2021 年 9 月 7 日。

［105］School Home Community,「夢・未来・南浜」プロジェクト—地域と融合した持続可能な取組—，https：//manabi-mirai. mext. go. jp/search_case/files/2019hyousyou-55-1. pdf,访问日期：2021 年 9 月 7 日。

［106］School Home Community,聴いてみよう、話してみよう~わかりあ
うためのコミュニケーション~, https：//manabi-mirai. mext. go. jp/search_pro-
gram/detail/000978. html,访问日期：2021 年 9 月 7 日。

［107］Simon-Kumar,Rachel,"The Multicultural Dilemma：Amid Rising Di-
versity and Unsettled Equity Issues, New Zealand Seeks to Address Its Past and Pr-
esen", https：//www. migrationpolicy. org/article/rising-diversity-and-unsettled-eq-
uity-issues-new-zealand,访问日期：2023 年 2 月 20 日。

［108］Sénat,"Loi du 28 mars 1882 sur l'enseignement primaire obliga-
toire", https：//www. education. gouv. fr/media/20942/download,访问日期：2023
年 12 月 11 日。

［109］Snook,Ivan,"Values Education in Perspective：The New Zealand Expe-
rience", http：//www. curriculum. edu. au/verve/_resources/CC_DEST_edit_Ivan_
Snook_Keynote_address_VE_forum_140605. pdf,访问日期：2023 年 4 月 17 日。

［110］Statics New Zealand,"Ethnic Group Summaries Reveal New Zealand's
Multicultural Make-up", https：//www. stats. govt. nz/news/ethnic-group-summa-
ries-reveal-new-zealands-multicultural-make-up,访问日期：2023 年 3 月 25 日。

［111］Stats New Zealand,"International migration：June 2022", https：//
www. stats. govt. nz/information-releases/international-migration-june-2022,访问日
期：2023 年 4 月 22 日。

［112］Student Development Curriculum Division, Ministry of Education,Sin-
gapore,"2014 Character and Citizenship Education Secondary", https：//www.
moe. gov. sg/-/media/files/programmes/2014-character-citizenship-education-sec-
ondary. pdf,访问日期：2023 年 1 月 1 日。

［113］ "Teach Your Children Well- Lansdowne Public School Information Book-let", https：// d20uo2axdbh83k. cloudfront. net/20150224/fd215d9070ec700cfdc2432-cdc3dd979/Framework_PDF_version_for_the_web. pdf, 访问日期：2023 年 12 月 20 日。

［114］ "The Adelaide Declaration on National Goals for Schooling in the Twenty-First Century", https：// www. aph. gov. au/Parliamentary_Business/Com-mittees/House_of_Representatives_Committees? url = edt/eofb/report/appendf. pdf, 访问日期：2023 年 12 月 21 日。

［115］ The Ontario Public Service, "Course Descriptions and Prerequisite", Ontario Ministry of Education, 2018.

［116］ "Undang-undang（UU）Nomor 20 Tahun 2003 tentang Sistem Pendi-dikan Nasional", https：// peraturan. bpk. go. id/Details/43920/uu-no-20-tahun-2003,访问日期：2023 年 6 月 30 日。

［117］ UNESCO, "2014 GEM Final Statement：The Muscat Agreement", ht-tps：// unesdoc. unesco. org/ark：/48223/pf0000228122? posInSet = 1&queryId = 2ae95bb6-fa75-4ee7-aaaa-357e086f7c4d,访问日期：2023 年 6 月 30 日。

［118］ UNESCO, "Incheon Declaration：Education 2030：Towards Inclusive and Equitable Quality Education and Lifelong Learning for All", https：//unesdoc. unesco. org/ark：/48223/pf0000233137,访问日期：2023 年 6 月 30 日。

［119］ UNESCO, Institute for Information Technologies in Education, "Edu-cation 2030：Incheon Declaration and Framework for Action Towards Inclusive and Equitable Quality Education and Lifelong Learning for All", https：//www. cmec. ca/Publications/Lists/Publications/Attachments/66/47_ICE_report. en. pdf,访问

日期：2023 年 12 月 15 日。

［120］ United Nations，"Convention on the Rights of the Child，https：// www. unicef. org/child-rights-convention/convention-text#，访问日期：2023 年 6 月 14 日。

［121］ United Nations Educational，Scientific and Cultural Organization，"Preliminary proposals by the Director-General concerning the Draft Programme and Budget for 2012-2013"，https：//unesdoc. unesco. org/ark：/48223/pf0000189250，访问日期：2023 年 6 月 14 日。

［122］ United Nations Educational，Scientific and Cultural Organization，"Preliminary Proposals by the Director-General Concerning the Draft Programme and Budget for 2004-2005"，https：//unesdoc. unesco. org/ark：/48223/pf0000127123，访问日期：2023 年 6 月 14 日。

［123］ United Nations，"General Assembly Sixty-ninth Session"，https：//singjupost. com/pm-narendra-modis-speech-69th-un-general-assembly-full-transcript/，访问日期：2023 年 12 月 28 日。

［124］ Upper Hutt School，"Upper Hutt School Strategic Plan"，https：// www. upperhuttschool. nz/wp-content/uploads/2022/05/2022-Working-Strategic-Plan-2022. pdf，访问日期：2023 年 3 月 27 日。

［125］ U. S. Department of Education，"Character Education…Our Shared Responsibility"，https：//www2. ed. gov/admins/lead/character/brochure. html，访问日期：2023 年 6 月 30 日。

［126］ "Values Education and the Australian Curriculum"，http：//www. values education. edu. au/verve/_resources/ValuesEducationAustralianCurriculum. pdf，访问

日期：2012 年 12 月 3 日。

［127］Vedicfeed, "Sashi：The Vedas – Origin and Brief Description of 4 Vedas", https：//vedicfeed. com/the-four-vedas/,访问日期：2022 年 8 月 3 日。

［128］WorldHistory Encyclopedia, "Anindita Basu：Mahabharata", https：// www. worldhistory. org/Mahabharata/,访问日期：2022 年 8 月 11 日。

［129］Your Article Library, "Disha：Development of Education during Vedic Period in India", https：//www. yourarticlelibrary. com/education/development-of-education-during-vedic-period-in-india/44815,访问日期：2022 年 3 月 13 日。

［130］北海道トップ, "北海道家庭教育サポート企業等制度実施要綱", https：// www. dokyoi. pref. hokkaido. lg. jp/fs/3/1/5/2/5/6/4/_/% E5% AE% B6% E5% BA% AD% E6% 95% 99% E8% 82% B2% E3% 82% B5% E3% 83% 9D% E3% 83% BC% E3% 83% 88% E4% BC% 81% E6% A5% AD% E5% AE% 9F% E6% 96% BD% E8% A6% 81% E7% B6% B1. pdf,访问日期：2021 年 9 月 7 日。

［131］北海道教育委員会, 教育行政執行方針, https：//www. dokyoi. pref. hokkaido. lg. jp/fs/2/5/4/5/2/9/4/_/housinr3. pdf,访问日期：2021 年 9 月 7 日。

［132］东京都教育委員会, 都立小中高一貫教育校とは, https：//www. kyoiku. metro. tokyo. lg. jp/school/consistent_school/about. html,访问日期：2021 年 9 月 7 日。

［133］東京都教職員研修センター, 令和元年度事業概要, https：// www. kyoiku-kensyu. metro. tokyo. lg. jp/11center _ info/overview/files/30gaiyo. pdf,访问日期：2021 年 9 月 7 日。

［134］東書 E ネット, 令和 2 年度（2020 年度）「新しい社会」（第 5 学

年)年间指導計画作成資料，https：∥ten. tokyo-shoseki. co. jp/detail/112854/，访问日期：2021 年 9 月 7 日。

［135］東書 E ネット，5 年 一ふみ十年，https：∥ten. tokyo-shoseki. co. jp/detail/112809/，访问日期：2021 年 9 月 7 日。

［136］福島県教育委員会，第 6 次福島県総合教育計画 2019 年度アクションプラン，https：∥www. pref. fukushima. lg. jp/uploaded/attachment/258221. pdf，访问日期：2021 年 9 月 7 日。

［137］京都府，京都府総合計画，https：∥www. pref. kyoto. jp/shinsougoukeikaku/index. html，访问日期：2023 年 5 月 4 日。

［138］京都府，「明日の京都」長期ビジョン（概要），https：∥www. pref. kyoto. jp/asunokyoto/vision. html，访问日期：2022 年 3 月 5 日。

［139］豊中市立第十一中学校，豊中市立第十一中学校：教育目標，https：∥www. toyonaka-osa. ed. jp/cms/jh11/index. cfm/1，0，12，111，html，访问日期：2021 年 9 月 7 日。

［140］埼玉県庁，境学習（環境教育）の取組，https：∥www. pref. saitama. lg. jp/a0501/kankyogakusyu/zenpan. html，访问日期：2021 年 9 月 7 日。

［141］滝川市立東小学校，滝川市立東小学校：本校の概要，http：∥edu. takikawa. ed. jp/higashi-e/home/index/introduction/overview，访问日期：2021 年 9 月 7 日。

［142］土曜授業を活用した「ふるさと教育」の推進，https：∥manabi-mirai. mext. go. jp/search_case/files/29kasetukomyu_1_2_29134. pdf，访问日期：2021 年 9 月 7 日。

［143］文部科学省，【参考】学校環境衛生基準（令和 2 年文部科学省告

示第 138 号）溶け込み版，https：//www. mext. go. jp/content/20201211-mxt_
kenshoku-100000613_02. pdf,访问日期：2021 年 9 月 7 日。

［144］文部科学省，道徳教育についての国民の期待，https：//www.
mext. go. jp/b_menu/hakusho/html/others/detail/1318320. htm,访问日期：2021
年 9 月 7 日。

［145］文部科学省，東川町立東川小学校 外 6 校（園）（北海道），https：
//www. mext. go. jp/a_menu/shotou/kenkyu/htm/08_news/1388739. htm,访问日
期：2021 年 9 月 7 日。

［146］文部科学省，国際教育の意義と今後の在り方，https：//www.
mext. go. jp/b_menu/shingi/chousa/shotou/026/houkoku/attach/1400594. htm,
访问日期：2021 年 9 月 7 日。

［147］文部科学省，国際教育の意義と今後の在り方，https：//www.
mext. go. jp/b_menu/shingi/chousa/shotou/026/houkoku/attach/1400594. htm,
访问日期：2021 年 9 月 7 日。

［148］文部科学省,「今後の家庭教育支援の充実についての懇談会」
報告のポイント，https：//www. mext. go. jp/b_menu/shingi/chousa/shougai/
007/toushin/020702. pdf,访问日期：2021 年 9 月 7 日。

［149］文部科学省，平成元年の学習指導要領

［150］文部科学省，師範学校令（明治十九年四月十日勅令第十三号），
https：//www. mext. go. jp/b_menu/hakusho/html/others/detail/1318073. htm,访
问日期：2023 年 7 月 2 日。

［151］文部科学省,【特別活動編】小学校学習指導要領（平成 29 年告示）
解説，https：//www. mext. go. jp/component/a_menu/education/micro_detail/__ics-

Files／afieldfile／2019／03／13／1387017_014. pdf,访问日期：2021 年 9 月 7 日。

［152］文部科学省,【特別の教科 道徳編】小学校学習指導要領（平成 29 年告示）解説, https：∥www. mext. go. jp／content／1413522_001. pdf,访问日期：2021 年 9 月 7 日。

［153］文部科学省,校訓等を活かした学校づくり推進会議：校訓を活かした学校づくりの在り方について（報告書）, https：∥www. mext. go. jp／component／b_menu／shingi／toushin／_icsFiles／afieldfile／2015／11／16／1363591_2. pdf,访问日期：2021 年 9 月 7 日。

［154］文部科学省,新しい教育基本法について, https：∥www. mext. go. jp／b_menu／kihon／houan／siryo／07051111／001. pdf,访问日期：2023 年 4 月 25 日。

［155］文部科学省,新しい教育基本法について, https：∥www. mext. go. jp／b_menu／kihon／houan／siryo／07051111／001. pdf,访问日期：2021 年 9 月 7 日。

［156］文部科学省,新教育の基本方針, https：∥www. mext. go. jp／b_menu／hakusho／html／others／detail／1317738. htm,访问日期：2021 年 9 月 7 日。

［157］文部科学省,「性犯罪・性暴力対策の強化の方針の決定について（通知）」, https：∥www. mext. go. jp／content／20230608-mxt_kyousei01-000014005_1. pdf,访问日期：2021 年 9 月 7 日。

［158］文部科学省,学校教育法等の一部を改正する法律について（通知）, https：∥www. mext. go. jp／a_menu／shotou／kyoukasho／seido／1407716. htm,访问日期：2023 年 12 月 30 日。

［159］文部科学省,学校における食育の推進・学校給食の充実, https：∥www. mext. go. jp／a_menu／sports／syokuiku／index. htm,访问日期：2022 年 3 月 5 日。

［160］文部科学省，昭和五十年代の道徳教育の施策，https：//www. mext. go. jp/b_menu/hakusho/html/others/detail/1318319. htm,访问日期：2021 年 9 月 7 日。

［161］文部科学省，中央教育審議会：これからの学校教育を担う教員 の資質能力の向上について~学び合い,高め合う教員育成コミュニティの 構築に向けて~（答申），https：//www. mext. go. jp/component/b_menu/shingi/ toushin/__icsFiles/afieldfile/2016/01/13/1365896_01. pdf,访问日期：2021 年 9 月 7 日。

［162］文部科学省，主権者教育（政治的教養の教育）実施状況調査に ついて（概要），https：// www. mext. go. jp/content/20210105-mxt_kyoiku02- 100002874_2. pdf,访问日期：2021 年 9 月 7 日。

［163］文部科学省，【総合的な学習の時間編】小学校学習指導要領（平 成 29 年告示）解説，https：//www. mext. go. jp/component/a_,访问日期：2021 年 9 月 7 日。

［164］新十津川町立新十津川小学校，新十津川町立新十津川小学校： 学校目標，http：//www1. odn. ne. jp/~aat77730/gakko-shokai. html,访问日期： 2022 年 3 月 5 日。

［165］総合教育政策局国際教育課，初等中等教育における国際教育 推進検討会報告——国際社会を生きる人材を育成するために，https：// www. mext. go. jp/b_menu/shingi/chousa/shotou/026/houkoku/attach/1400589. htm,访问日期：2021 年 9 月 7 日。